"十四五"技工教育规划教材
人力资源社会保障部教材工作委员会

全国技工院校计算机类专业教材（中／高级技能层级）

Photoshop 高级应用

主　编　周大勇
副主编　任姝亭　马草原
主　审　吕　猛

中国劳动社会保障出版社

简介

本书主要内容包括人物图像处理、风光图像处理、插画绘制、广告海报设计、包装设计、网站设计和用户界面设计等。

本书由周大勇任主编，任姝亭、马草原任副主编；赵美、李琳玉、董桂芳、袁路、李娜娜参加编写；吕猛任主审。

图书在版编目（CIP）数据

Photoshop 高级应用 / 周大勇主编. -- 北京：中国劳动社会保障出版社，2024
全国技工院校计算机类专业教材. 中 / 高级技能层级
ISBN 978-7-5167-6015-4

Ⅰ. ①P… Ⅱ. ①周… Ⅲ. ①图像处理软件－技工学校－教材 Ⅳ. ①TP391.413

中国国家版本馆 CIP 数据核字（2024）第 047753 号

中国劳动社会保障出版社出版发行

（北京市惠新东街 1 号 邮政编码：100029）

*

北京宏伟双华印刷有限公司印刷装订 新华书店经销

787 毫米 × 1092 毫米 16 开本 20 印张 394 千字
2024 年 5 月第 1 版 2025 年 11 月第 4 次印刷

定价：50.00 元

营销中心电话：400-606-6496
出版社网址：http://www.class.com.cn
http://jg.class.com.cn

前　言

为了更好地满足全国技工院校计算机类专业的教学要求，适应计算机行业的发展现状，全面提升教学质量，我们组织全国有关学校的一线教师和行业、企业专家，在充分调研企业用人需求和学校教学情况、吸收借鉴各地技工院校教学改革的成功经验的基础上，根据人力资源社会保障部颁布的《全国技工院校专业目录》及相关教学文件，对全国技工院校计算机类专业教材进行了修订和新编。

本次修订（新编）的教材涉及计算机类专业通用基础模块及办公软件、多媒体应用软件、辅助设计软件、计算机应用维修、网络应用、程序设计、操作指导等多个专业模块。

本次修订（新编）工作的重点主要有以下几个方面。

突出技工教育特色

坚持以能力为本位，突出技工教育特色。根据计算机类专业毕业生就业岗位的实际需要和行业发展趋势，合理确定学生应具备的能力和知识结构，对教材内容及其深度、难度进行了调整。同时，进一步突出实际应用能力的培养，以满足社会对技能型人才的需求。

针对计算机软、硬件更新迅速的特点，在教学内容选取上，既注重体现新软件、新知识，又兼顾技工院校教学实际条件。在教学内容组织上，不仅局限于某一计算机软件版本或硬件产品的具体功能，而是更注重学生应用能力的拓展，使学生能够触类旁通，提升综合能力，为后续专业课程的学习和未来工作中解决实际问题打下良好的基础。

创新教材内容形式

在编写模式上，根据技工院校学生认知规律，以完成具体工作任务为主线组织教材内容，将理论知识的讲解与工作任务载体有机结合，激发学生的学习兴趣，提高学生的实践能力。

在表现形式上，通过丰富的操作步骤图片和软件截图详尽地指导学生了解软件功能并完成工作任务，使教材内容更加直观、形象。结合计算机类专业教材的特点，多数教材采用四色印刷，图文并茂，增强了教材内容的表现效果，提高了教材的可读性。

本次修订（新编）工作还针对大部分教材创新开发了配套的实训题集，在教材所学内容基础上提供了丰富的实训练习题目和素材，供学生巩固练习使用，既节省了教材篇幅，又能帮助学生进一步提高所学知识与技能的实际应用能力。

提供丰富教学资源

在教学服务方面，为方便教师教学和学生学习，配套提供了制作素材、电子课件、教案示例等教学资源，可通过技工教育网（http://jg.class.com.cn）下载使用。除此之外，在部分教材中还借助二维码技术，针对教材中的重点、难点内容，开发制作了操作演示微视频，可使用移动设备扫描书中二维码在线观看。

致谢

本次修订（新编）工作得到了河北、山西、黑龙江、江苏、山东、河南、湖北、湖南、广东、重庆等省（直辖市）人力资源社会保障厅（局）及有关学校的大力支持，在此我们表示诚挚的谢意。

编者

2023 年 4 月

目 录

CONTENTS

项目一
人物图像处理

任务 1　证件照的后期处理

1. 能使用“污点修复画笔”等工具对证件照面部图像瑕疵进行精修。
2. 能使用“对象选择工具”中的“选择主体”功能更换照片背景。
3. 能对证件照进行压缩、裁剪及排版。
4. 能使用“证件大师”插件处理证件照。
5. 能通过动作面板批处理功能高效处理证件照。
6. 能完成证件照的打印设置。

证件照是在日常生活中使用频率较高的一种照片，办理毕业证、工作证、签证、护照、暂住证、结婚证等各种证件，或公务员考试报名、新员工入职上班、制作单位工牌等都需要使用证件照。随着数码相机和智能手机的普及，拍照成了一件简单的事情，而照片后期的精修和排版也可以通过 Photoshop 高质高效地完成。本任务要求利用已拍摄好的素材，进行证件照的后期处理，并制作一寸证件照，用五寸相纸打印输出，每版八张，效果如图 1–1–1 所示。

本任务参照照相馆的工作规范和工作方法，通过证件照精修、证件照换底、裁剪、排版、通过动作面板批处理图片、照片打印等几个方面详细介绍了证件照的高效处理方法，主要涉及“污点修复画笔工具”、Photoshop 2020 新增的“选择主体”功能、图像大小调整、批处理及证件大师专业插件等。

图 1-1-1　一寸证件照（每版八张）

一、污点修复画笔工具

“污点修复画笔工具”是 Photoshop 中处理照片常用的工具之一，利用该工具可以快速去除照片中的污点和不需要显示的部分，适合于细微的修饰。在人像处理中，该工具可用来去除衣物上的污迹及人脸上的痤疮、斑点、痣等瑕疵。

使用“污点修复画笔工具”不需要定义原点，只需要确定需要修复的图像位置，按住鼠标左键不放，在瑕疵的部位进行涂抹即可。在画笔设置中，可以更改工具的“画笔大小”和“画笔硬度”等参数，如图 1-1-2 所示。

图 1-1-2　“污点修复画笔工具”选项栏

“画笔大小”可根据瑕疵情况设置合适的笔触大小，按住“Alt”键的同时按住鼠标右键拖动即可调整画笔大小，向右拖动是调大，向左拖动是调小。

“硬度”可设置更改区域的边缘是否渐隐到周围区域中。

此外，还可根据需要选用“污点修复画笔工具”的内容识别、创建纹理和近似匹配等功能。

二、用“对象选择工具”更换照片背景

操作演示

证件照往往要求照片为红底、白底或指定 RGB 值的蓝底。这时可以通过换底色得到想要的照片，可使用 Photoshop 2020 新增的“对象选择工具”中的“选择主体”功能抠选出主体，然后再进行照片换底。例如将蓝底证件照改为红底的具体操作步骤如下。

1. 打开待换底的照片，如图 1–1–3 所示，按“Ctrl+J”组合键复制图层，如图 1–1–4 所示。

2. 选择工具箱中的“对象选择工具”，在工具选项栏中单击“选择主体”按钮，可得到如图 1–1–5 所示的选区，可以看到人物主体已被选中，发丝的部分还未全部选中，单击工具选项栏中的“选择并遮住”按钮，进入如图 1–1–6 所示界面。在右侧属性面板中，选择视图模式为“叠加”，可以看到发丝附近还有残留的背景。

图 1–1–3　打开素材

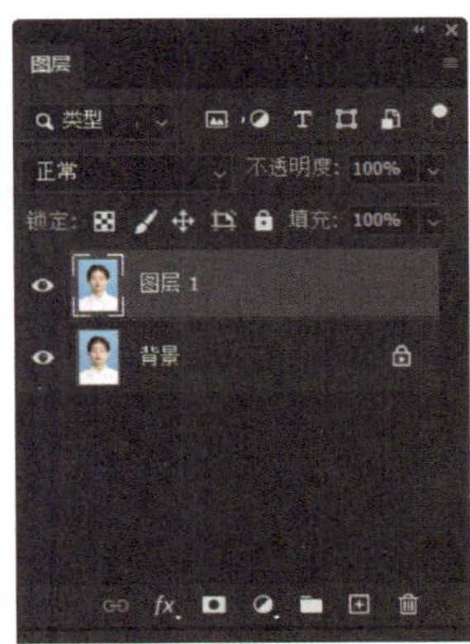

图 1–1–4　复制图层

图 1–1–5　选择主体

图 1–1–6　选择并遮住

3. 在右侧属性面板中勾选“净化颜色”选项，并选择输出到“新建带有图层蒙版的图层”，如图 1–1–7 所示，选择左侧工具组中的“画笔工具”，设画笔大小为“6”，放大图片，在人物头部未选中的发丝处涂抹，如图 1–1–8 所示。

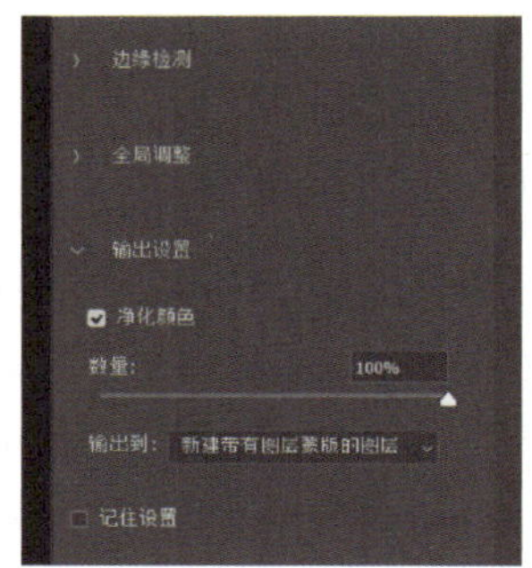

图 1–1–7　净化颜色

图 1–1–8　在发丝处涂抹

4. 选择工具箱中的“调整边缘画笔工具”，在有蓝色背景的位置涂抹，得到如图 1–1–9 所示效果。单击“确定”按钮，返回主界面中，如图 1–1–10 所示。

图 1–1–9　处理杂色

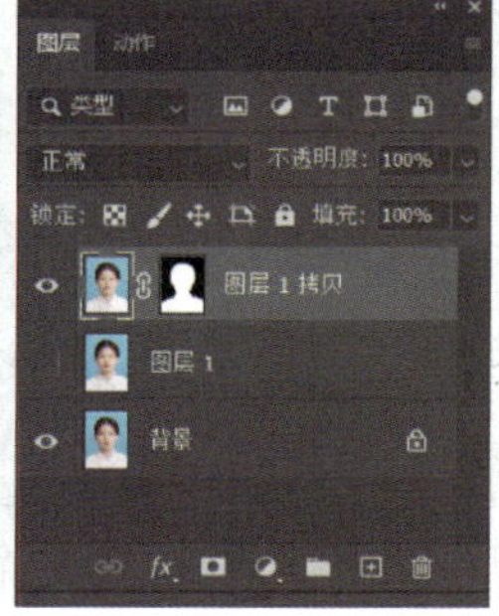

图 1–1–10　抠出人物

5. 新建图层，设前景色为红色（R：255，G：0，B：0），按“Alt+Delete”组合键填充前景色，得到红底的照片，如图 1–1–11 所示，另存文件，命名为“红底照片 .jpg”。

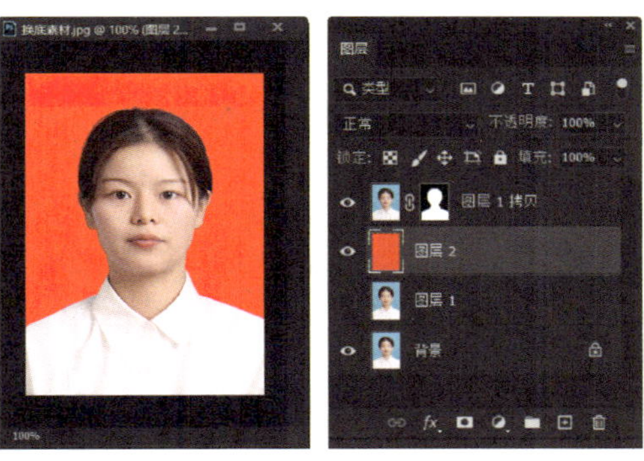

图 1-1-11　红底照片

6. 隐藏图层 2，新建图层 3，更改前景色为白色（R：255，G：255，B：255），按“Alt+Delete”组合键填充前景色，得到白底照片，如图 1–1–12 所示，另存文件，命名为“白底照片 .jpg”。

7. 隐藏图层 3，新建图层 4，设前景色为指定的蓝色（R：67，G：142，B：219），按“Alt+Delete”组合键填充前景色，得到以指定蓝色为底色的照片，如图 1–1–13 所示，另存文件，命名为“蓝底照片 .jpg”。再保存一份 PSD 格式文件，命名为“换底效果图 .psd”，以备修改。

图 1-1-12　白底照片

图 1-1-13　蓝底照片

三、压缩图像

在网上报名或提交资料时，经常会遇到对电子照片的大小或像素等参数有特殊要求的情况，如文件大小限制在 10 KB 以下等，此时需要用 Photoshop 软件进行压缩。压缩图像就是通过修改图像的品质来调整图像大小，得到符合要求的图像大小。下面结合实例说明其方法。

1. 打开“人物 1.jpg”，如图 1-1-14 所示。在图片标题栏上单击鼠标右键，选择“图像大小”命令，打开“图像大小”对话框，如图 1-1-15 所示，可以看到此图像大小为 2.25 MB，不符合要求，大小需要调整。

图 1-1-14　打开蓝底照片

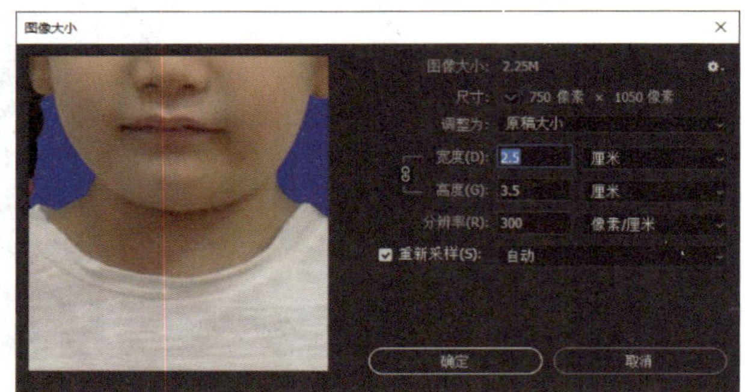

图 1-1-15　查看图像大小

2. 执行“文件”→“导出”→“存储为 Web 所用格式”命令，打开如图 1-1-16 所示对话框。

图 1-1-16　存储为 Web 所用格式

3. 可以在对话框左下角看到图像大小为 217.8 KB，仍不满足条件，接下来再调整品质和图像大小，将品质更改为“9”，图像大小调整到“420 × 588”，如图 1-1-17 所示，这个参数可以从高往低调，边调边看文件大小，输入数值后按“Enter”键可以看到每次调整后文件的大小，调整完成后单击“存储”按钮，选择文件存储位置，保存文件。

4. 在压缩好的图片文件上单击鼠标右键，选择“属性”命令，弹出如图 1-1-18 所示对话框，可以看到此时大小为 9.84 KB，满足要求。

此外，使用图像处理器可以快速地对选定图片的格式、大小等参数进行修改，可以批量限制图像尺寸。执行“文件”→“脚本”→“图像处理器”命令打开“图像处理器”窗口，按提示进行操作即可。

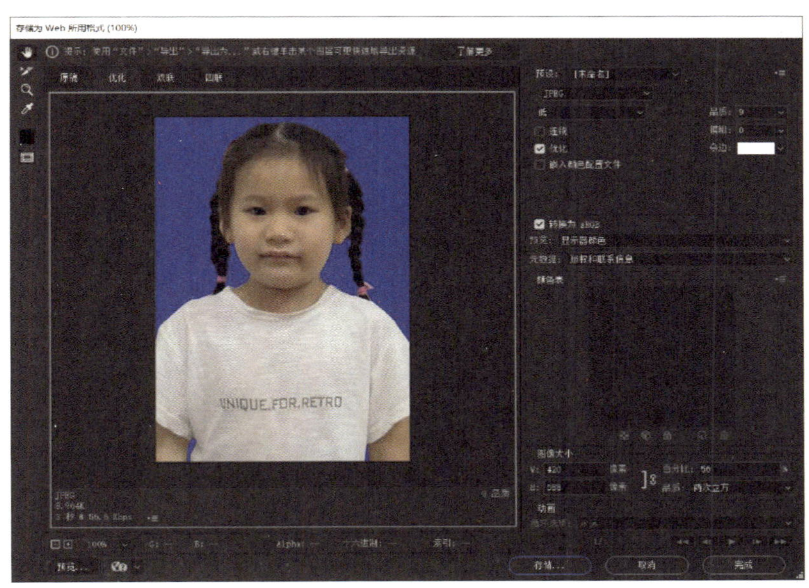

图 1-1-17　调整品质和图像大小

图 1-1-18　查看图像大小

四、“证件大师”插件

“证件大师”作为照相馆必备的专业插件，具有制作证件照的所有基本功能，如快速裁剪、快速换底、批量处理等功能。其使用方法如下：

1. 解压“证件照大师插件 WIN 版本”压缩包，将解压后的“01- 时代美工 Document Star 2.0”文件夹直接复制到“C:\Program Files\Adobe\Adobe Photoshop 2020\Required\CEP\extensions”文件夹。其中磨皮插件 Portraiture 需要复制整个文件夹到“C:\Program Files\Adobe\Adobe Photoshop 2020\Plug-Ins\CC”文件夹中。

2. 运行 Photoshop 软件，执行“窗口”→“扩展功能”→“时代美工”命令，打开证件大师，界面如图 1-1-19 所示。

3. 以一寸照片每版排八张为例，打开“一寸未加白边 .jpg”，单击按钮，即可得到排版好的效果，如图 1-1-20 所示。

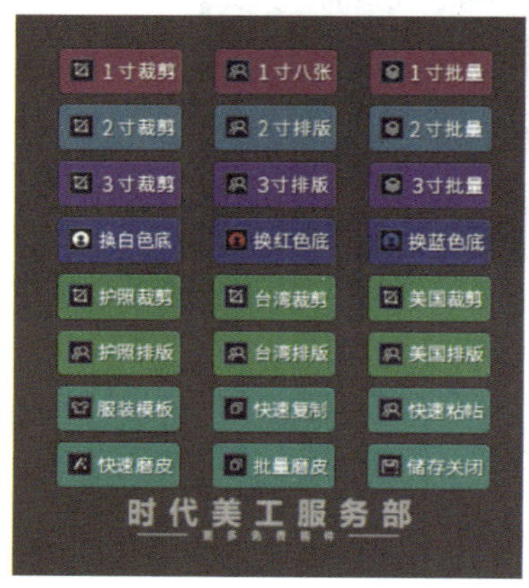

图 1-1-19 “证件大师”界面

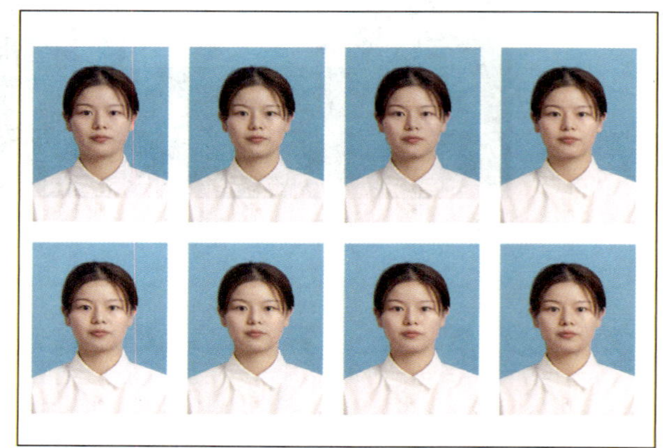

图 1-1-20 智能排版

五、批处理工具

批处理工具可以一次性按照统一工作步骤处理大批量的素材。工作时有时需要把很多照片进行美化，例如原照片的来源相同（同一相机拍摄），但都明显偏暗，需统一调亮。如果一个个手动调整费时费力，但使用批处理工具，只需要先调整好一个动作（需要自定义），然后运行批处理，这一大批照片就会自动进行美化并保存，方便快捷。其主要操作步骤如下。

1. 制作自己需要的动作命令。

2. 使用批处理命令，批量处理大量素材。

详细操作步骤可参见任务实施。

六、Portraiture 滤镜

Portraiture 滤镜是一款强大的 Photoshop 磨皮滤镜，操作简单，可实现人物皮肤一键美白、祛痘，且浑然天成，非常实用。

1. Portraiture 滤镜需要提前安装，安装说明见素材文件中的“WIN 系统 Portraiture

3.5/WIN”文件夹。

2. 安装完成后，运行 Photoshop 软件，打开素材文件，执行“滤镜”→“Imagenomic–Portraiture”命令，弹出 Portraiture 滤镜的界面。

3. Portraiture 滤镜的界面主要包括 3 个区域，左边为参数设置区，中间是效果预览区，右边为导出设置区。参数设置区包含平滑度、皮肤蒙版、增强 3 个小模块，如图 1–1–21 所示。

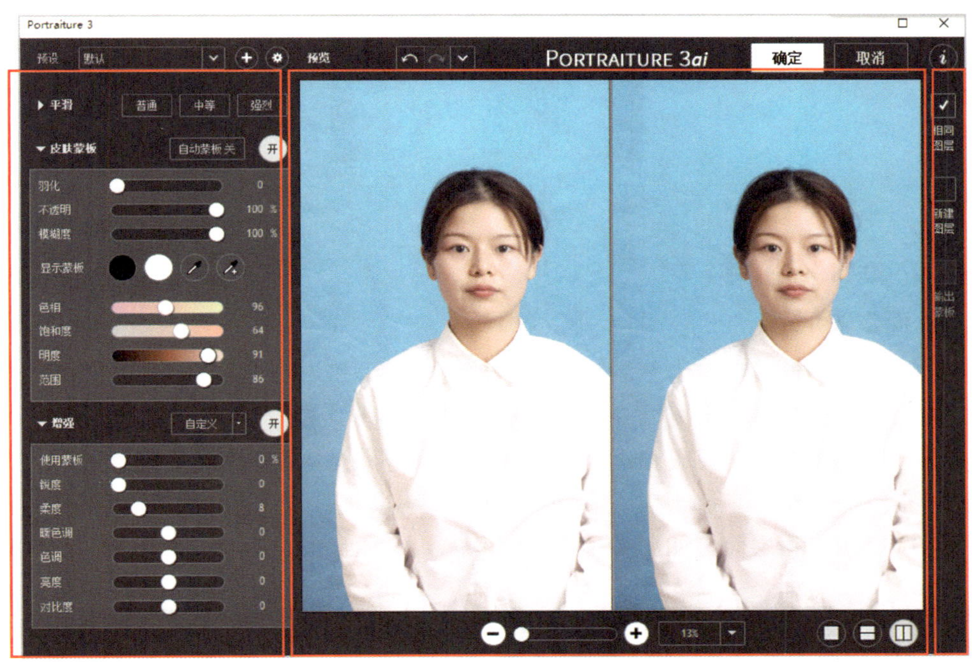

图 1–1–21　磨皮滤镜示意图

4. Portraiture 滤镜内置的蒙版工具可以智能地对图像进行瑕疵处理和平滑处理，也能进行选择性区域平滑，并通过锐度、柔度、亮度和对比度等细节的调节来达到满意的效果。

打开素材图片，如图 1–1–22 所示，仔细观察可发现图中人物脸部有痤疮、斑点，面色偏黄，显得没有精神，整体画面偏暗，因此在裁剪排版前，要先对证件照适当精修，但是要注意，按照相关法律法规要求，证件照不可过度修饰。

图 1-1-22　证件照素材图片

一、证件照精修

操作演示

1. 面部去瑕

（1）按“Ctrl+J”组合键复制图层，命名为“去瑕疵”，使用“缩放工具”，放大图像，选择工具箱中的“污点修复画笔工具”，对面部的痤疮、雀斑、脂肪粒等点状瑕疵进行处理，设置画笔硬度为“30%”，注意通过键盘上的“[”键和“]”键不断调整画笔大小，画笔大小以正好盖过点状瑕疵为准，效果如图 1-1-23 所示，图层面板如图 1-1-24 所示。

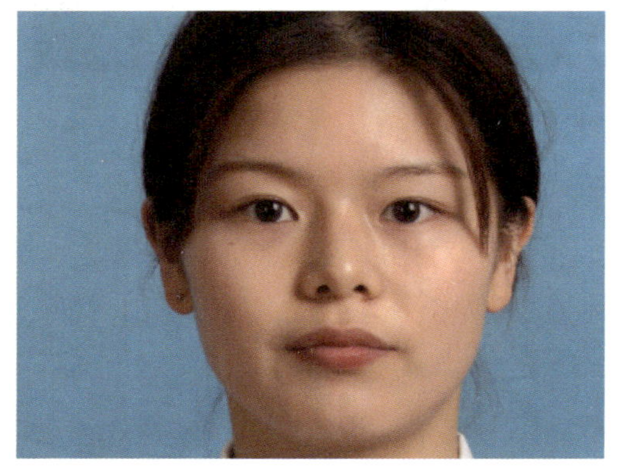

图 1-1-23　面部去瑕后

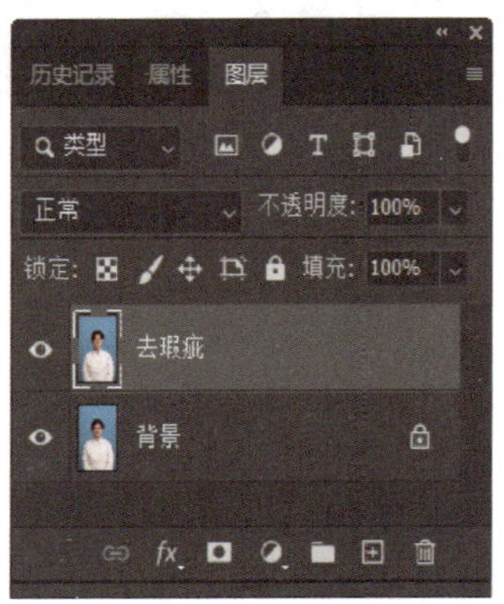

图 1-1-24　图层面板

（2）通过“修补工具”对面部较大的黑痣进行处理，选择有瑕疵的部位，如图 1-1-25 所示，至周围完好的皮肤处取样，效果如图 1-1-26 所示。按同样的方法对颈纹及黑眼圈等部位进行处理，也可结合其他修复工具一起使用，效果如图 1-1-27 所示。

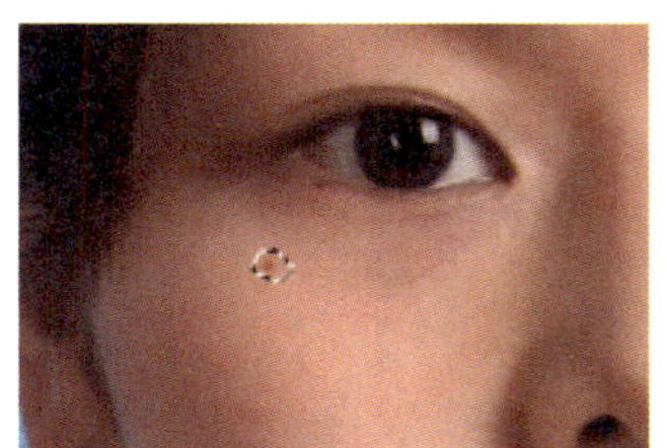
图 1-1-25　取样

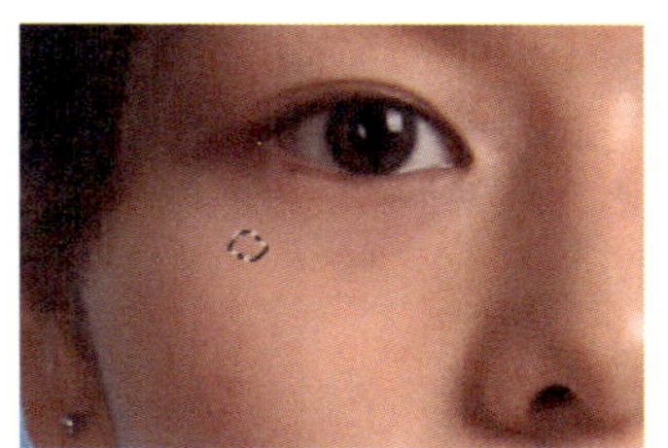
图 1-1-26　去黑痣

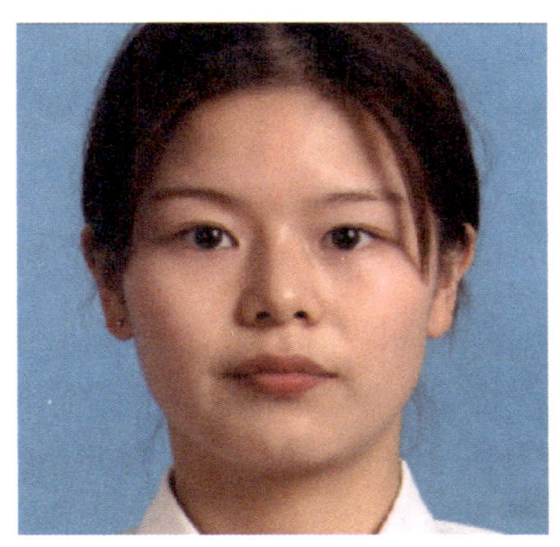
图 1-1-27　去颈纹及黑眼圈

2. 去除背景中杂乱的碎发

按“Ctrl+J”组合键复制图层，命名为“去碎发”，选择“仿制图章工具”，设置不透明度为“100%”、流量为“100%”，在碎发周围蓝色的背景处按住“Alt”键取样，在细碎的头发上拖动鼠标。在皮肤与头发的交界处可以用“钢笔工具”沿皮肤边缘绘制封闭图形，如图 1-1-28 所示。按“Ctrl+Enter”组合键将其转为选区，如图 1-1-29 所示，在选区内使用“仿制图章工具”，避免损坏皮肤，效果如图 1-1-30 所示。用同样的方法将面部周围杂乱的碎发处理干净，如图 1-1-31 所示。

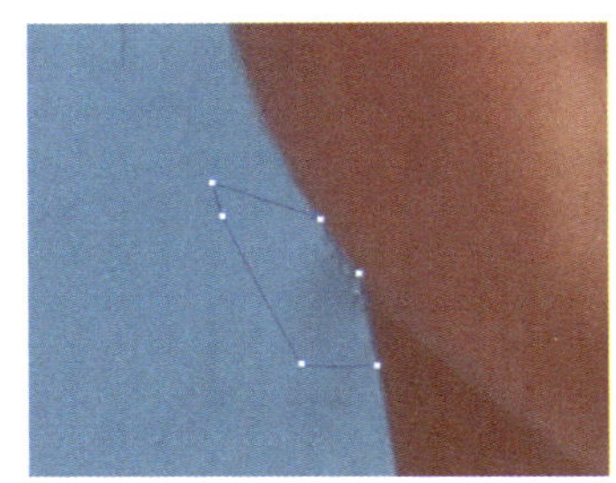
图 1-1-28　使用“钢笔工具”绘制封闭图形

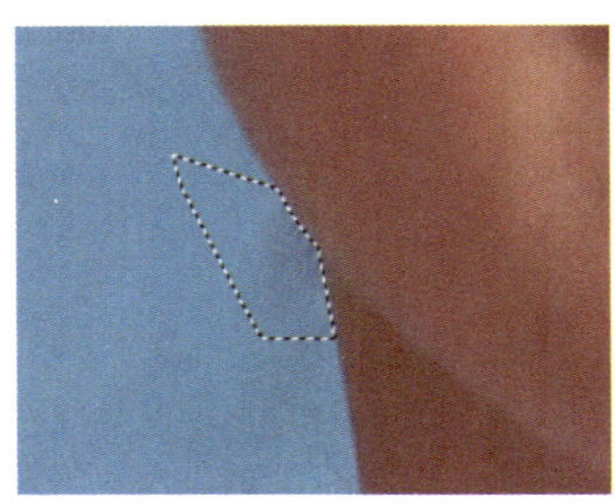
图 1-1-29　转为选区

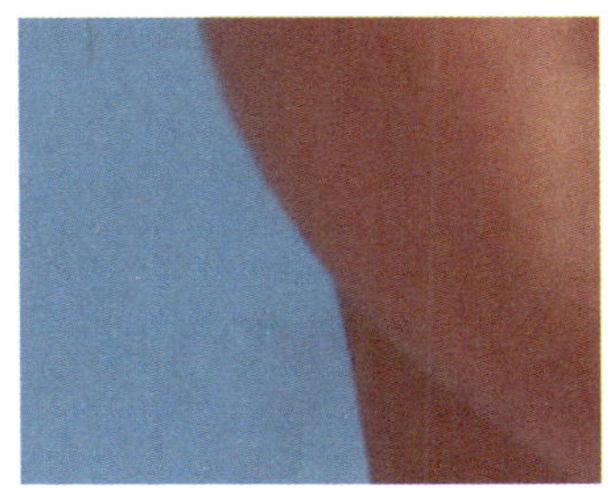
图 1-1-30　使用“仿制图章工具”

图 1-1-31　处理完所有碎发

3. 人物肤色处理

（1）通过“曲线”命令提亮偏暗的图像

单击图层面板下方的“创建新的填充或调整图层”按钮，选择“曲线”命令，创建一个曲线调整图层，在曲线的中间区域按住鼠标左键并向左上拖动，可以提亮画面，调整曲线如图 1–1–32 所示，调整后效果如图 1–1–33 所示。

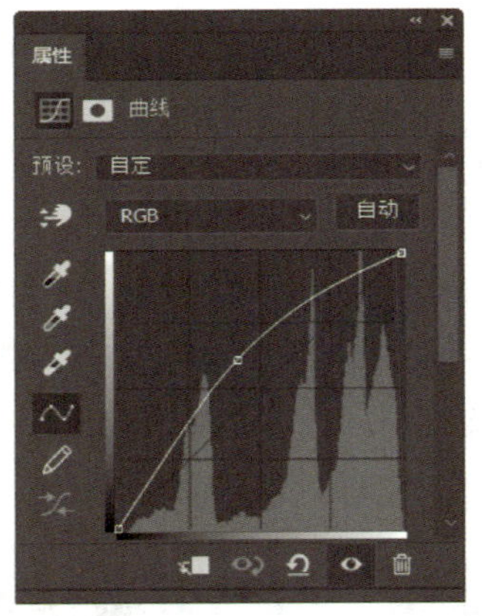

图 1-1-32　“曲线”命令

图 1-1-33　提亮图像

（2）使用磨皮滤镜进行磨皮

按“Ctrl+Alt+Shift+E”组合键盖印图层，命名为“磨皮”，执行“滤镜”→“Imagenomic”→“Portraiture”命令，在打开的滤镜窗口中单击选择“扩大蒙版颜色”，使用“取样工具”在皮肤上单击，在右侧的缩览图中查看选中的区域，若有未选中的皮肤区域，可通过“添加取样”按钮，继续在皮肤上单击。面部皮肤选中后，在增强中设置柔度为“8”，参数设置如图 1–1–34 所示，执行磨皮滤镜后，效果如图 1–1–35 所示。单击蒙版图层，使用黑色画笔在人物头发及五官区域涂抹，效果如图 1–1–36 所示。

图 1-1-34　Portraiture 界面

图 1-1-35　磨皮后

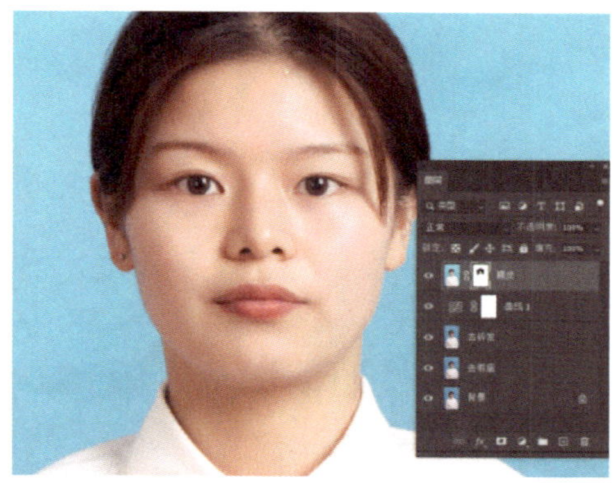

图 1-1-36　添加蒙版

（3）通过中性灰处理人物面部光影

新建图层，命名为“中性灰”，执行“编辑”→“填充”命令，在弹出的对话框中选择内容为“50% 灰色”，模式为“柔光”，设置如图 1-1-37 所示。

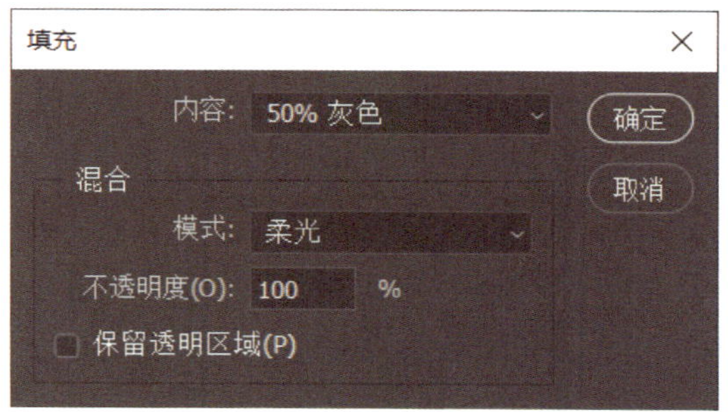

图 1-1-37　“填充”对话框

使用画笔在中性灰图层上进行涂抹，注意涂白色为提亮，涂黑色为压暗。选择“柔边圆”，不透明度设为“100%”，流量为“5%”，在人物左侧额头处使用白色画笔涂抹提亮，使用白色画笔在额头中部、鼻梁及两侧颧骨处涂抹，使用黑色画笔在鼻梁两侧及下巴两侧涂抹，盖印图层，并执行“滤镜”→“液化”命令调整肩膀，效果如图 1-1-38 所示，图层面板如图 1-1-39 所示。

图 1-1-38　光影处理完成后

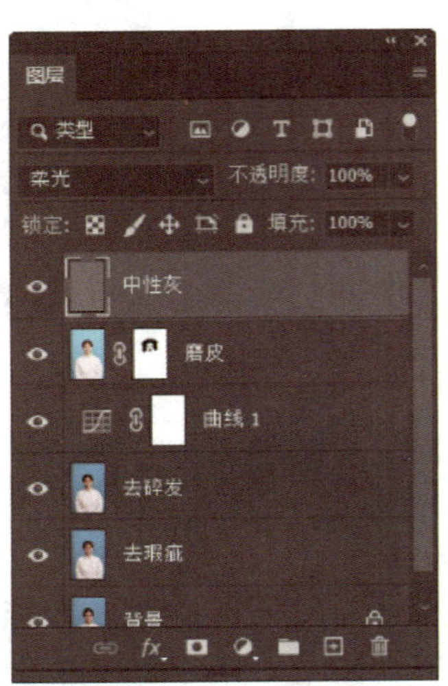

图 1-1-39　中性灰图层

二、证件照裁切及排版

1. 裁切一寸照片

由于图片中为半身照，而证件照只需要肩部以上的区域，所以需要裁切。后面还需要利用此素材制作二寸证件照，因此执行“图像”→“复制”命令，将复制出的图像命名为“一寸照片”，按住“Shift”键单击图层面板中第一个图层和最后一个图层，按“Ctrl+E”组合键合并图层，在工具箱中单击“裁剪工具”，在工具选项栏中选择“宽 * 高 * 分辨率”选项，设置宽度为 2.5 厘米，高度为 3.5 厘米，分辨率为 300 像素 / 英寸，参数设置如图 1-1-40 所示，移动调整裁剪框，使画面保留头部和四分之三的肩膀，如图 1-1-41 所示，按“Enter”键后得到裁切后的图片，如图 1-1-42 所示，将文件另存为“一寸未加白边 .jpg”。

图 1-1-40　设置裁剪框大小

2. 为照片设置白边

为了不影响图片大小，通过“画布大小”命令添加 15 mm 白边，执行“图像”→

图 1-1-41　移动裁切框

图 1-1-42　裁切图像

“画布大小”命令，设置宽度为 2.65 厘米，高度为 3.65 厘米，画布扩展颜色为“白色”，参数设置如图 1-1-43 所示。保存此文件，右键单击图片标题栏，选择“复制”命令，命名为“一寸照片”，效果如图 1-1-44 所示，用于后期进行八张照片的排版。

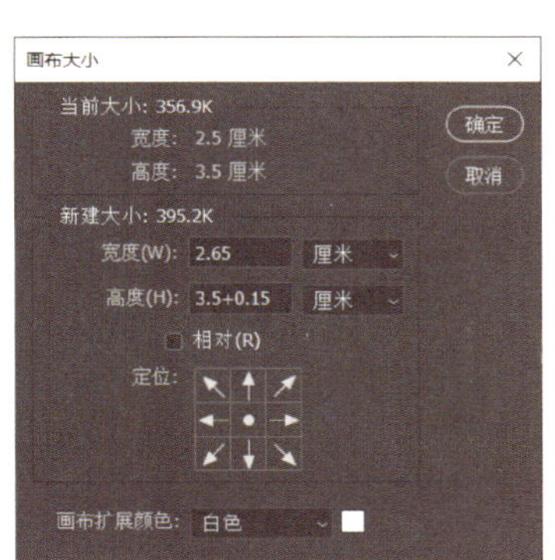

图 1-1-43　设置画布大小

图 1-1-44　添加白边效果

3. 排版照片（五寸相纸，一寸证件照，八张）

（1）按“Ctrl+A”组合键全选，执行“编辑”→“定义图案”命令，为了避免直接在新建文件中填充后出现边缘有不完整照片的情况，先将照片排列好，再放至相纸中，以五寸相纸摆放八张一寸照片为例，每行四张，共两行，在图像标题栏上单击鼠标右键，选择“画布大小”命令，在对话框中设置宽度为 10.6 厘米，高度为 7.3 厘米，参数设置如图 1-1-45 所示，单击“确定”按钮，效果如图 1-1-46 所示。

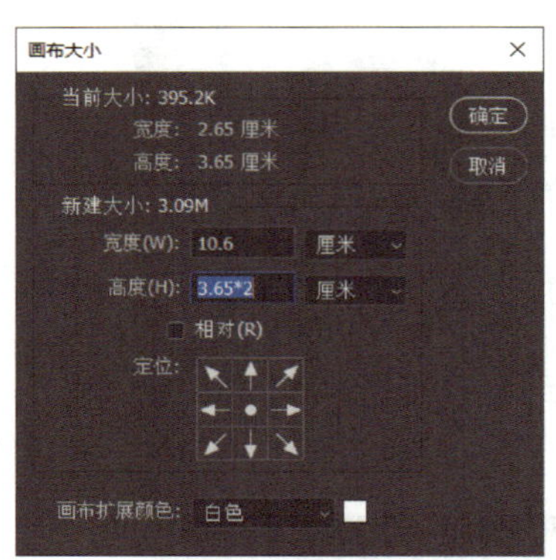

图 1-1-45　设置画布大小

图 1-1-46　更改画布大小后

（2）按“D”键恢复背景色为白色，按“Ctrl+Delete”组合键填充背景色，如图 1-1-47 所示。

图 1-1-47　填充白色背景

（3）执行“编辑”→“填充”命令，打开填充对话框，填充内容选择“图案”，在自定图案中选择最后一张刚制作好的图案，如图 1-1-48 所示，单击“确定”按钮，效果如图 1-1-49 所示。

（4）更改画布大小为五寸相纸，执行“图像”→“画布大小”命令，在弹出的对话框中设置单位为“英寸”，宽度为“5”，高度为“3.5”，参数设置如图 1-1-50 所示，效果如图 1-1-51 所示。通过这种方法，可以保证照片的美观，使照片始终在画面的中部，避免出现边缘不完整的照片。

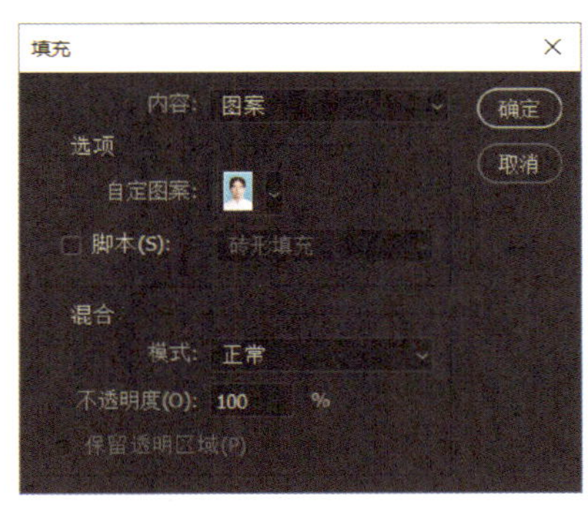

图 1-1-48　选择图案

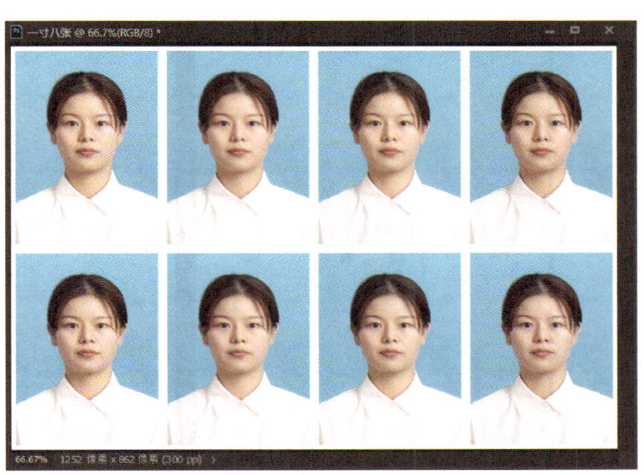

图 1-1-49　填充图案

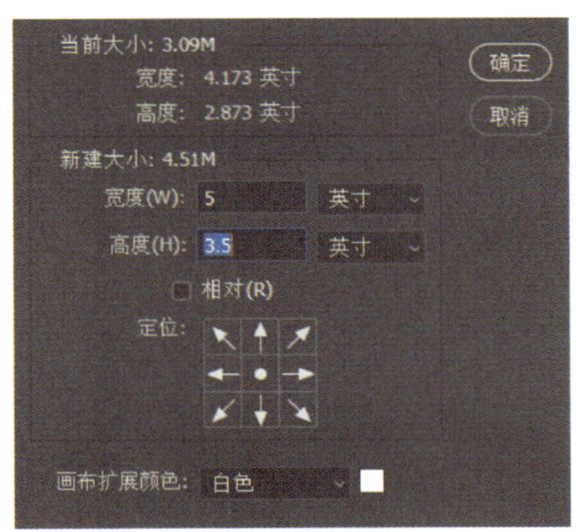

图 1-1-50　更改画布大小

图 1-1-51　画布大小更改后

4. 照片排版（五寸相纸，一寸证件照，九张）

（1）打开一寸照片，执行“图像”→“复制”命令，命名复制后的图像为“一寸九张”，由于九张照片以三行三列的形式摆放，因此执行“图像”→“画布大小”命令，在弹出的对话框中设置宽度为 7.95 厘米，高度为 10.95 厘米，参数设置如图 1–1–52 所示，效果如图 1–1–53 所示。

（2）将画面填充为白色，以之前定义好的图案填充，效果如图 1–1–54 所示。

（3）更改画布大小为五寸相纸，此时相纸为纵

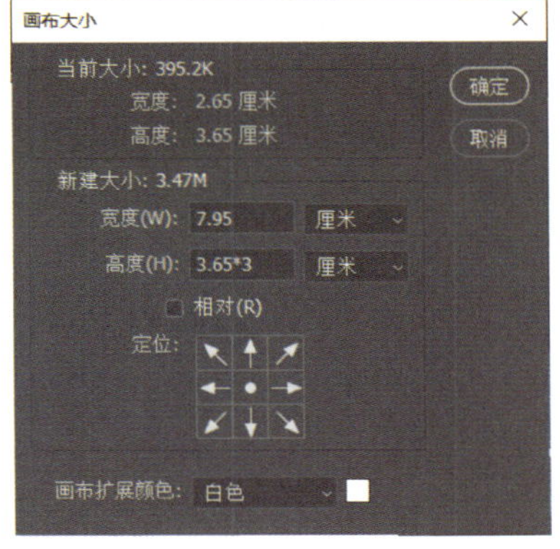

图 1-1-52　更改画布大小

图 1-1-53　画布大小更改后

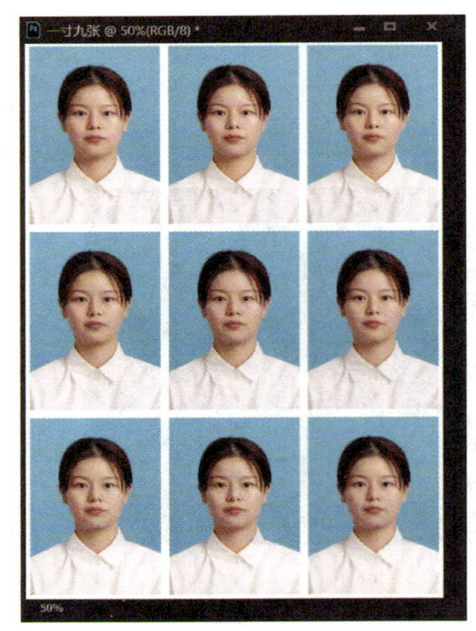

图 1-1-54　填充图案

向，因此执行“图像”→“画布大小”命令，在弹出的对话框中设置宽度为“3.5 英寸”，高度为“5 英寸”，参数设置如图 1-1-55 所示，效果如图 1-1-56 所示。

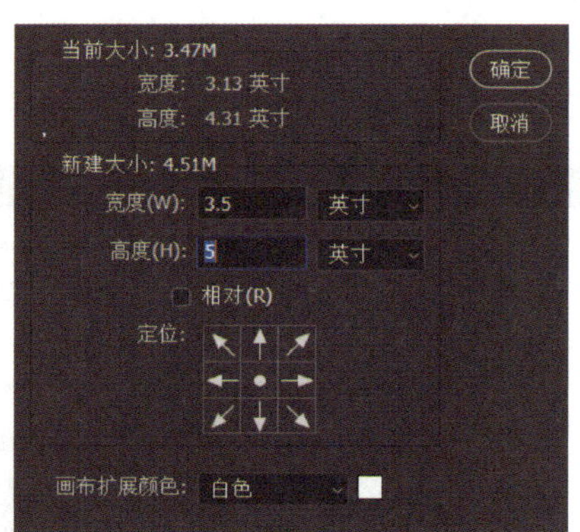

图 1-1-55　更改画布大小

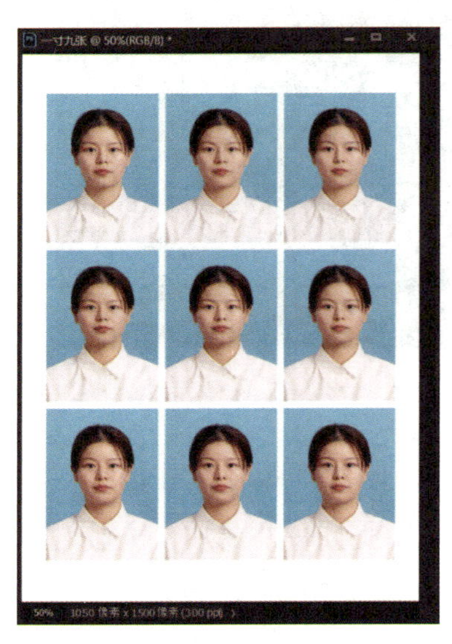

图 1-1-56　更改画布大小后

三、高效批处理证件照

在需要高效处理大量的证件照时，可以将执行的步骤录制为动作，生成批处理文件，达到高效处理的目的。将前面的步骤录制为动作也可以分别处理一寸八张和一寸九张的证件照，但是需要每次手动选择定义的图案，不能完全实现自动化，所以在处理大量的照片时并不建议使用这种方法，推荐使用下面介绍的这种排版方法。在录制批处理动作前多演练几次，保证每一步操作都能比较精准地完成。

1．录制动作“一寸八张排版”

操作演示

（1）打开“一寸未加白边.jpg”文件，复制文件，命名为“一寸八张自动排版”，在“动作”面板中选择“创建新组”按钮，命名为“证件照”，单击“新建动作”按钮，命名为“一寸八张自动排版”，如图 1–1–57 所示。

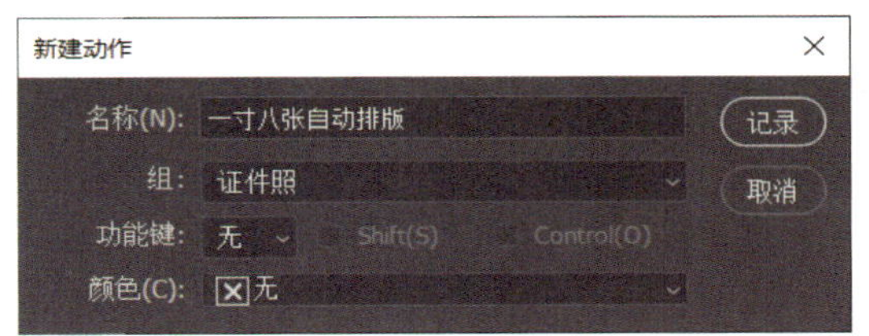

图 1–1–57　新建动作

（2）单击“记录”按钮，开始录制动作。首先为照片添加 15 mm 的白边，执行“图像”→“画布大小”命令，在弹出的对话框中设置宽度为 2.65 厘米，高度为 3.65 厘米，如图 1–1–58 所示，效果如图 1–1–59 所示。

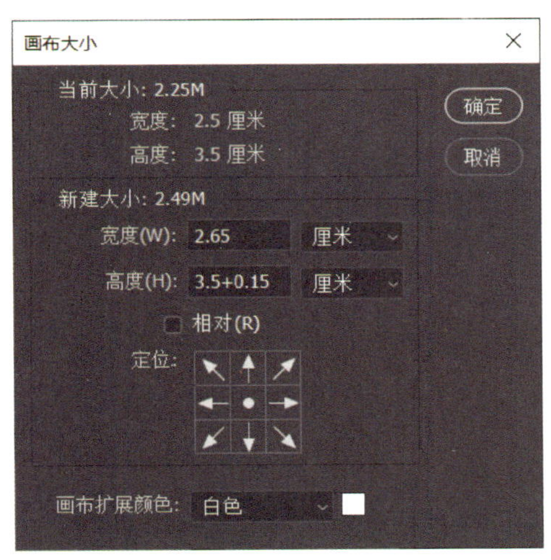

图 1–1–58　更改画布大小

图 1–1–59　添加白边后

（3）按“Ctrl+J”组合键复制图层，将背景层填充为白色，如图 1–1–60 所示，效果如图 1–1–61 所示。

（4）选择“图层 1”，执行“图像”→“画布大小”命令，将画布大小直接设置为要打印的尺寸，设置宽度为 5 英寸，高度为 3.5 英寸，如图 1–1–62 所示，效果如图 1–1–63 所示，图层面板和动作面板分别如图 1–1–64 和图 1–1–65 所示。

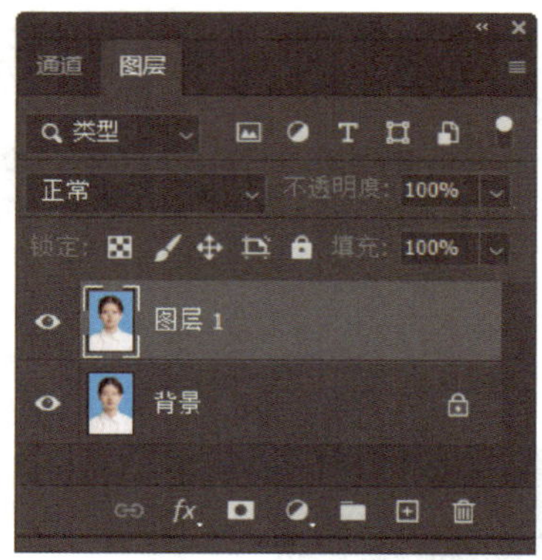

图 1-1-60 复制背景图层

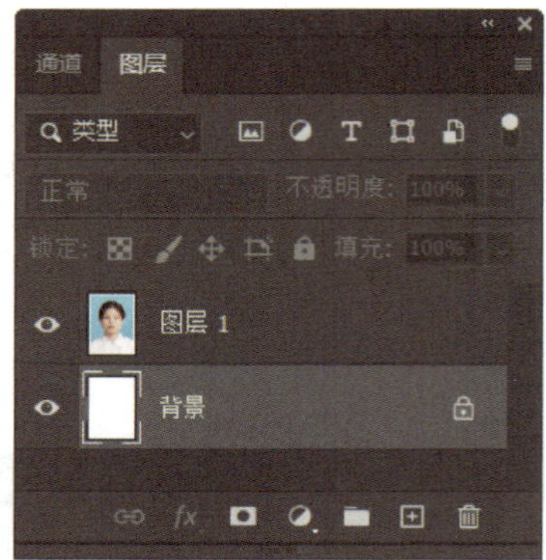

图 1-1-61 填充背景图层

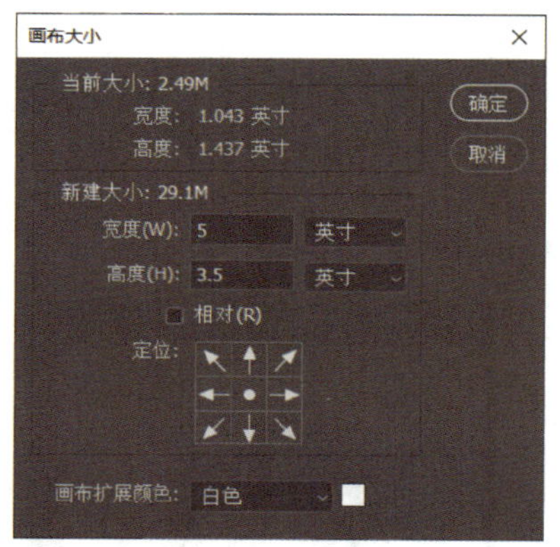

图 1-1-62 更改画布

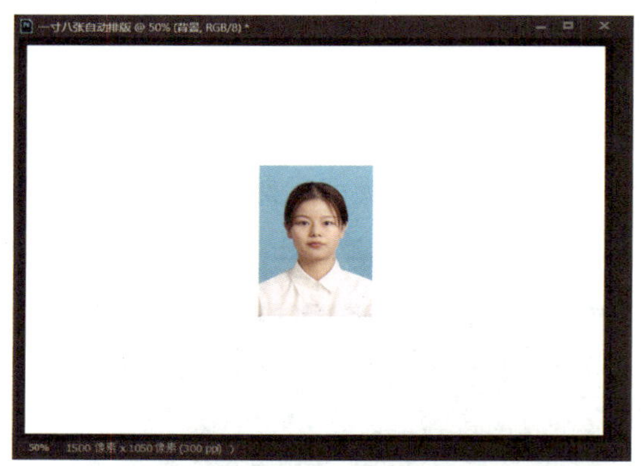

图 1-1-63 更改画布大小后

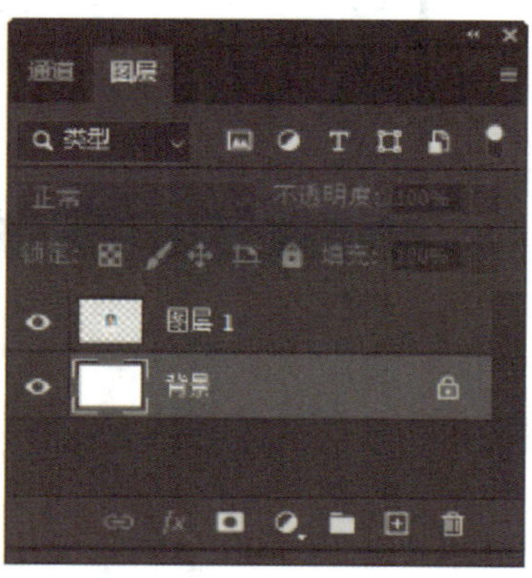

图 1-1-64 图层面板

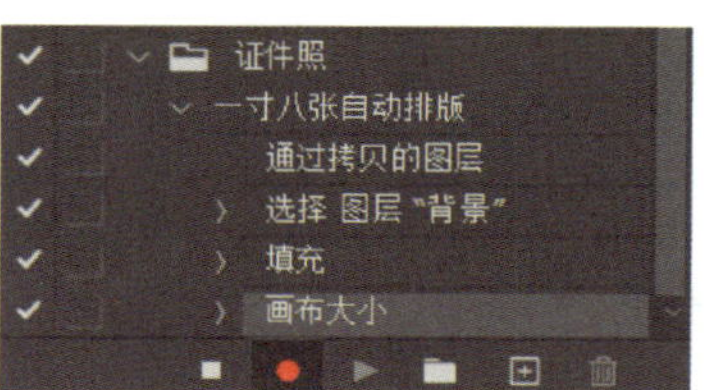

图 1-1-65 动作面板

（5）在图层 1 中，按“Ctrl+A”组合键全选，选择“移动工具”，在工具选项栏中单击“左对齐”按钮和“顶对齐”按钮，效果如图 1–1–66 所示。按“Ctrl+D”组合键取消选区。

（6）按“Ctrl+J”组合键复制图层，在复制的图层中按“Ctrl+T”组合键，将中心点移至右侧中部的锚点上，如图 1–1–67 所示。单击鼠标右键，选择“水平翻转”命令，如图 1–1–68 所示，效果如图 1–1–69 所示。按“Enter”键后再次按“Ctrl+T”组合键，此时中心点回到第二张照片中心位置，如图 1–1–70 所示。再次单击鼠标右键，选择“水平翻转”命令，如图 1–1–71 所示，效果如图 1–1–72 所示。在此处没有通过鼠标拖动而是采用两次水平翻转的方式来摆放图片，是为了在录制动作完成后，后期处理时不需要再通过手动处理。此时图层面板如图 1–1–73 所示，动作面板如图 1–1–74 所示。

图 1–1–66　对齐图片

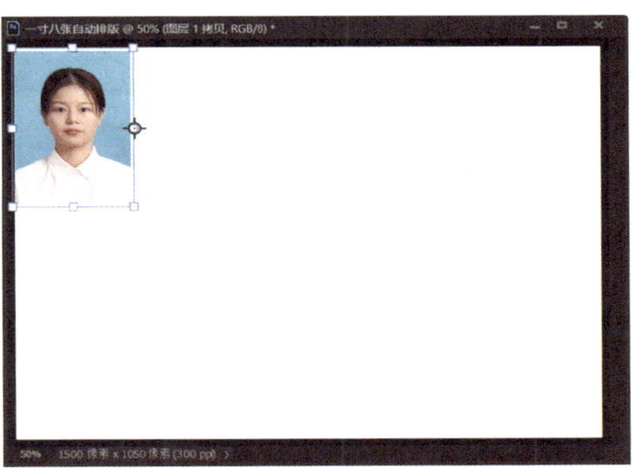

图 1–1–67　移动中心点至右侧

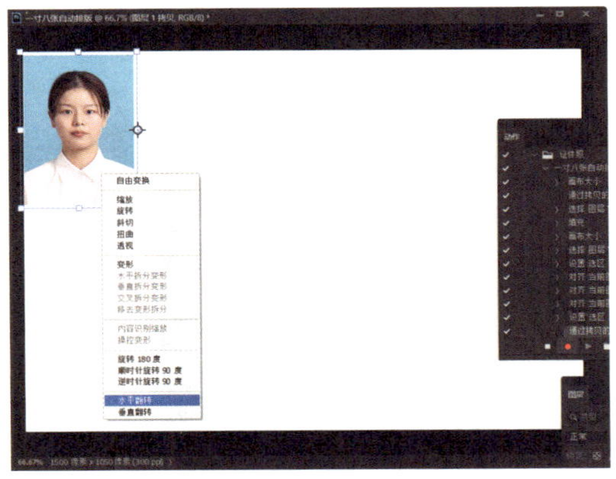

图 1–1–68　水平翻转

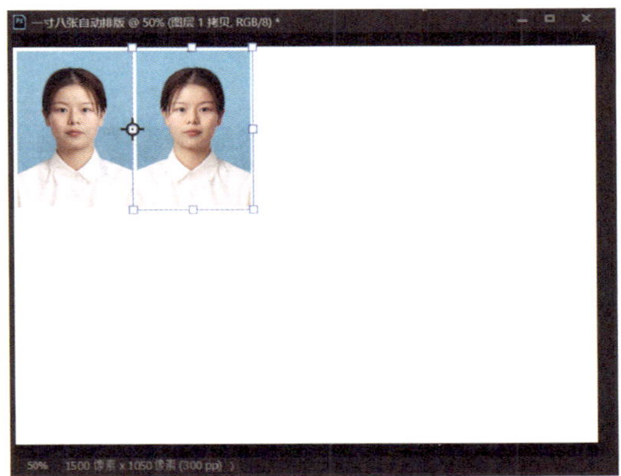

图 1–1–69　水平翻转后

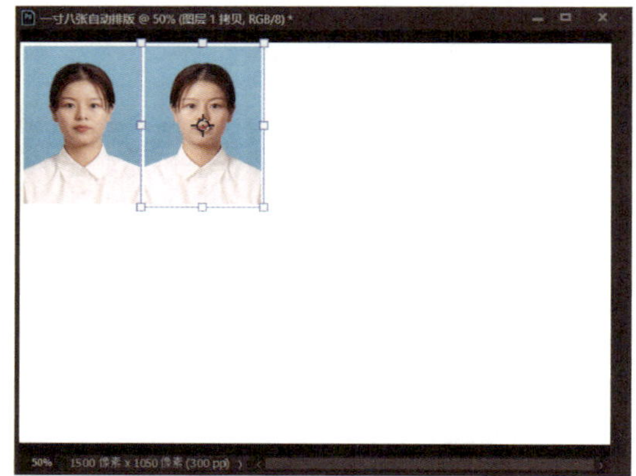

图 1-1-70　显示定界框

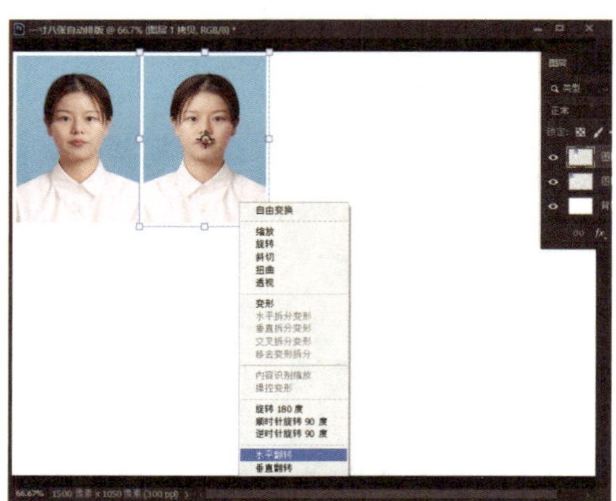

图 1-1-71　再次水平翻转

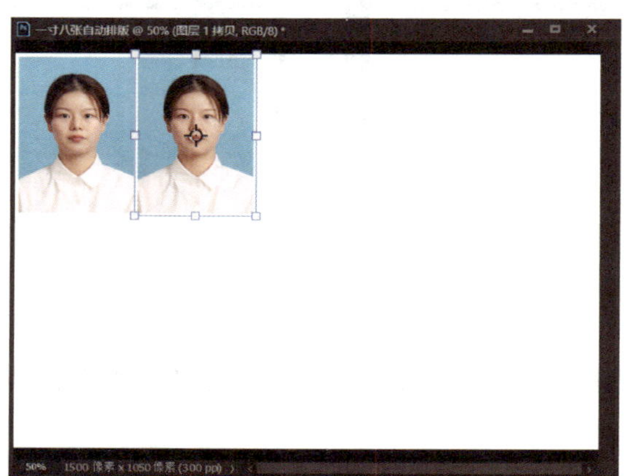

图 1-1-72　再次水平翻转后

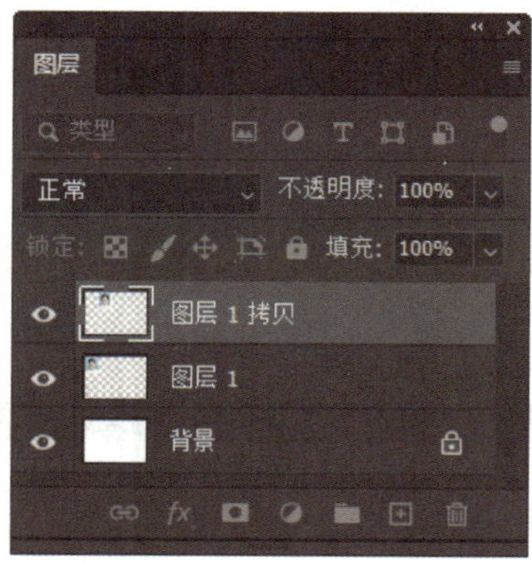

图 1-1-73　图层面板

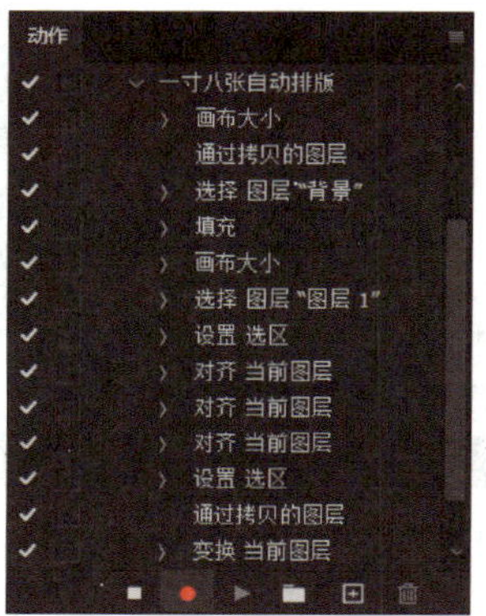

图 1-1-74　动作面板

（7）用同样的方法得到第三张和第四张图片，如图 1-1-75 所示。

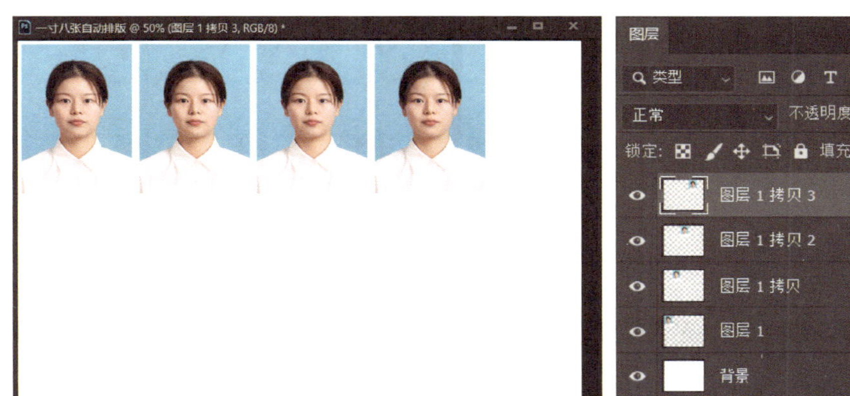

图 1-1-75　完成第一排图片

（8）按“Ctrl+E”组合键合并这四个照片图层，按“Ctrl+J”组合键复制图层，如图 1-1-76 所示。按“Ctrl+T”组合键显示中心点，移动中心点到图 1-1-77 所示位置，单击鼠标右键，选择“垂直翻转”，如图 1-1-78 所示，效果如图 1-1-79 所示。按“Enter”键后再按“Ctrl+T”组合键，此时中心点回到了中部，如图 1-1-80 所示。再次单击鼠标右键，选择“垂直翻转”命令，如图 1-1-81 所示，用同样的方法得到第二排的照片。

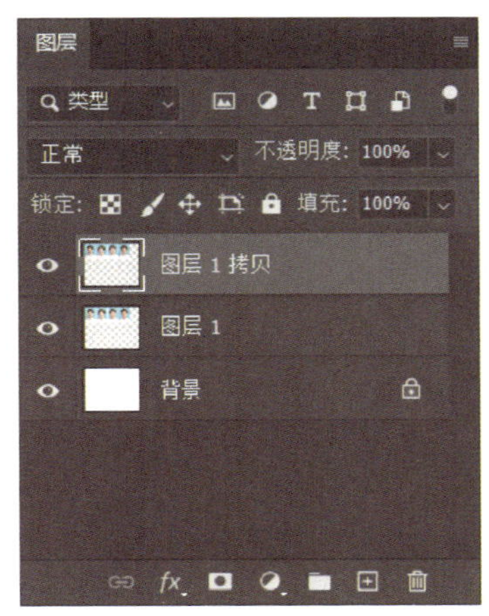

图 1-1-76　复制图层

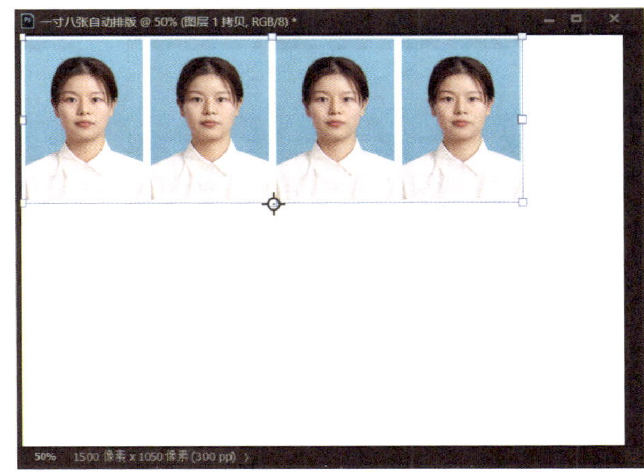

图 1-1-77　移动中心点

（9）按“Ctrl+E”组合键合并图层，效果如图 1-1-82 所示，按“Ctrl+A”组合键全选，选择“移动工具”，在选项栏中单击“水平居中”和“垂直居中”按钮，效果如图 1-1-83 所示，图层面板如图 1-1-84 所示，照片将显示在画面的正中间。按

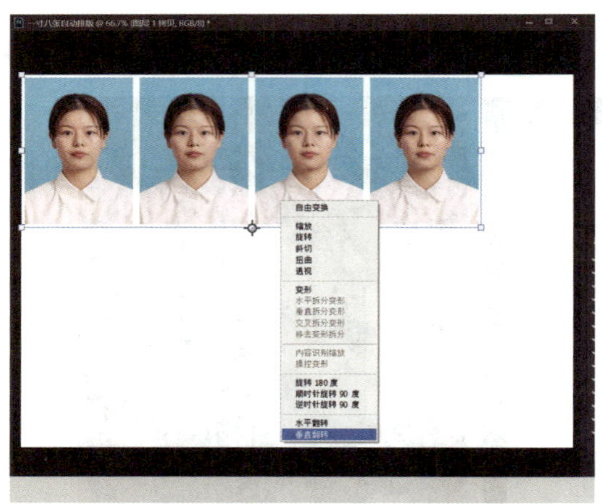

图 1-1-78　选择“垂直翻转”

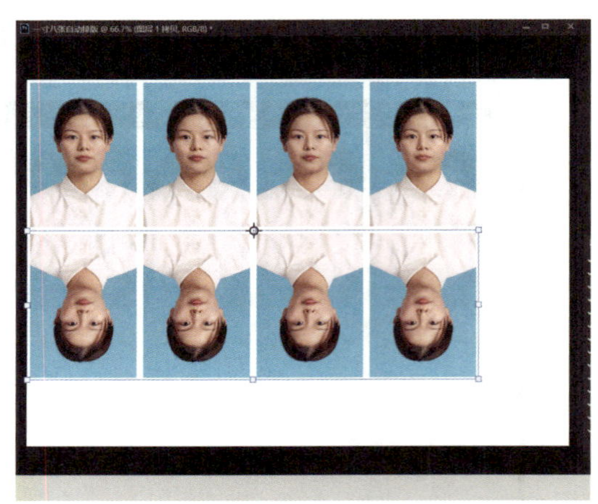

图 1-1-79　“垂直翻转”后

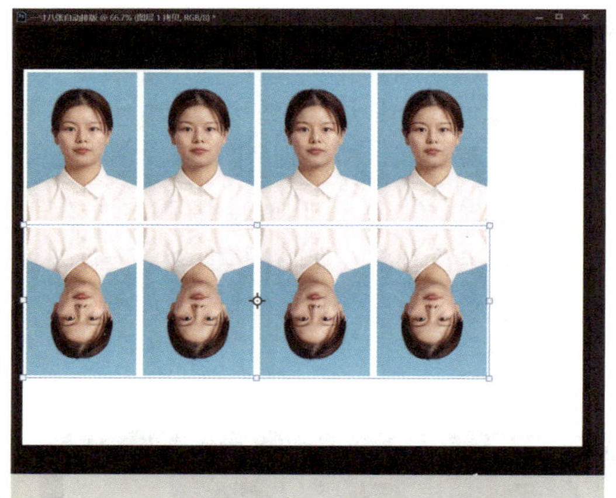

图 1-1-80　显示定界框

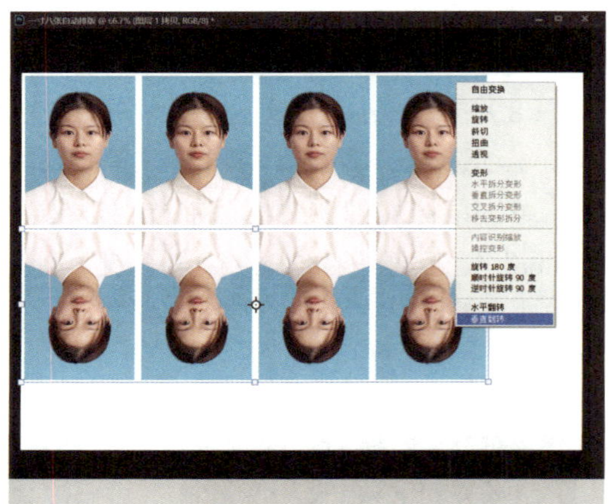

图 1-1-81　再次垂直翻转

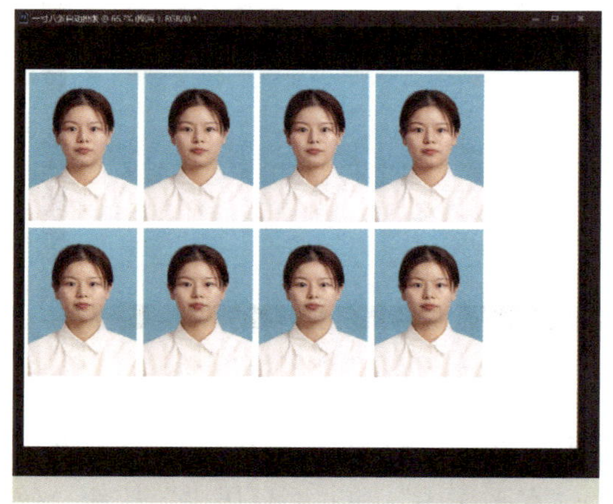

图 1-1-82　合并图层

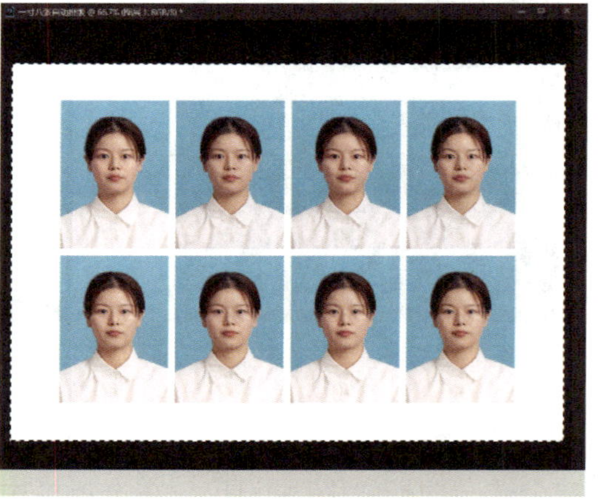

图 1-1-83　居中显示

"Ctrl+D"组合键取消选区，合并图层，保存文件。

（10）此时动作面板如图 1-1-85 所示，单击停止录制按钮■停止录制。至此动作录制完成。

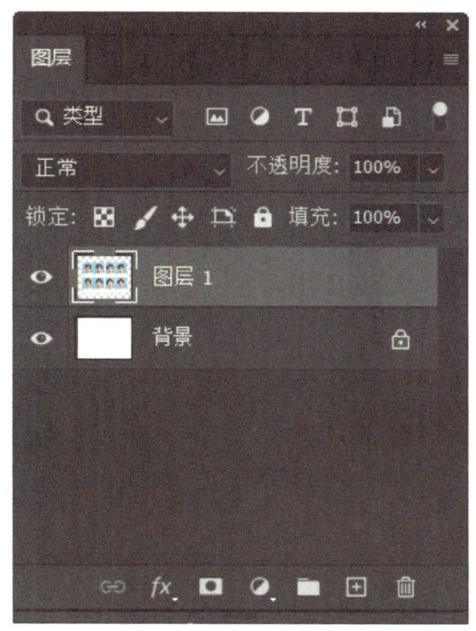

图 1-1-84 图层面板

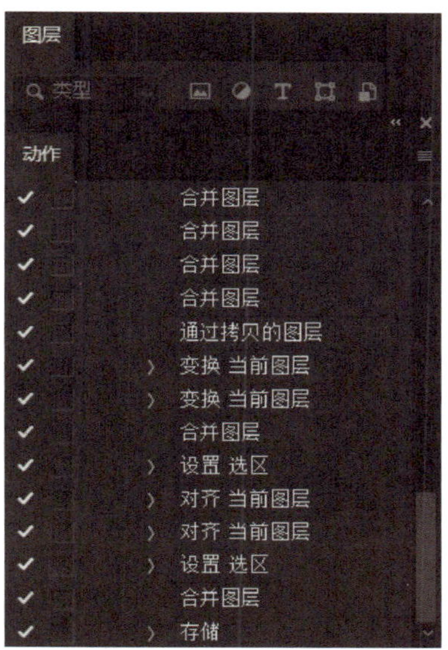

图 1-1-85 动作面板

（11）打开另一张一寸证件照，在动作面板中选择"证件照"→"一寸八张自动排版"动作，单击"播放选定的动作"按钮，利用此动作即可高效地处理裁切好的照片。

2. 创建批处理

前面通过动作面板中的动作实现了快速的处理一张照片，对于在影楼工作的人员以及经常要处理许多证件照的人来说，还需要更高效的方法，可以按以下方法操作，实现多张一寸照片一次性处理成八张照片格式的排版。

（1）选中动作，执行"文件"→"自动"→"创建快捷批处理"命令，如图 1-1-86 所示，弹出如图 1-1-87 所示对话框，根据提示选择文件存储的位置，并将文件命令为"一寸八张排版动作"，如图 1-1-88 所示，会得到一个批处理的文件，如图 1-1-89 所示。

（2）将需要处理的一寸照片文件夹直接拖至批处理文件上，就可以得到多张排版好的"一寸八张"的图片，如图 1-1-90 所示。至此就完全实现了高效专业的处理，真正解放了双手。

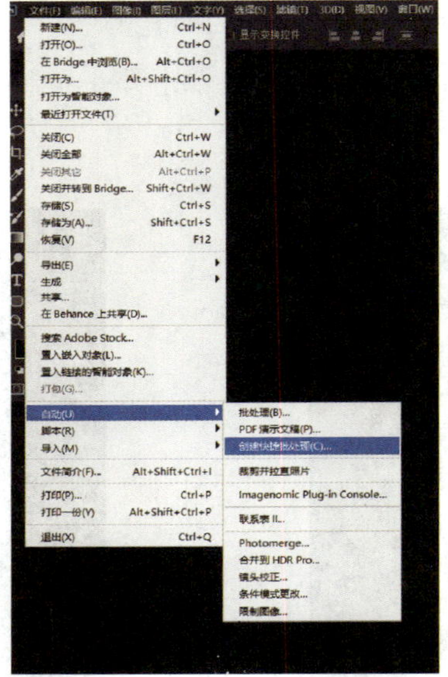

图 1-1-86　选择“创建快捷批处理”

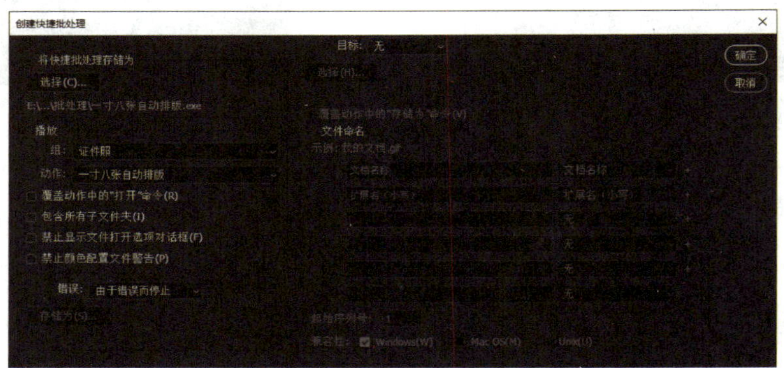

图 1-1-87　“创建快捷批处理”对话框

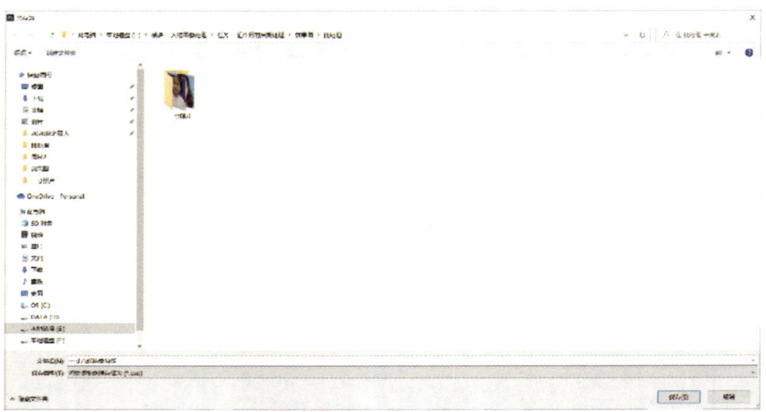
图 1-1-88　选择存储位置

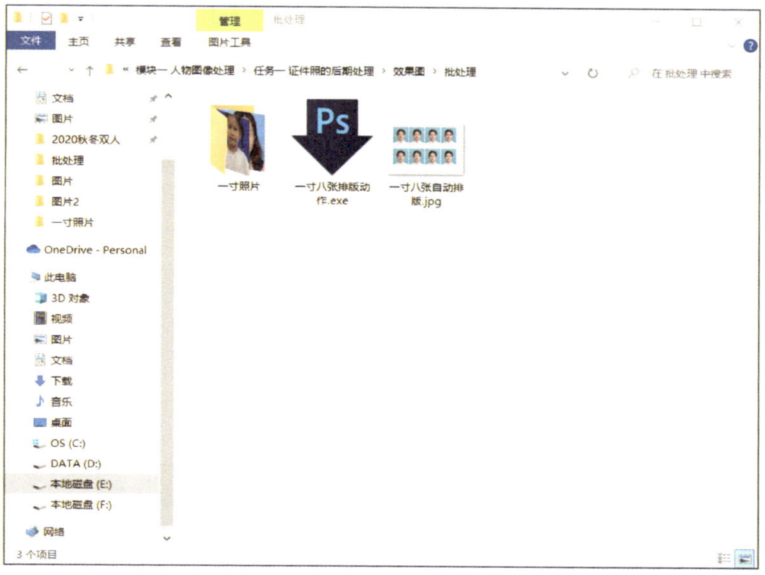

图 1-1-89　生成批处理文件

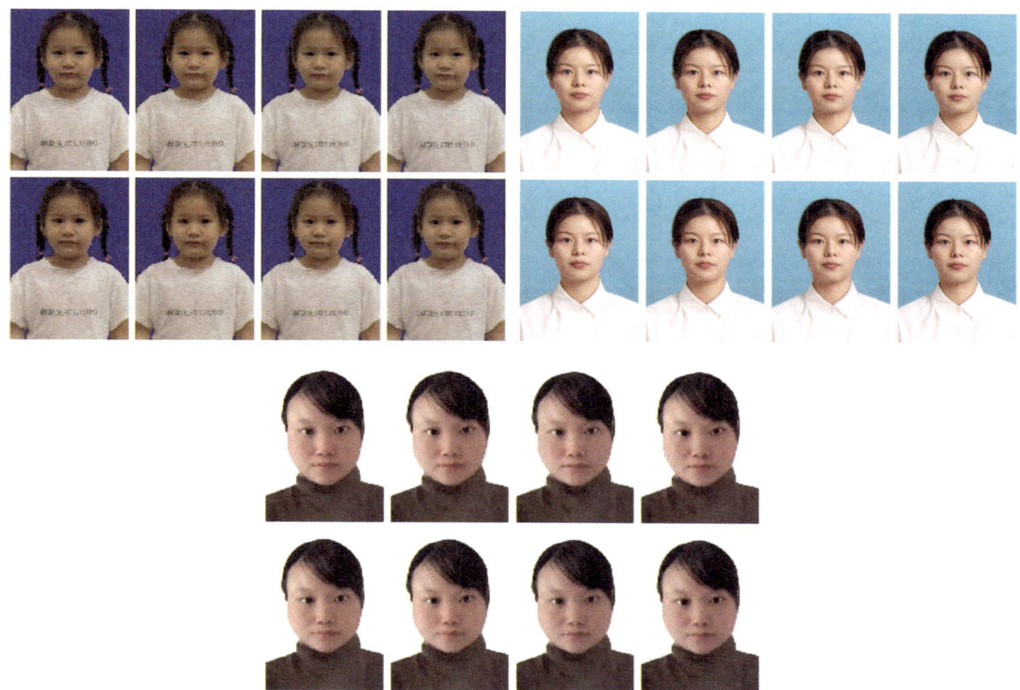

图 1-1-90　批处理完成后

四、打印设置

1. 以处理好的“一寸八张的人物 2.jpg”为例，打印前在打印机中放好五寸的相纸，如图 1–1–91 所示。

2. 在 Photoshop 中打开“人物 2.jpg”图片，依次单击“图像”“模式”“CMYK 颜色”，弹出如图 1–1–92 所示对话框，单击“确定”按钮。

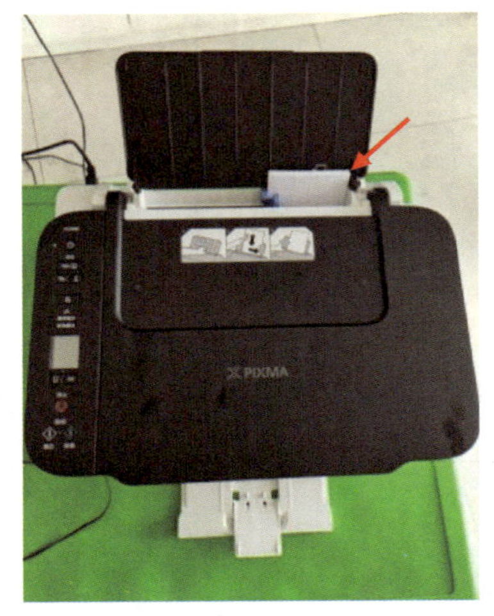

图 1–1–91　装相纸

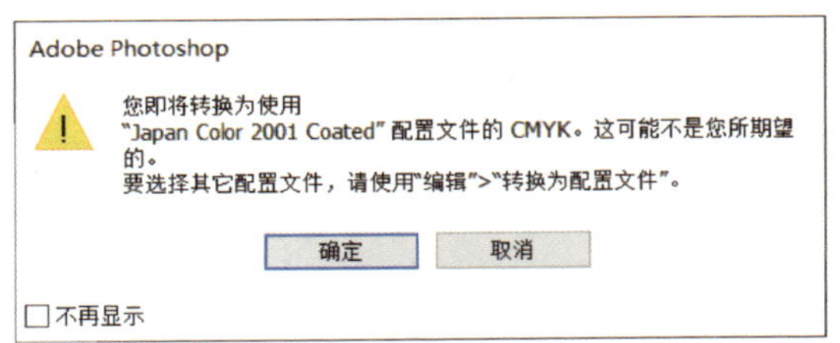

图 1–1–92　转换图像模式

3. 执行“文件”→“打印”命令，弹出“Photoshop 打印设置”对话框，如图 1–1–93 所示。在对话框中选择打印机类型（此例中选择“Cannon Ts3400 series”，具体操作时以实际情况为准），单击“打印设置”按钮，弹出如图 1–1–94 所示的属性对话框。

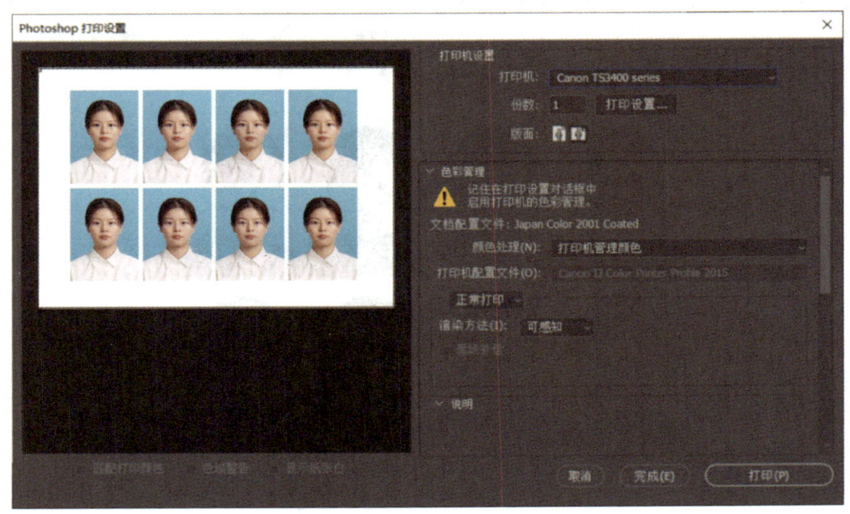

图 1–1–93　“Photoshop 打印设置”对话框

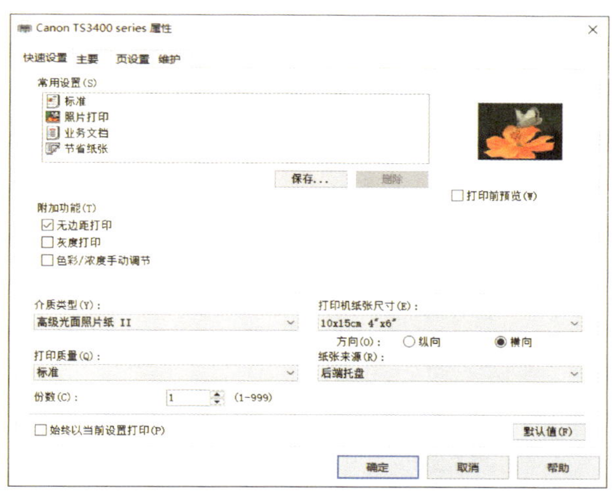

图 1-1-94　属性对话框

4. 在常用设置中选择“照片打印”选项，介质类型选择“高级光面照片纸 II”，打印机纸张尺寸更改为“L 89 × 127 mm”，方向设为“横向”，如图 1-1-95 所示，单击“确定”按钮。返回“Photoshop 打印设置”对话框，单击“打印”按钮，打印机工作，即可得到打印好的照片，如图 1-1-96 所示。

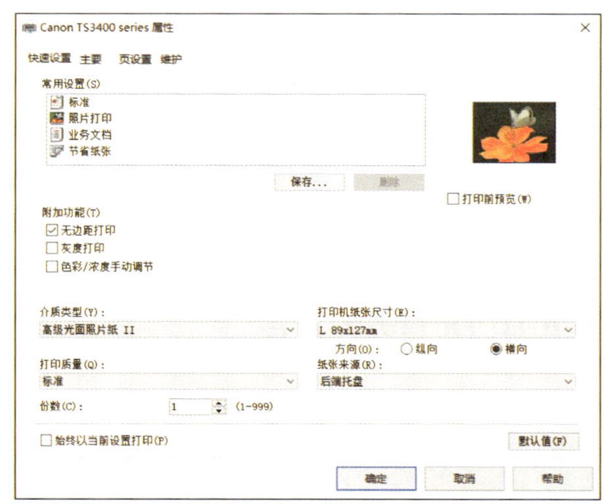

图 1-1-95　更改相关设置

图 1-1-96　打印照片

注意事项

1. 制作证件照时，一定要注意各种不同规格的证件照的准确尺寸，常见的证件照尺寸见表 1-1-1。

表 1-1-1　常见的证件照尺寸

规格	尺寸大小（单位：mm）	使用场合示例
小 1 寸	22 × 32	驾驶证
	26 × 32	社会保障卡、身份证
标准 1 寸	25 × 35	国内使用
大 1 寸 / 小 2 寸	33 × 48	护照、港澳通行证、旅行证，国内考试报名
	33 × 48	毕业证，国内考试报名
标准 2 寸	35 × 53	国内使用

2. 常用相纸尺寸：5 寸相纸 12.7 cm × 8.9 cm；6 寸相纸 10.2 cm × 15.2 cm；7 寸相纸 17.8 cm × 12.7 cm。

3. 在“图像处理器”窗口中进行尺寸设置时，如果原图尺寸小于设置的尺寸，那么图像的尺寸不会改变。

4. 使用“污点修复画笔工具”时不需要设置取样点，因为它可以自动从所修饰区域的周围进行取样，通常有内容识别、近似匹配和创建纹理三种修复方法。

任务 2　儿童照的后期处理

1. 能还原儿童照片明艳多彩的背景。
2. 能调出儿童人物通透的皮肤。
3. 能够根据需要熟练使用“裁剪工具”对图像素材进行裁剪。
4. 能准确分析图像的色彩问题并进行校正。
5. 能使用“描边”等工具为照片制作相框效果。

任务分析

风景型的儿童照一般是儿童跟自然、田园等风光景色结合，展现活泼、童趣、纯真和自然等特点，所以画面往往是明艳多彩的。本任务中原始图像素材暗淡、偏灰，小女孩皮肤偏暗，要求通过 Photoshop 软件还原明艳多彩的背景，将小女孩的皮肤色彩进行调整，并制作出简单的相框效果，素材及处理后的效果如图 1–2–1 所示。

图 1–2–1　儿童照片处理前后对比

相关知识

一、裁剪工具

在用 Photoshop 软件对数码照片或者图像进行处理时，经常要对图像进行裁剪，使画面整体构图更加完美。“裁剪工具”是针对选区的框型裁切，直接在画面中绘制出需要保留的区域即可。

裁剪工具选项栏中的“比例”下拉列表中提供了用于设置裁剪的约束方式，如图 1–2–2 所示，可以根据需要选择按照特定的比例进行裁剪，在右侧文本框中输入数值即可。

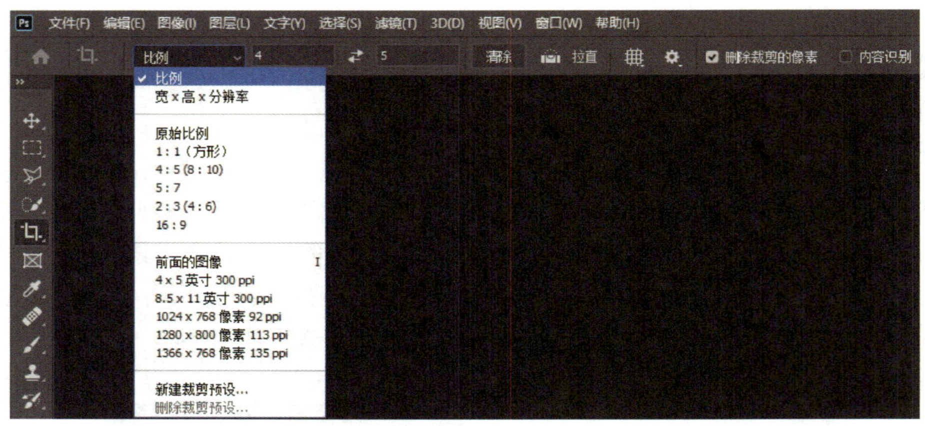

图 1-2-2　裁剪选项栏

二、图像美化工具

通过“锐化”命令、图层混合模式、“曲线”命令、“色彩平衡”命令、“饱和度”命令、“自然饱和度”命令等可以完成图像的美化。

1.“锐化”命令

执行“滤镜”→“锐化”命令，选用该子菜单中的相关锐化方式，可以对图像进行锐化。常见的锐化方式有“防抖”“进一步锐化”“锐化”“锐化边缘”“智能锐化”“USM 锐化”。“锐化工具”可以快速聚焦模糊边缘，提高图像中某一部位的清晰度或者聚焦程度，使图像特定区域的色彩更加鲜明，但使用时要注意锐化操作也很容易使图像不真实。

2. 图层混合模式

当文档中存在两个或多个图层时，单击“混合模式”，在下拉列表中选择一种模式，可使该图层与下方图层以不同的模式进行混合，从而产生不同的合成效果，如图 1–2–3 所示。

3.“曲线”命令

“曲线”命令常用于调整画面的明暗对比度及校正画面颜色，调出独特的色调效果。执行“图层”→“新建调整图层”→“曲线”命令，或单击图层面板下方的“创建新的填充或调整图层”按钮，选择“曲线”命令，创建一个曲线调整图层，在曲线上单击鼠标左键即可添加控制点，通过拖动控制点调整曲线形状从而改变图像的明暗、颜色和对比度，也可以自己绘制一条曲线来创造出精彩的作品。

（1）使用“预设”曲线效果

曲线面板的预设下拉列表中提供了 9 种预设曲线，如图 1–2–4 所示，原图如图 1–2–5 所示，9 种预设曲线效果如图 1–2–6 所示。

图 1-2-3　图层混合模式

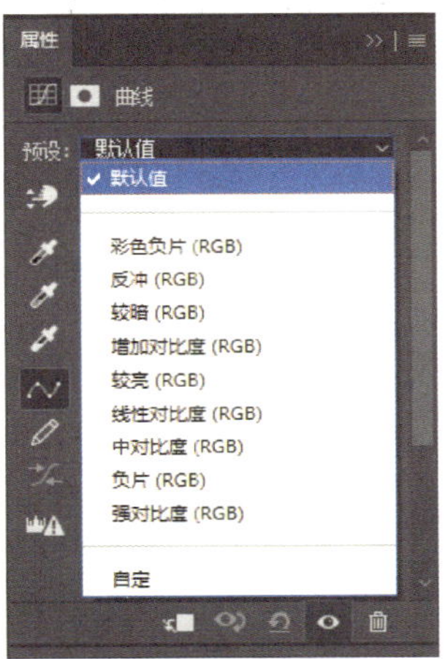

图 1-2-4　9 种预设曲线

图 1-2-5　原图

图 1-2-6　9 种预设曲线效果

（2）调整画面明暗

通过调整曲线可对画面的明暗进行调整，例如，在曲线中间区域单击添加控制点，向左上方拖动控制点可以使画面变亮，如图 1-2-7 所示；向右下方拖动控制点可以使画面变暗，如图 1-2-8 所示。

图 1-2-7　使画面变亮

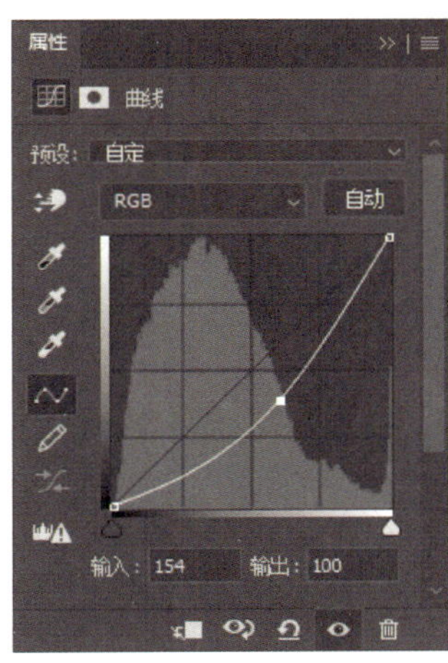

图 1-2-8　使画面变暗

（3）调整画面对比度

可以在曲线上添加多个控制点来达到调整画面对比度的效果。例如，增强画面的对比度需要使亮部更亮、暗部更暗，可设置如图 1–2–9 所示“S”形曲线；反之则可降低画面对比度。

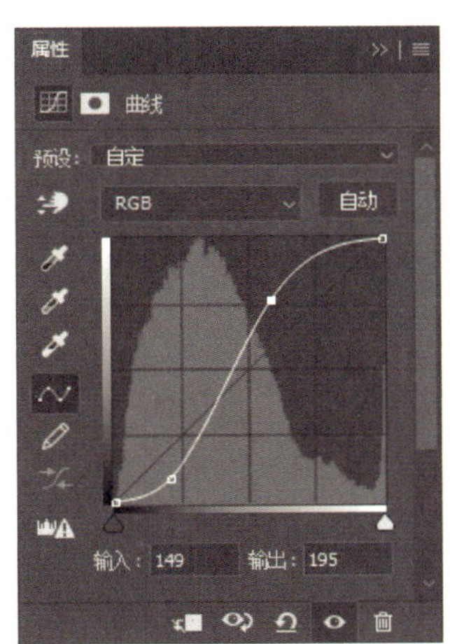

图 1-2-9　“S”形曲线效果

（4）校正画面颜色

在曲线面板中默认的是 RGB 通道，即同时调整画面中所有的颜色，也就是调整画面的明暗和对比度。当画面出现色彩偏差时，可以通过更改通道，对画面进行色彩校正。例如，图 1–2–10 所示画面色调偏蓝，那么在进行色彩校正时可以在通道列表中选择“蓝”，通过调整曲线减少画面中的蓝色分布，使画面颜色更自然。

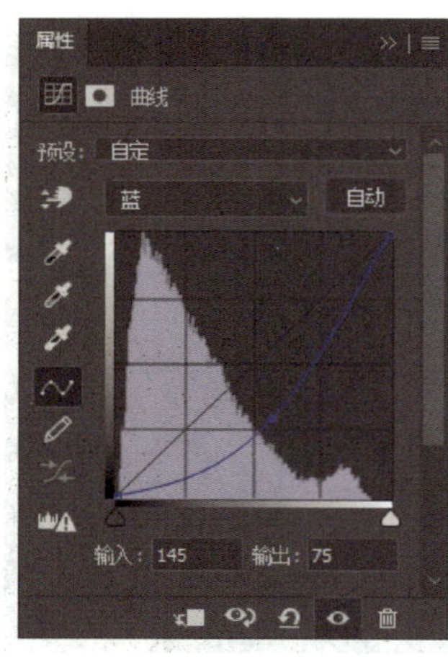

图 1-2-10　校正画面颜色效果

4. “色彩平衡”命令

“色彩平衡”命令是根据色光的补色原理，控制图像颜色的分布，要减少某个颜色就增加这种颜色的补色。通过对图像的色彩平衡处理，可以校正图像偏色、过饱和或饱和度不足的情况，也可以根据制作需要调整色彩，更好地完成画面效果。

5. “饱和度”命令和“自然饱和度”命令

两者调整的参数均为饱和度，区别在于，“饱和度”命令会调整整张图片的所有像素，而“自然饱和度”命令会对本就饱和的颜色加以保留，只调整饱和度较弱的颜色。

因为调整“饱和度”命令会调整所有颜色，所以想要调整较灰暗的颜色时可能会发生偏差，使得原先本已较鲜艳（饱和度高）的颜色变得过于亮丽，导致局部细节发生丢失，达不到预期的标准，适合调整色相相仿的图像。

“自然饱和度”命令会调整画面中较柔和（饱和度较低）的颜色，而原先较鲜艳（饱和度高）的颜色会维持原状，调整后可使得画面更自然，非常适合数码照片的调色。

三、相框制作的基本方法

1. 利用“图层样式”

利用“图层样式”的设置可以制作简单的相框，下面结合实例介绍设置方法。

（1）打开素材文件夹中“描边相框.psd”文件，单击选择“相框制作”图层。

（2）双击图层空白处打开“图层样式”面板，添加“描边”样式，如图 1-2-11 所示，再添加“投影”样式，如图 1-2-12 所示。

2. 利用模板

利用模板也可将图片置入经过设计的精美相框。在影楼拍摄婚纱照片、艺术照或儿童照片时，工作人员往往会对图片进行排版，将图片置入模板中，得到精美的相册，

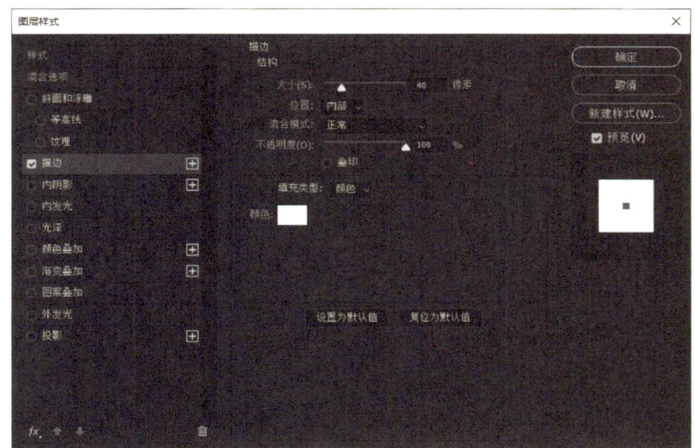

图 1-2-11　描边样式

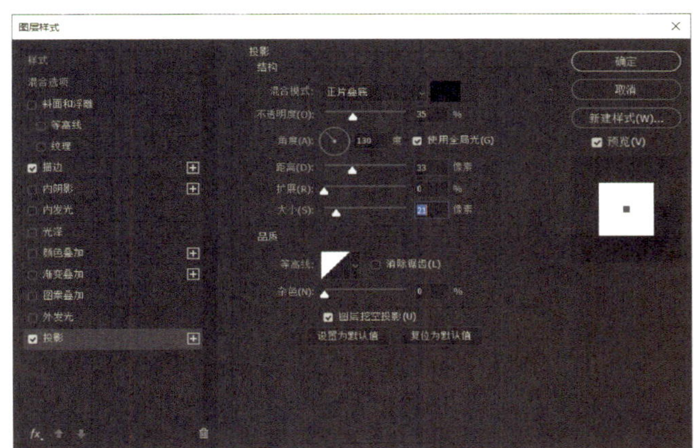

图 1-2-12　投影样式

也可以通过下载相应的 PSD 格式模板文件，在其中置入自己的照片。下面在前面实例基础上继续操作，说明其方法。

（1）打开前面完成的图像文件，执行“图像”→“复制”命令，将复制后的图像命名为“相册”，如图 1-2-13 所示。

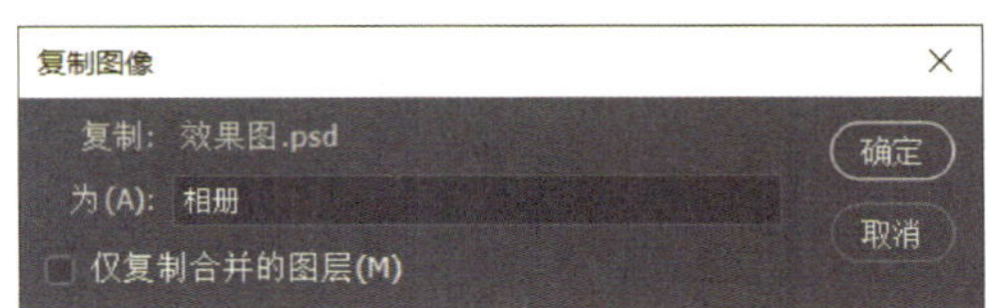

图 1-2-13　复制图像

（2）隐藏相框制作图层，并取消相框制作拷贝图层的描边和投影效果，如图 1-2-14 所示，画面中显示未制作相框前的状态，适当调整角度后，如图 1-2-15 所示。

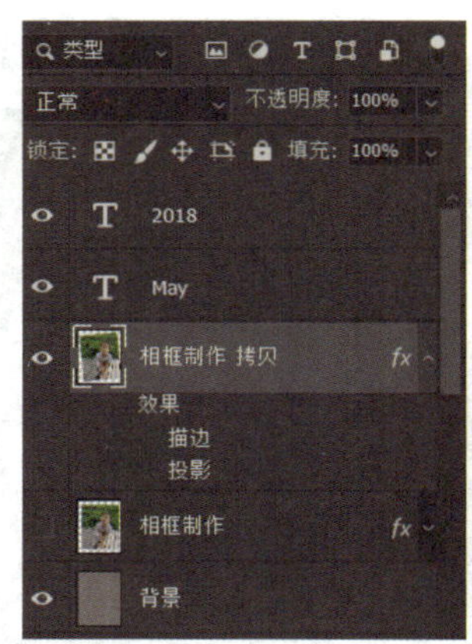

图 1-2-14　取消图层样式

图 1-2-15　隐藏相框效果后

（3）打开素材文件夹中的“相册素材 .jpg”文件。

（4）使用“魔棒工具” 单击中间黄色区域，形成选区，如图 1-2-16 所示。选择“套索工具”，在工具选项栏中选择“从选区中减去”，将边缘曲线上的选区减去，效果如图 1-2-17 所示。

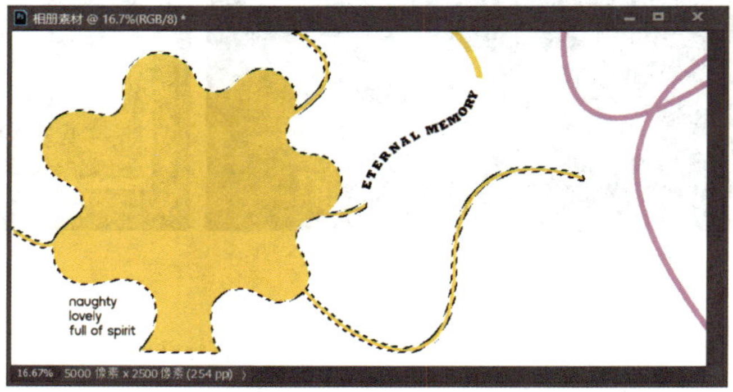

图 1-2-16　制作选区

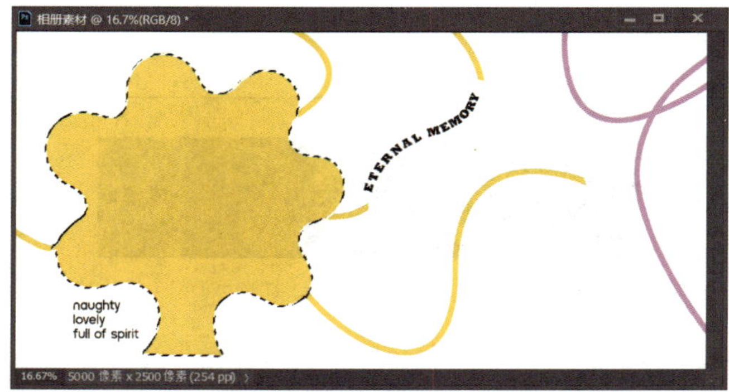

图 1-2-17　减去选区

（5）单击“相册制作.psd”文件标题栏，按“Ctrl+A”组合键全选，按“Ctrl+Shift+C”组合键执行“合并拷贝”命令，再单击“相册素材.jpg”文件，按“Ctrl+Alt+Shift+V”组合键贴入图片，效果如图 1-2-18 所示。

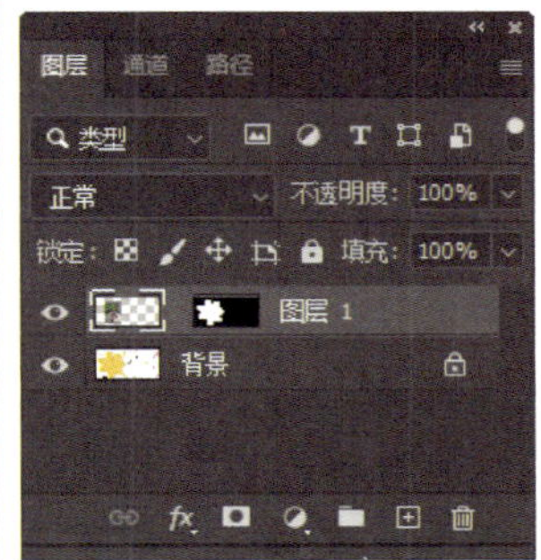

图 1-2-18　贴入图片

（6）按“Ctrl+T”组合键调出定界框，按住“Alt”键调整图像大小，并移动到合适位置，如图 1-2-19 所示，制作完成，保存文件为 PSD 格式。

图 1-2-19　调整大小

操作演示

一、裁切图像

1. 打开“素材.jpg”图片，可以看到图片看起来灰蒙蒙的，画面暗淡、偏灰，不符合儿童图片的风格，需要对其进行调整。

2. 利用儿童摄影比较常见的三分线构图法，运用“裁剪工具”将画面中不需要的内容裁剪掉，突出人物重点。选择工具箱中的“裁剪工具”，在选项栏中设置裁剪比例为“4∶5（8∶10）”，在画面中出现裁剪框，在人物位置处绘制一个裁剪框，此时裁剪框中的辅助线即为典型的三分线构图辅助线，如图 1–2–20 所示，所绘制的区域范围为保留的部分，设置完成后，按“Enter”键确定裁剪操作。

图 1-2-20　设置裁剪框

二、锐化图像

按“Ctrl+J”组合键复制图层，命名为“锐化”，执行“滤镜”→“锐化”→“智能锐化”命令，在弹出的“智能锐化”对话框中对数量、半径等参数进行设置，如图 1–2–21 所示，设置完成后单击“确定”按钮。

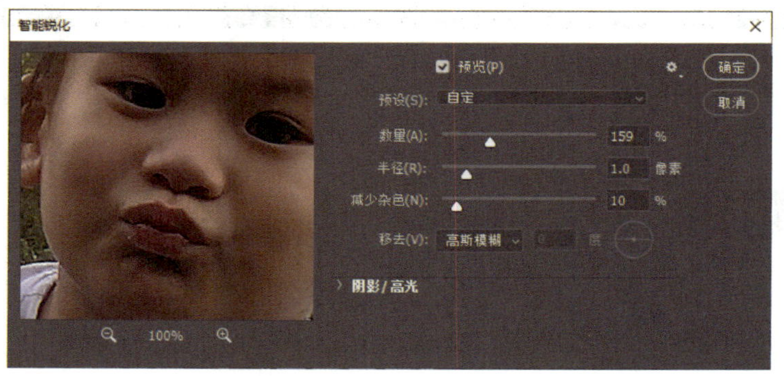

图 1-2-21　“智能锐化”对话框

三、调整图像亮度

1. 按“Ctrl+J”组合键复制图层，命名为“滤色”，设置图层混合模式为“滤色”，图层不透明度为“30%”，如图 1-2-22 所示。

2. 单击图层面板下方的“创建新的填充或调整图层”按钮，选择“曲线”命令，在曲线中间位置单击创建一个控制点，通过按住并拖动控制点的位置可以控制画面的明暗程度，将控制点向左上方移动使画面变亮，效果如图 1-2-23 所示。

图 1-2-22　更改图层模式

图 1-2-23　调整曲线

四、还原明艳的色彩

1. 单击图层面板下方的“创建新的填充或调整图层”按钮，选择“色彩平衡”命令，设置参数效果如图 1-2-24 所示。

图 1-2-24　调整“色彩平衡”

2. 在“色彩平衡”图层的白色蒙版上使用“画笔工具”，设置前景色为黑色，在英文输入状态下，通过键盘上的“[”键和“]”键不断调整画笔大小，在地板和人物上细心涂抹，不小心擦错的位置可以将前景色设为白色再涂抹回来，效果如图 1-2-25 所示，图层面板设置如图 1-2-26 所示。

图 1-2-25 调整“色彩平衡”后

图 1-2-26 添加“色彩平衡”调整图层

3. 单击图层面板下方的“创建新的填充或调整图层”按钮，选择“自然饱和度”命令，参数设置如图 1-2-27 所示。

图 1-2-27 调整自然饱和度

五、调整人物肤色

1. 一般而言，儿童的皮肤都非常好，调整为通透干净的色彩即可，不用做太多的处理。按“Ctrl+Alt+Shift+E”组合键盖印图层，命名为“肤色调整”，如图 1-2-28 所示。使用“快速选择工具”选中人物的皮肤部分，通过工具选项栏中的“添加到选区”和“从选区中减去”按钮调整选区的范围，如图 1–2–29 所示。

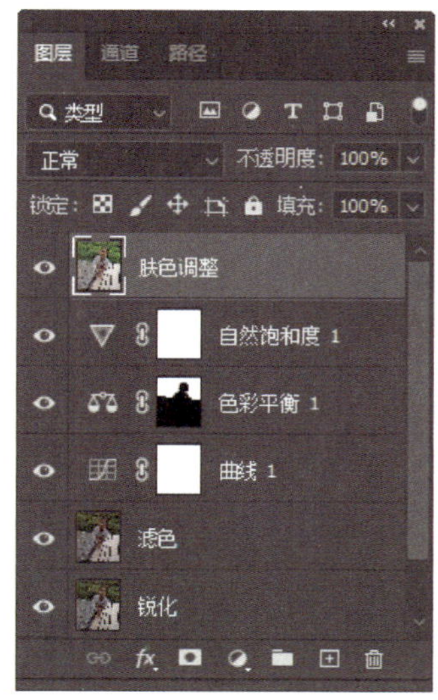

图 1–2–28　盖印图层

图 1–2–29　选中皮肤部分

2. 单击图层面板下方的“创建新的填充或调整图层”按钮，选择“曲线”命令，拖动右侧下方白色滑块并调整曲线形状，如图 1–2–30 所示，对人物进行提亮，图层面板设置如图 1–2–31 所示。

图 1–2–30　调整曲线

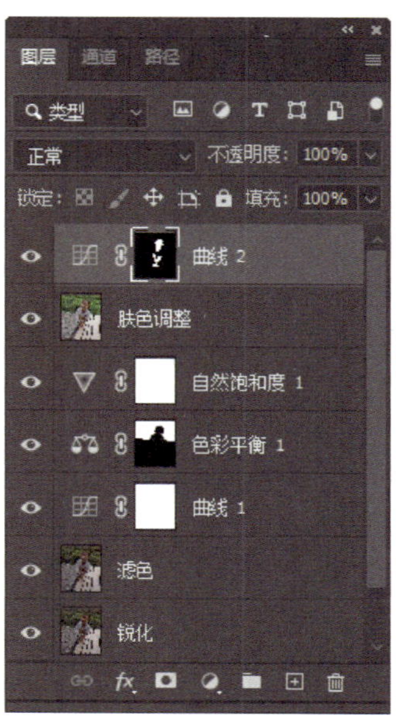

图 1–2–31　创建曲线调整图层

3. 设置前景色为白色，选择“圆角画笔”，调整画笔不透明度为 100%，流量为 15%，单击“曲线”图层的蒙版缩览图，在人物头部的额头及脸部两侧边缘处细心涂抹，使其过渡自然，效果如图 1–2–32 所示。

图 1–2–32　蒙版效果调整完成后

4. 按住“Ctrl”键不放，单击曲线图层中的蒙版，调出皮肤选区，单击图层面板下方的“创建新的填充或调整图层”按钮，选择“可选颜色”命令，如图 1–2–33 所示。选择颜色为“红色”，设青色为“+10%”，如图 1–2–34 所示。选择颜色为“黄色”，设黄色为“–100%”，黑色为“–100%”，如图 1–2–35 所示。调整后的效果分别如图 1–2–36 和图 1–2–37 所示。

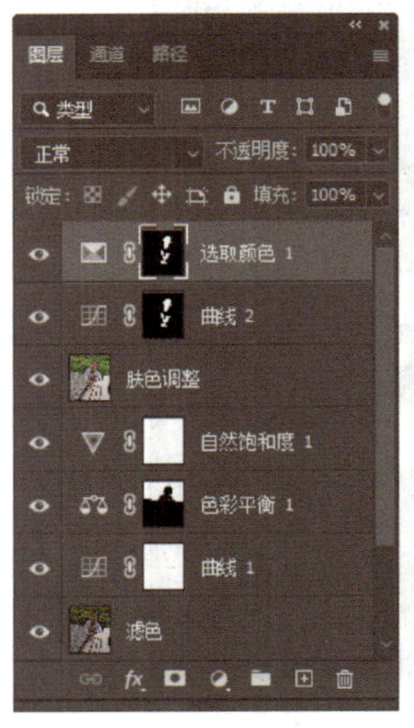

图 1–2–33　创建调整图层

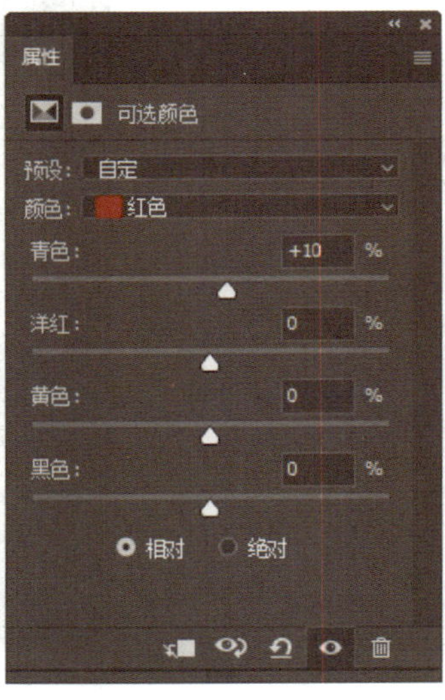

图 1–2–34　设置可选颜色

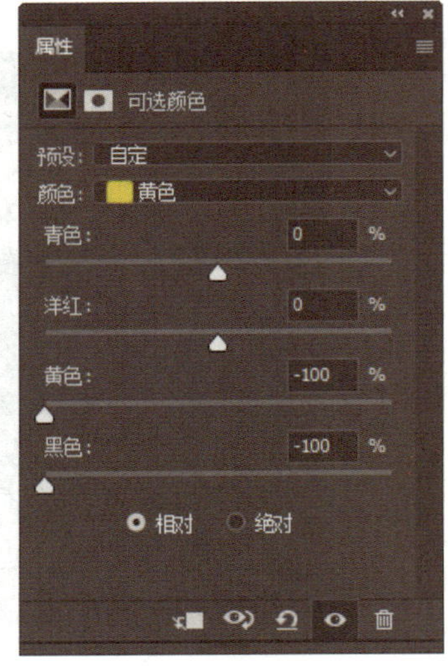

图 1–2–35　设置可选颜色

图 1-2-36　设置可选颜色“红色”后

图 1-2-37　设置可选颜色“黄色”后

六、制作简单的照片相框效果

图片处理完成后画面有点单调，可通过 Photoshop 各种特效为图片制作简单的照片相框效果。

1. 按“Ctrl+Alt+Shift+E”组合键盖印图层，命名为“相框制作”，单击图层面板下方的“新建”按钮新建一个图层，设前景色为“8c8585”，按“Alt+Delete”组合键填充，命名为“背景”，将此“背景”图层移至“相框制作”调整图层的下方，如图 1-2-38 所示。

图 1-2-38　移动图层顺序

2. 按住“Alt”键单击“相框制作”图层缩览图，此时图像将以最适合屏幕大小的比例展现，如图 1-2-39 所示；按“Ctrl+T”组合键调出定界框，按住“Alt”键的同时按住鼠标左键拖动控制点，将其等比例缩小到合适大小，如图 1-2-40 所示。

图 1-2-39　以最适合屏幕大小比例显示

图 1-2-40　等比例缩小图片

3. 为人物图层添加图层效果，单击图层面板下方的 fx 按钮，选择“描边”命令，设置描边大小为“40 像素”，位置为“内部”，颜色为“白色”，参数设置如图 1-2-41 所示，效果如图 1-2-42 所示。在图层样式窗口中勾选“投影”，设“不透明度”为“35%”，角度为“130 度”。距离为“33 像素”，扩展为“0%”，大小为“21 像素”，参数设置如图 1-2-43 所示，效果如图 1-2-44 所示。

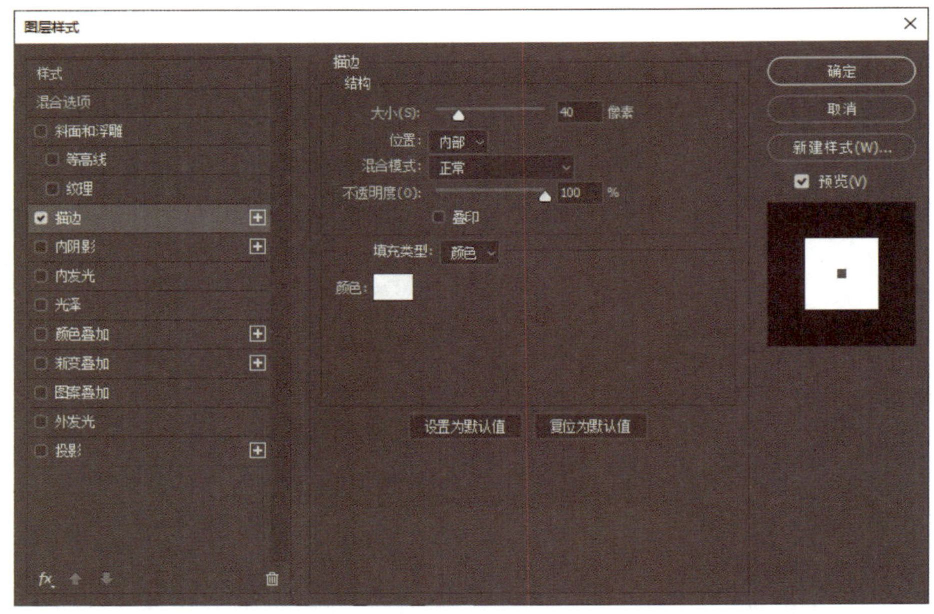

图 1-2-41　设置描边效果

图 1-2-42 设置描边效果后

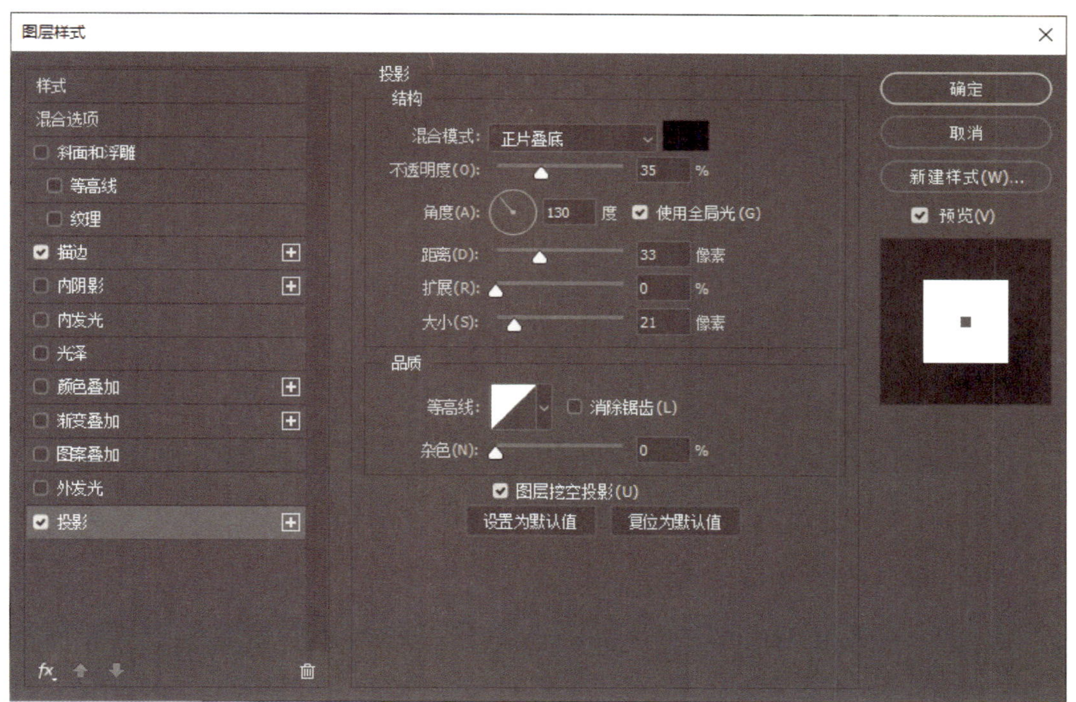

图 1-2-43 设置投影效果

4. 按“Ctrl+J”组合键复制图层，如图 1-2-45 所示，选择复制的图层，按“Ctrl+T”组合键调出定界框，调整图片到合适角度，如图 1-2-46 所示，制作出多张照片叠加的效果。

图 1-2-44　设置投影效果后

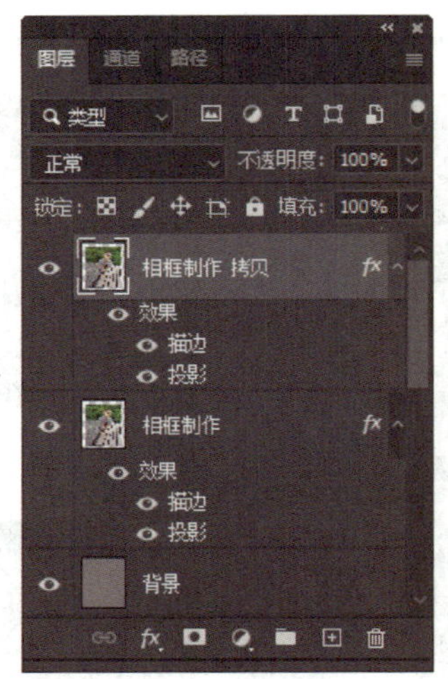

图 1-2-45　拷贝图层

图 1-2-46　旋转图片

七、为图片添加文字信息

将前景色设为“f9fb33”，选择“横排文字工具”，输入“May”，设置字体为“Georgia”，字号为“100 点”，参数设置如图 1-2-47 所示，效果如图 1-2-48 所示。继续使用“横排文字工具”，输入“2018”，设置字体为“Edwardian Script ITC”，字号为“80 点”，参数设置如图 1-2-49 所示，效果如图 1-2-50 所示。

图 1-2-47　设置字体

图 1-2-48 添加文字

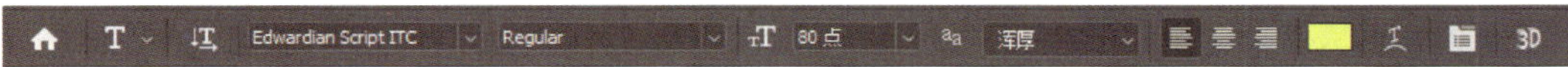

图 1-2-49 设置文字格式

图 1-2-50 完成文字效果

八、整体观察，调整细节

1. 设置模式为“正常”，强度为“50%”，使用“模糊工具”在草地上涂抹，突出人物主体，如图 1-2-51 所示。

2. 使用“仿制图章工具”，按住“Alt”键在完好的木板上取样，处理破损的地板，效果如图 1-2-52 所示。

3. 使用“修复画笔工具”，按住“Alt”键取样，处理右侧衣服上的碎发，效果如

图 1-2-53 所示。另存名为“儿童照效果图 .psd”，保存文件在相应的文件夹中。

图 1-2-51　突出主体

图 1-2-52　修复地板

图 1-2-53　处理碎发

1. 从 Photoshop 2019 版本开始，“变换工具”启用了全新模式，按“Ctrl+T”组合键自由变换对象时，不需要按住“Shift”键，元素也是等比例缩放，但是对矢量图仍需要按住“Shift”键；Photoshop 2020 将二者合二为一，无论是矢量图还是位图，等比例缩放时均不需要按住“Shift”键，也可以通过“编辑”→“首选项”→“常规”→“使用旧版自由变换”命令调回旧版本的状态。

2. 按住“Alt”键单击图层面板上的图层缩览图，可以将当前图层缩放到整个窗口大小，作用类似于“按屏幕大小缩放”。

3. 在文件菜单下选择“关闭其他”，可以关闭除当前选中窗口之外的所有窗口。

4. Photoshop 2020 中“创建新图层”按钮的图标变为了 。

任务 3　艺术照的后期处理

1. 能使用 Camera Raw 对照片进行初步调整。
2. 能利用调整图层为嘴唇调整颜色。
3. 能处理杂乱发丝并为头发换色。
4. 能利用插件磨皮并增亮双眼。

神采奕奕的双眼、完美精致的皮肤是每一个女孩的梦想，人们总是希望留下自己最惊艳的瞬间。本任务要求对所给素材进行处理，得到如图 1-3-1 所示的最终效

果。人物艺术照的后期处理除了大多数人会想到的祛斑、祛痘、瘦脸、美白、去除背景杂物等效果外，还包括调色、精修五官、彩妆造型、调整身形与服饰、人物照片环境处理等内容，从而根据客户不同的需求让照片传递出特有的情感色彩。本任务通过 Camera Raw 滤镜对图片进行初步调整，使用“修复工具”去除瑕疵，利用调整图层调整嘴唇和头发的颜色，并利用 DR5.0 插件进行磨皮、提亮双眼、光影处理等操作对艺术照做后期处理。

图 1-3-1　处理前后效果对比图

一、Camera Raw

Camera Raw 是 Photoshop 内非常实用的高度集成化的套装工具，可以在不损坏原片质量的前提下批量、高效、专业、快速地对数码照片进行修饰和调色处理，实现对数码照片绝大多数重要的后期处理功能，它不仅可以处理 RAW 格式的文件，而且能够处理 JPG 格式的文件。

1. Camera Raw 的启动方式

在安装 Photoshop 2020 时，系统会自动安装 Camera Raw，可以通过以下两种方式快速启动 Camera Raw。

（1）通常在 Photoshop 中，打开一张 RAW 格式的照片，就会自动启动 Camera Raw。

（2）对于其他格式的图像，执行“滤镜”→“Camera Raw 滤镜”命令，也可以启动 Camera Raw。

2. Camera Raw 工作界面

Camera Raw 的工作界面主要包括标题栏、工具箱、图像显示区、直方图、图像调整选项栏、参数设置区等，如图 1-3-2 所示。

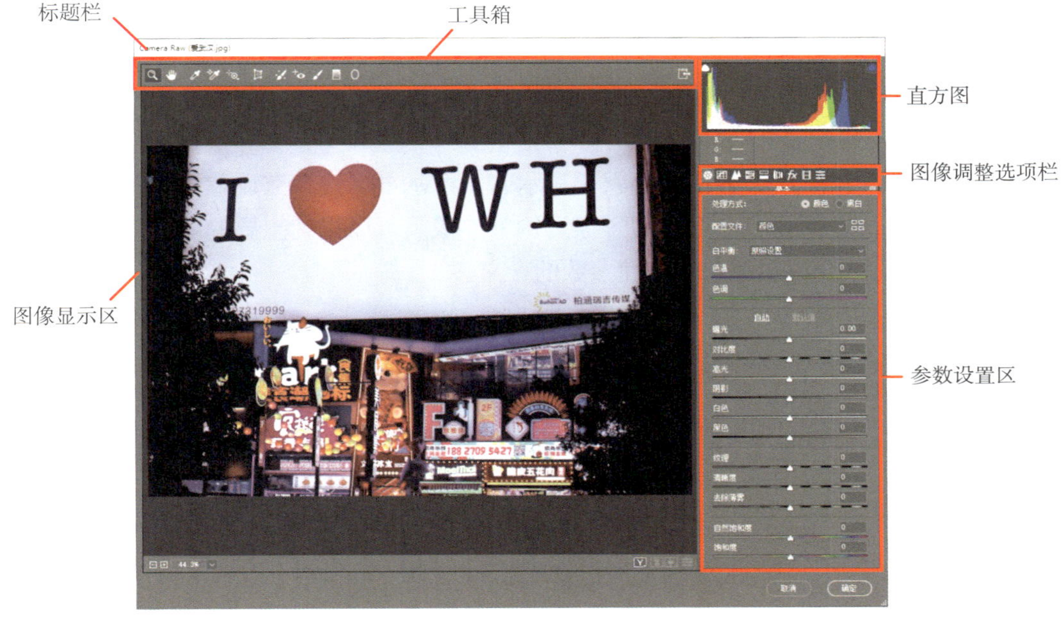

图 1-3-2 Camera Raw 工作界面

（1）标题栏

标题栏显示了文件名等信息。

（2）工具箱

工具箱上包括缩放工具、抓手工具、颜色取样工具、白平衡工具、裁剪工具、目标调整工具、拉直工具、变换工具、红眼去除工具、调整画笔工具、撤销还原工具等。选择不同的工具，在窗口右侧就会出现相对应的参数属性可以进行对应调整。例如，当选择“抓手工具”时，可以在右侧看到还有许多可以调整的参数，单击横排相应的参数，下方会出现相应的调整属性，可以按需要调整各项参数。

（3）图像显示区

其作用是预览照片的处理结果。单击图像预览显示区右下角的标识，可以切换预览方式，在“原图”和“效果图”之间进行切换，也可以同时预览以对比查看变化。

（4）直方图

对于摄影后期处理，直方图是一个非常重要的参考工具，直方图显示照片的色阶分布，方便更好地把握照片的明暗影调层次。例如用“吸管工具”吸取颜色后，可以在右上角直方图下看到颜色的 RGB 值，将鼠标指针置于直方图中也可以看到高光或阴影的数值。

（5）图像调整选项栏

此处默认显示“基本”选项页面，可以通过参数设置选项调整图像的基本色调和颜色品质，此外还可以切换进入到色调曲线、细节、HSL 调整、分离色调、镜头校正、效果、校准及预设等图像调整功能选项页面。

3. 设置图像的基本属性

启动 Camera Raw 后，界面右侧默认显示着图像基本属性参数设置面板，这些参数命令与 Photoshop 中的调色命令类似，通过调整参数，可以得到想要的图像效果。结合本任务，下面简单介绍图像基本属性参数的含义。

（1）白平衡列表

默认情况下显示的是相机拍摄此照片时所使用的原始白平衡设置，还可以选择使用基于图像数据来计算白平衡的“自动”选项。

（2）色温

色温是人眼对发光体或白色反光体的感觉。实际拍摄照片时的光线色温如果偏低或偏高，则可通过调整色温来校正照片。增加色温图像会变得更暖（黄），减少色温图像会变得更冷（蓝）。

（3）色调

可通过设置白平衡来补偿绿色或洋红色色调。减少色调可在图像中加重绿色，增加色调则在图像中加重洋红色。

（4）曝光

曝光是指调整图像整体的亮度，对高光部分的影响较大，增量等同于光圈大小。减少曝光图像变暗，增加曝光图像变亮。

（5）对比度

对比度主要影响中间调。增加对比度时，中间到阴影图像区域会变得更暗，中间到高光图像区域会变得更亮。

（6）高光

高光用于调整图像中高光区域的明暗。减少高光，高光区域变暗；增加高光，高光区域变亮。

（7）阴影

阴影用于调整图像中阴影区域的明暗。减少阴影，阴影区域变暗；增加阴影，阴影区域变亮。

（8）白色

增加白色可以扩展映射为白色的区域，使图像的对比度看起来更高。它主要影响高光区域，对中间调和阴影区域影响较小。

（9）黑色

增加黑色可以扩展映射为黑色的区域，使图像的对比度看起来更高。它主要影响阴影区域，对中间调和高光区域影响较小。

（10）纹理

纹理是指去除画面中的杂点。数值越小，图像越模糊；数值越大，图像越清晰。

（11）清晰度

通过增强或减弱像素差异来调整画面的清晰程度。数值越小，图像越模糊；数值越大，图像越清晰。

（12）去除薄雾

一般用来处理类似在薄雾中拍摄的照片，能够增强这类图像的对比度、清晰度以及色彩感，增强图像内容的视觉感受。数值越大，原本灰蒙蒙的图像会变得越清晰、艳丽。

（13）饱和度

饱和度是调整画面颜色的鲜艳程度，数值越大，画面色彩感越强烈。

（14）自然饱和度

与饱和度相似，但是自然饱和度在增强或降低画面颜色的鲜艳程度时，不会产生过于饱和或者完全灰度的现象。

二、至臻版 DR5.0 面板

1. 磨皮工具

通常使用 Portraiture 3.5、DR5.0、高低频、中性灰及双曲线等进行自动磨皮。具体如何选用可根据图片质量的要求和能付出的时间成本决定。

至臻版 DR5.0 是一款 Photoshop 推出的可实现一键磨皮的人像商业修图插件，该插件支持 2016 ~ 2022 各个版本的 Photoshop，可实现人物面部磨皮、人物脸部的各个细节加工修饰等功能。

2. 高低频磨皮的原理

本任务使用高低频磨皮的方法进行操作，其原理是，将图层分解为低频图层（保留光影）和高频图层（保留纹理），对低频图层进行“高斯模糊”，对高频图层进行“应用图像”（缩放 2，补偿值 128），再调整高频图层混合模式为“线性光”，使其与低频图层最终呈现为光影和纹理的完美结合。这种方法兼顾速度和质感，比较容易掌握和运用。

3. 在 Photoshop 中创建高低频磨皮

操作演示

这里以一张人像照片的处理为例，说明高低频磨皮的创建方法。

（1）打开素材文件夹中的“人像.jpg”，如图 1–3–3 所示。复制图层后，通过修复工具，对图片中明显的瑕疵进行处理，得到一张干净的底图。

（2）将此图层命名为“低频”，再复制图层并命名为“高频”，如图 1–3–4 所示。对低频图层执行“滤镜”→“模糊”→“高斯模糊”命令，设参数为“6.0”，一般以皮肤毛孔纹理看不见为佳，如图 1–3–5 所示。

图 1–3–3　打开素材

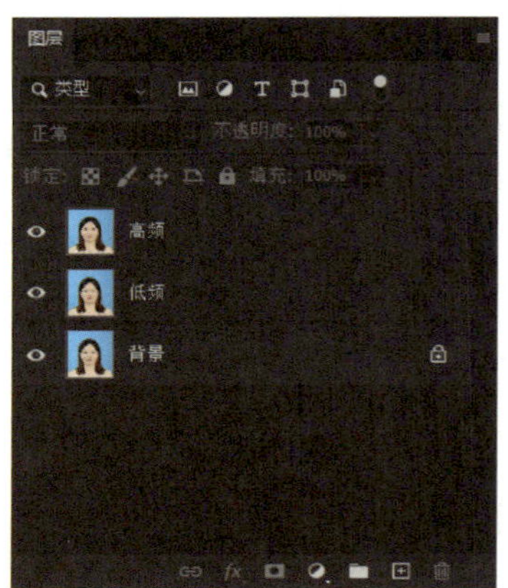

图 1–3–4　复制图层

（3）对高频图层执行“图像”→“应用图像”命令，在弹出的对话框中调整图层为“低频”层，混合为“减去”，不透明度为“100%”，缩放为“2”，补偿值为“128”，如图 1–3–6 所示。

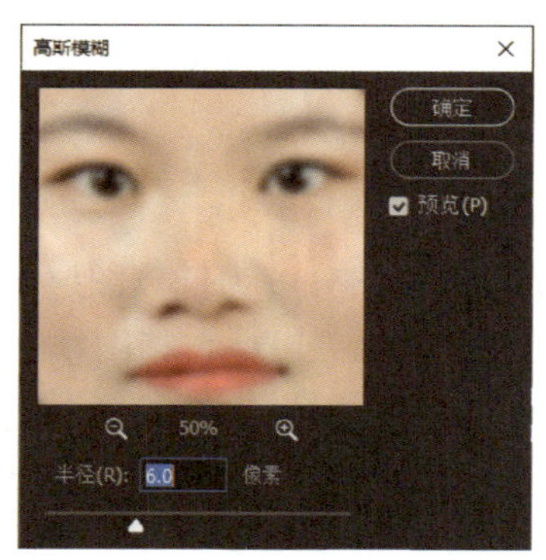

图 1–3–5　高斯模糊

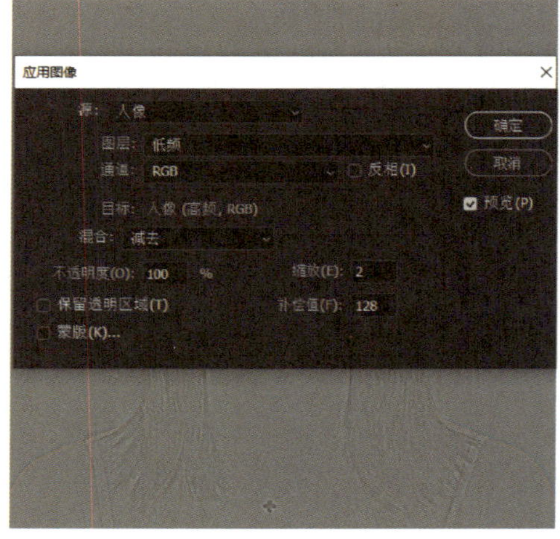

图 1–3–6　应用图像

（4）将“高频”图层的混合改为“线性光”，如图 1–3–7 所示。

图 1–3–7　更改图层模式

（5）隐藏高频图层，复制低频图层，命名为“色块处理”，使用修补工具把明显不协调的灰块拖到附近干净的区域，如图 1–3–8 所示。

（6）利用“仿制图章工具”在高频图层上按住“Alt”键吸取干净的皮肤去涂抹要修整的区域，设画笔硬度为“0”，不透明度为“100%”，流量为“10%”。处理后效果如图 1–3–9 所示。

图 1–3–8　处理色块

图 1–3–9　高频层处理

（7）按“Ctrl+G”组合键将除背景图层之外的其他图层编组，命名为“高低频”，与原图层进行对比，再次进行调整。为编组图层添加黑色蒙版，使用柔角画笔在人物五官处涂抹。

操作演示

一、使用 Camera Raw 面板对照片进行初步调整

素材图片如图 1-3-10 所示，根据艺术照修图的基本要求，分析照片的存在的问题，主要有图片曝光过度、对比度不高、皮肤欠佳、头发凌乱等，同时后期处理还将满足客户对头发和嘴唇换色的要求。

1. 选格式

对于同一图片，通常优先用 RAW 格式进行后期修图，RAW 格式可以还原更多的细节信息。前期拍摄图片较好或是没有 RAW 格式时可选择 JPG 格式，本任务中以 JPG 格式为例。打开素材图片，按“Ctrl+J”组合键将背景图层复制一层，单击鼠标右键，在快捷菜单中选择“转换为智能对象”命令，将图层转为智能对象，命名为“初步处理”，如图 1-3-11 所示，方便后期对 Camera Raw 面板中的参数进行修改。

图 1-3-10　素材图片

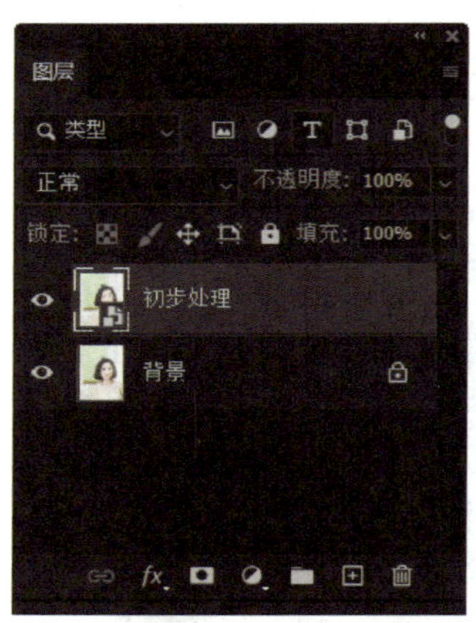

图 1-3-11　复制图层并转为智能对象

2. 进入 Camera Raw

执行“滤镜”菜单中的“Camera Raw”命令，进入 Camera Raw 界面，如图 1-3-12 所示。

3. 判断明度基调

根据右上方直方图中像素峰值的集中位置判断图像的明度基调，尽量避免明度基调调整过大造成画面损失，图片中人物若没有特定要求，一般将其处理为通透。这张图片像素峰值集中在最右侧，判断整体明度基调为活泼、明亮。在此基础上对各参数

图 1-3-12 进入 Camera Raw 界面

进行相关调整，后期不满意可以通过智能对象重新进入 Camera Raw 界面中编辑。

4. 提高宽容度

相机能保留的信息是有限的，拍摄较亮区域时无法兼顾太多暗部细节，拍摄较暗区域时无法兼顾太多亮部细节，后期转档可以提高图像宽容度范围。首先通过曝光控制画面整体明度基调。这张图片稍微曝光过度，将曝光调为“-1”，如图 1-3-13 所示。

图 1-3-13 调整曝光

5. 调整局部宽容度

通过高光、阴影、白色、黑色对局部宽容度进行调整。针对该图片，设置对比度为“+6”，阴影为“+8”，纹理为“0”，自然饱和度为“+6”，饱和度为“–4”，如图 1–3–14 所示。

单击图片下方的按钮可在原图和调整后的图片之间切换，观察调整后的效果，如图 1–3–15 所示。

图 1–3–14 参数设置

图 1–3–15 设置前后效果对比

6. 调整 HSL

单击“HSL 调整”■，进入“HSL”参数选项的设置页面。设置橙色为“+14”。调整完成后单击“确定”按钮回到 Photoshop 主界面中，如图 1-3-16 所示。

图 1-3-16　HSL 调整

二、去瑕疵

1. 按“Ctrl+Alt+Shift+E”组合键盖印图层，命名为“去瑕疵”，使用“修复画笔工具”■，在工具选项栏中设“模式”为“正常”，设源为“取样”，样本为当前图层，画笔大小通过键盘上的“[”键和“]”键不断调整，取样后单击或者按住鼠标左键拖动，对人物面部的色斑、脂肪粒及痤疮等进行修复，如图 1-3-17 所示。

图 1-3-17　去瑕疵

2. 盖印图层，重命名为“去碎发”，通过“仿制图章工具”修复凌乱的头发。此图片中背景颜色较单一，选择“仿制图章工具”，在背景处单击取样，再到凌乱的头发处单击或拖动，不断调整画笔的大小，多次取样，直至处理完所有凌乱的发丝，如图 1-3-18 所示。

3. 利用“修补工具”■去除身体上的黑痣，如图 1-3-19 所示。

图 1-3-18　去碎发

图 1-3-19　去除黑痣

三、更改嘴唇的色彩

1. 盖印图层，命名为“嘴唇换色”，选择“套索工具”，设置羽化值为“2”，模式为“新选区”，沿嘴唇边缘绘制选区，更改选区模式为“从选区中减去”，沿牙齿边缘绘制选区，如图 1–3–20 所示。

图 1-3-20　制作选区

2. 单击图层面板下方的“调整图层”按钮，执行“色相 / 饱和度”命令，调整色相为“–23”，饱和度为“+34”，如图 1–3–21 所示，也可以更改参数调为其他颜色。调整图层不透明度为“60%”，如图 1–3–22 所示，人物嘴唇颜色调整效果如图 1–3–23 所示。

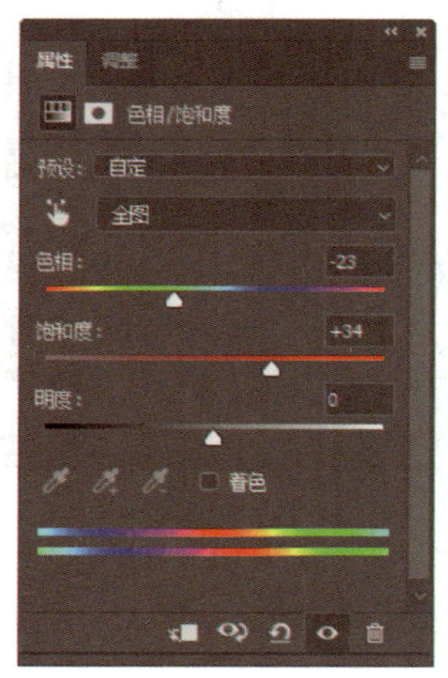

图 1-3-21　调整色相饱和度

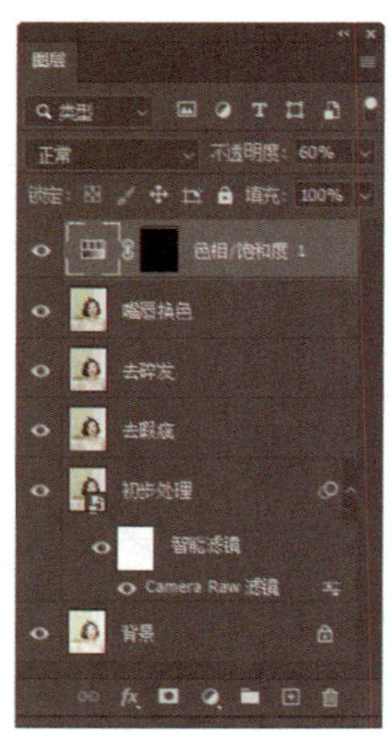

图 1-3-22　设置不透明度

图 1-3-23　嘴唇颜色调整效果

四、修饰头发色彩

1. 打开通道面板，复制红通道，按“Ctrl+L”组合键打开“色阶”命令，分别拖动白色、灰色和黑色滑块，让发丝的位置完全呈黑色，如图 1-3-24 所示。

图 1-3-24　调整色阶

2. 选择“画笔工具”，将除发丝之外的地方全部抹白，如图 1-3-25 所示。

3. 按“Ctrl+I”组合键将图片反相，单击通道面板下方的“将通道作为选区载入”按钮，如图 1-3-26 所示，调出发丝的选区并返回图层面板，按“Ctrl+J”组合键将发丝图层单独放在一个图层，命名为“发丝”。

图 1-3-25　画笔涂抹

图 1-3-26　反相

4. 单击图层面板下方的“创建新的填充或调整图层”按钮，执行“色相 / 饱和度”命令，设色相为“-24”，饱和度为“+30”，并单击下方的按钮，如图 1-3-27 所示，可调出如图 1-3-28 所示的发丝颜色，也可调整色相和饱和度的值调出另外的发丝颜色。

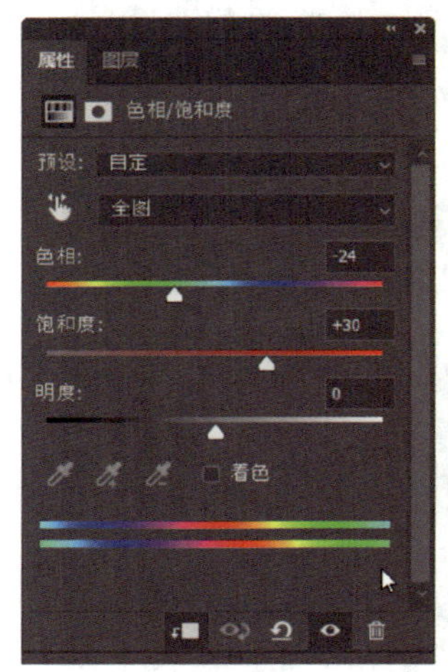

图 1-3-27　调整色相 / 饱和度

图 1-3-28　发丝上色

5. 降低调整图层不透明度为“76%”，选择黑色“柔角画笔”，不断调整画笔大小，在工具属性栏上设不透明度为“100%”，流量为“10%”，在白色蒙版上对额头边缘及左侧耳朵等颜色溢出的部位涂抹，如图 1-3-29 所示。

图 1-3-29　过渡效果处理

五、通过 DR5.0 插件磨皮，修饰眼部并调整光影

1．对人物面部磨皮

（1）执行“窗口”→“扩展功能”→“至臻版 DR5.0”命令，打开 DR5.0 面板，单击 DR5.0 面板下方的按钮，盖印图层，命名图层为“磨皮”，执行面板上方的“快速智能修图”命令，在弹出的对话框中单击“对整个图像磨皮”按钮，并单击“确定”按钮。图像中将出现椭圆形的选择框，调整选择框至人物面部，调整大小和角度，使之适应人物的面部，如图 1–3–30 所示，按“Enter”键确定。

图 1–3–30　进入 DR5.0 界面

（2）选择工具箱中的“画笔工具”，设置前景色为白色，选择圆形画笔，设置硬度为“0%”、间距为“25%”、不透明度为“100%”、流量“15%”，选择黑色蒙版图层在人物五官外皮肤处涂抹，效果如图 1–3–31 所示，图层面板如图 1–3–32 所示。

图 1–3–31　磨皮效果

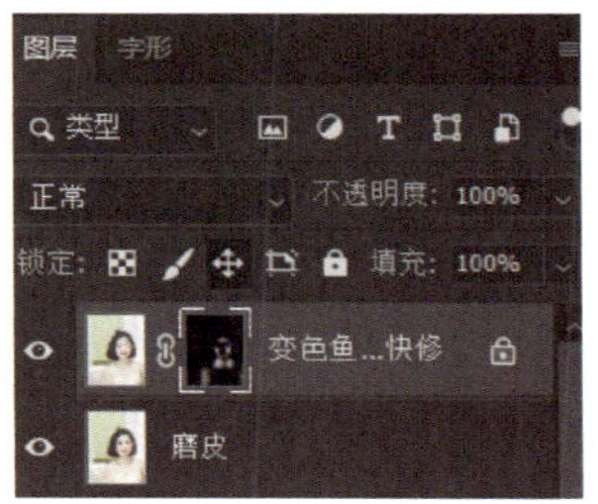

图 1–3–32　图层面板

2. 平滑局部

单击 DR5.0 面板下方的盖印按钮，在弹出的对话框中输入图层名称“平滑局部”，单击面板上“平滑局部”命令左侧的“套索工具”，选择图像中粗糙的区域并单击“平滑局部”按钮，多次重复此操作。

3. 提亮双眼

（1）盖印图层，命名为“祛红血丝”，使用 DR5.0 面板上方的“仿制图章工具”及“修补工具”，通过键盘上的“[”键和“]”键不断调整画笔大小去除人部眼部的红血丝，如图 1-3-33 所示。可以结合图层蒙版，选用黑色画笔，不透明度设为“100%”，流量设为“15%”，在眼睛边缘位置涂抹，使其过渡更自然。

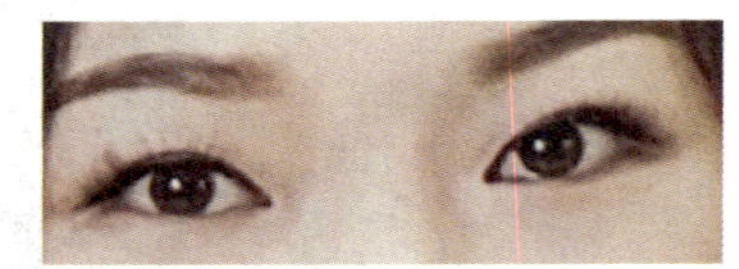

图 1-3-33　祛红血丝

（2）选择“眼部修饰”命令左侧的“框选工具”，框选人物的眼睛，如图 1-3-34 所示，单击“眼部修饰”命令，出现“眼白部分”和“瞳孔部分”两个组，单击“眼白部分”组的黑色蒙版，选择“画笔工具”，设置前景色为白色，选择圆形画笔，设置硬度为“0%”、不透明度为“100%”、流量为“10%”，在眼白部分涂抹，图层面板如图 1-3-35 所示。

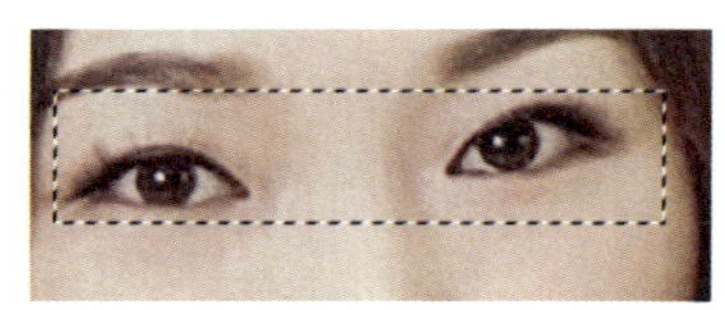

图 1-3-34　框选眼部

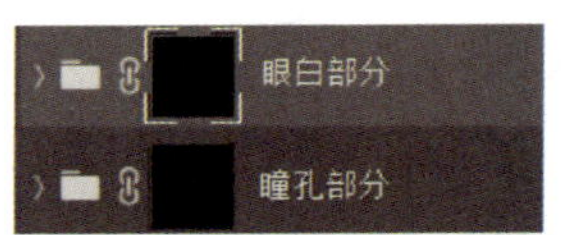

图 1-3-35　处理眼白部分

（3）单击展开“眼白部分”组，在“提亮眼白”调整图层中双击曲线缩览图，适当调整曲线将眼白部分提亮，如图 1-3-36 所示。

（4）单击“瞳孔部分”组的黑色蒙版，选择“画笔工具”，设置前景色为白色，选择圆形画笔，设置硬度为“0%”、不透明度为“100%”、流量为“10%”，在瞳孔部分涂抹，效果如图 1-3-37 所示。

（5）单击展开“瞳孔部分”组，如图 1-3-38 所示，在“提高对比层”调整图层中双击曲线缩览图，适当调整曲线提高对比度。如图 1-3-39 所示，另外两个子图层也可根据情况适当调整。

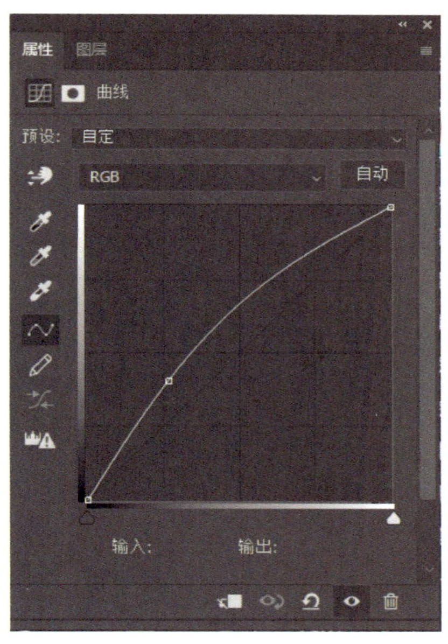

图 1-3-36　提亮眼白部分

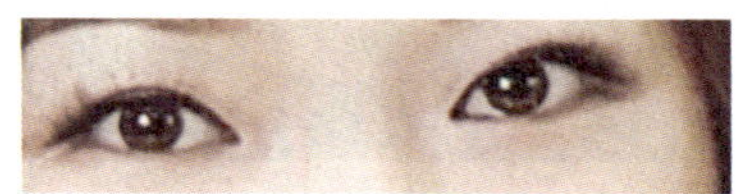

图 1-3-37　处理瞳孔

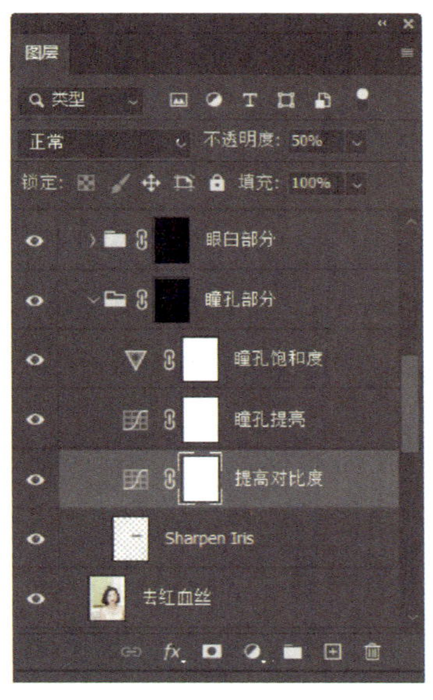

图 1-3-38　展开“瞳孔部分”组

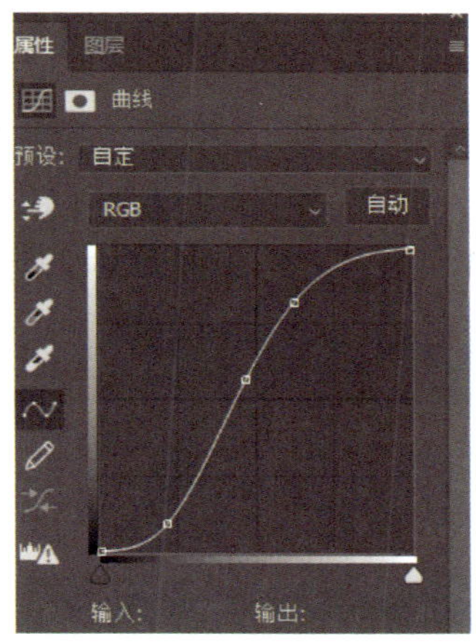

图 1-3-39　提高对比度

4. 调整锐度

（1）盖印图层，命名为“锐度调整”，选择“智能锐化”命令，调整参数，对皮肤进行锐化，如图 1–3–40 所示。

（2）选择“肤色蒙版”按钮前的“吸管工具”，在人物面部的高光、灰度和暗部区域取样，如图 1–3–41 所示，再次单击“肤色蒙版”，在弹出的对话框中勾选“蒙版反相”，并单击“减去”按钮，如图 1–3–42 所示。适当调整透明度，得到的蒙版状态如图 1–3–43 所示，此时锐化效果只出现在皮肤上。

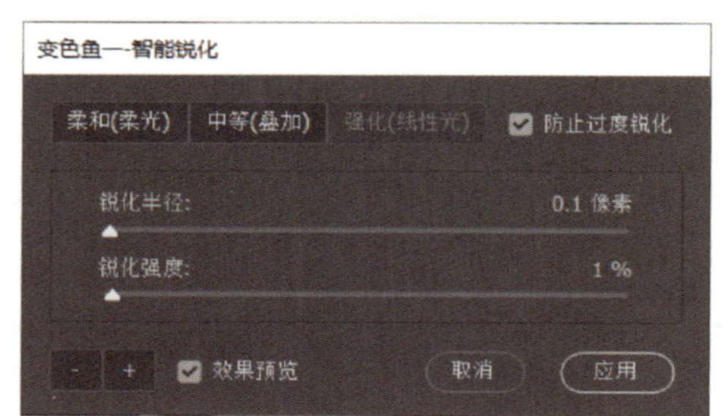

图 1-3-40　锐化皮肤

图 1-3-41　取样

图 1-3-42　调出肤色蒙版

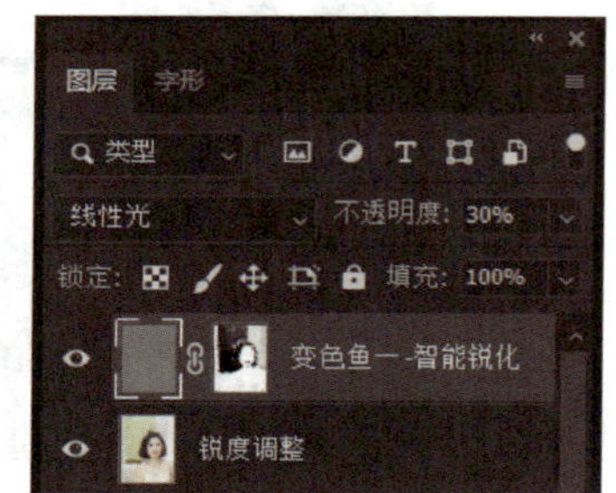

图 1-3-43　蒙版反相

5. 高低频磨皮

盖印图层，命名为“高低频”，单击“高低频”按钮，在弹出的对话框中设置高斯模糊的半径为“5”，如图 1–3–44 所示，得到“高低频”组，选择高频纹理图层，选择工具箱中的“橡皮擦工具”，设画笔为“柔角画笔”，设置硬度为“0”、不透明度为“100%”、流量为“5%”，在人物鼻梁处较深的色斑处擦除，如图 1–3–45 所示。

6. 统一肤色

盖印图层，命名为“统一肤色”，单击“统一肤色”按钮，在弹出的“拾色器（前景色）”对话框中设前景色为淡粉色（R：227，G：201，B：199），如图 1–3–46 所示，

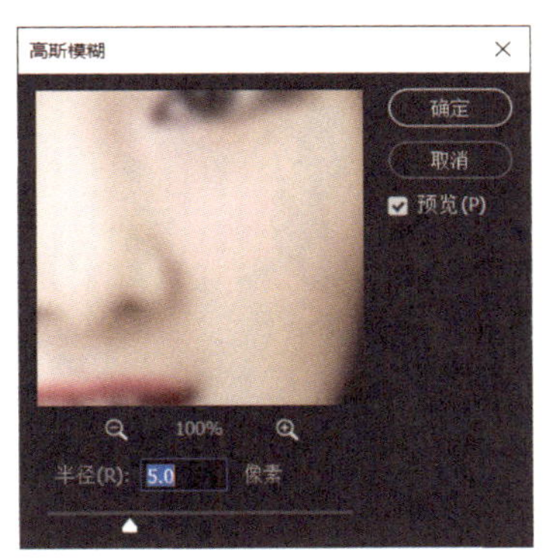

图 1-3-44　高斯模糊

图 1-3-45　擦除色斑

单击“确定”按钮，在弹出的对话框中设置色相为“6”，饱和度为“13%”，亮度为“89%”，如图 1-3-47 所示。

图 1-3-46　吸取中间调

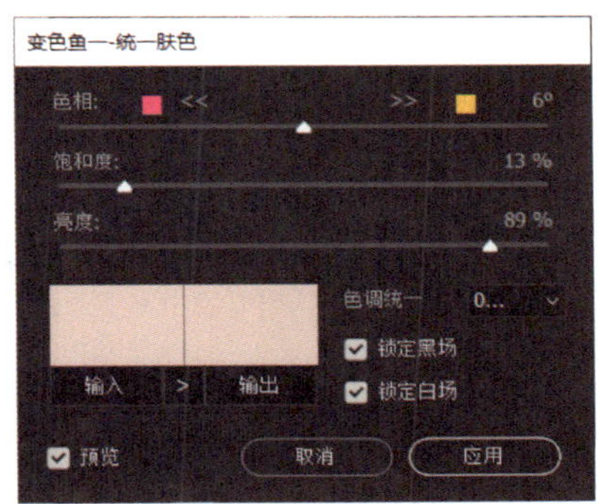

图 1-3-47　调整参数

7. 加深减淡

盖印图层，命名为“加深减淡”，在 DR5.0 面板中选择加深减淡“D/B 处理”按钮 D/B处理，在图层面板的“加深”图层蒙版上，选择“画笔工具”，设置前景色为白色，设置画笔硬度为“0”、不透明度为“100%”、流量为“5%”，在人物面部右侧的鼻梁两侧涂抹，在图层面板的“减淡”图层蒙版上，使用“画笔工具”，在人物面部的额头中部、脸颊、鼻梁处涂抹，并适当改变图层透明度，蒙版效果如图 1-3-48 所示，人物效果如图 1-3-49 所示。

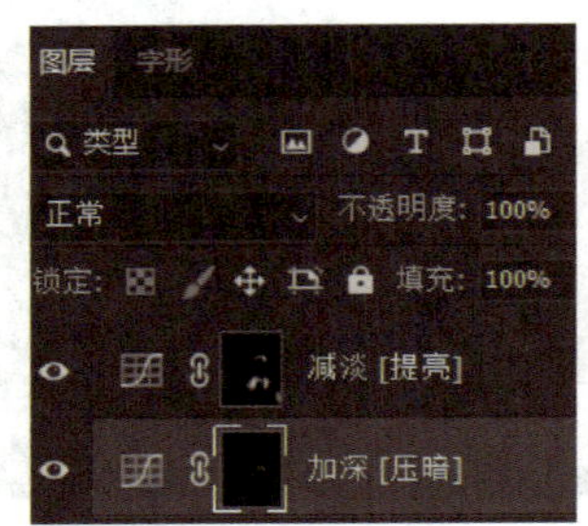

图 1-3-48 蒙版效果

图 1-3-49 人物效果

六、整体观察，图层编组

将背景图层之外的图层选中，按“Ctrl+G”组合键编组，便于观察原图片和处理后的图片效果，若还有不满意的地方，可再次调整。编组后的图层面板如图 1-3-50 所示。

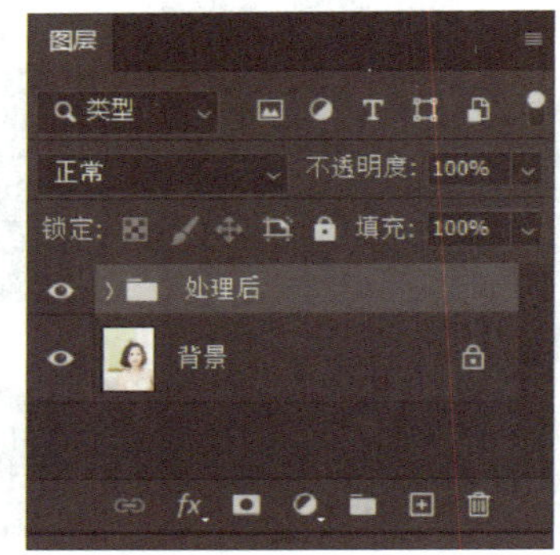

图 1-3-50 图层编组

最后，导出一个 JPG 格式的图片，同时将文件存储为“艺术照效果图 .psd”格式，便于后期修改。

1. Camera Raw 工具箱中的工具显示不全，一般是因为当前打开图像的方式不同，直接在 Camera Raw 中打开图像，工具箱里的工具就是完整的。

2. 直接在 Camera Raw 中打开文件后，完成参数调整后单击“打开图像”，可在 Photoshop 中打开文件。如果是通过执行“滤镜”→“Camera Raw 滤镜”命令打开文件，则需要在右下角单击“确定”按钮完成操作。

3. 因为 Camera Raw 缺乏图层及滤镜特效等功能，所以不能进行照片的合成。

4. 由于磨皮的力度是针对整个面部的，而瑕疵往往是较亮或较暗的点，独立在面部上，用磨皮的方法解决瑕疵问题会导致瑕疵去不掉或是瑕疵以外的区域磨皮过度，因此在磨皮前要通过修复工具组得到一张干净的底图。

项目二 风光图像处理

任务 1 海景风光照的后期处理

1. 能说明直方图的三种视图切换方法和使用场合。
2. 能分析直方图的七种形状对应的图像特点。
3. 能通过直方图分析海景风光图像存在的问题。
4. 能使用 Camera Raw 进行色彩校正。
5. 能使用 Camera Raw 中的基本属性、色调曲线进行海景风光图像调色。
6. 能使用 Camera Raw 中的细节选项面板处理海景风光图像细节瑕疵。

宽广的海岸线、天水合一的大海一直都是风光摄影爱好者热衷的题材。海有时波澜壮阔，有时静谧安详，有时温暖浪漫，有时深邃幽蓝。本任务中的海景照片，由于天气原因，拍摄效果较差，整体灰蒙蒙的，像盖了一层纱，色彩不够丰富饱满，给人压抑的感觉。现需要使用 Photoshop 进行处理，原图和效果图的同框对比如图 2-1-1 所示。

该素材图片主要存在以下四处明显的缺陷：一是天空的颜色已经接近灰色；二是云层的层次已经几乎看不到，说明照片的对比度不够；三是远处的景色比较昏暗且细节比较模糊，说明照片亮度和清晰度不够；四是海平面比较昏暗且层次不够明显。本任务主要使用直方图和 Camera Raw 调色，通过直方图对图像进行分析，针对

图 2-1-1　调色前后效果同框对比图

素材图片的缺陷，使用“滤镜”中的“Camera Raw”命令调整图像色彩，通过提升图像亮度、增加色彩饱和、提升对比度等一系列后期处理，使画面更加明亮、清晰、通透。

一、直方图

1. 直方图的组成

直方图使用柱形图表示图像每个亮度级别的像素数量，展示像素在图像中的分布情况。直方图调板显示了一幅图像的色阶信息，非常适合用来分析海景风光照片。直方图中横坐标代表明度，从左到右依次显示阴影中的细节（在左侧显示）、中间调（在中部显示）以及高光（在右侧显示）；纵坐标代表图片在暗调、中间调及高光部位像素的分布数量，峰值越高，代表拥有的像素越多。如图 2–1–2 所示，直方图可分为黑色、阴影、曝光、高光、白色五个区域。红、绿、蓝三色分别对应不同区域。蓝色在白色区域居多，绿色在中间曝光区域到高光区域居多，红色跨阴影、曝光和高光区域分布。借助直方图可以确定某个图像是否有足够多的细节来进行校正。

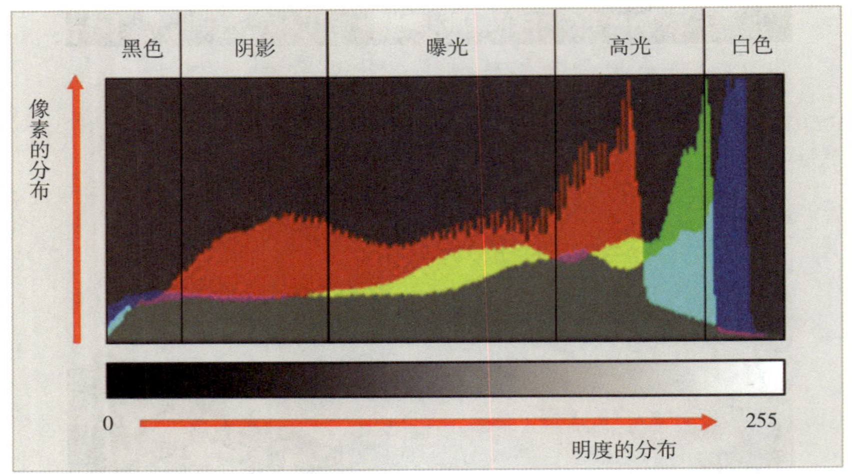

图 2-1-2 直方图示意图

需要特别注意的是，在直方图中的青色和黄色区域中，这两种颜色是由蓝绿和红绿色光叠加形成的，表示这部分区域两种色光共同存在。灰色或白色区域是红、黄、蓝三种色光叠加形成，表示这部分区域三种色光同时存在。色光成色原理如图 2-1-3 所示。

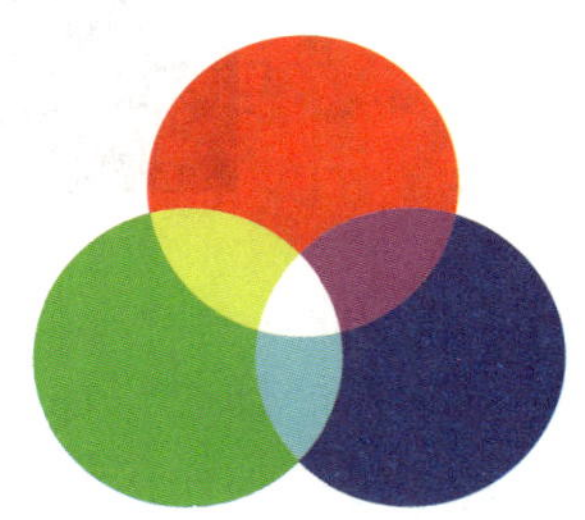

图 2-1-3 色光三原色：红绿蓝（RGB）

直方图还提供了图像色调范围或图像基本色调类型的快速浏览图。如图 2-1-4 所示，低色调图像、平均色调图像、高色调图像的细节分别集中在阴影处、中间曝光处和高光处。在进行图像处理时，识别色调范围有助于确定选择何种色调校正方法。

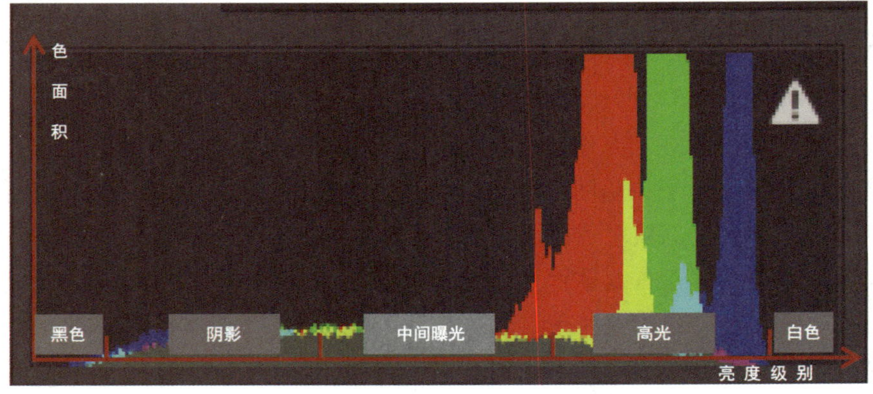

图 2-1-4 直方图结构示意图

2. 直方图的三种视图

直方图有紧凑视图、扩展视图和全部通道视图三种视图形式。

（1）紧凑视图

紧凑视图是直方图面板的默认形式，如图 2–1–5 所示，用户通过直方图观察图像色阶的变化，决定下一步图像处理的方向。单击图中的 ⚠ 按钮可切换为不带高速缓存数据的直方图。单击面板右侧 ≡ 按钮可切换不同视图，如图 2–1–6 所示。

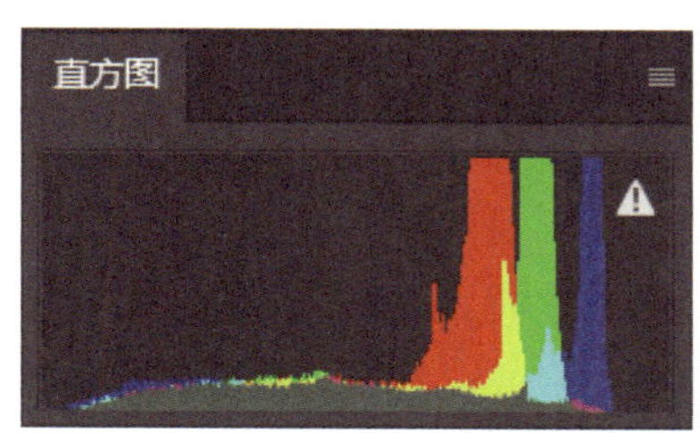

图 2–1–5　直方图面板的紧凑视图

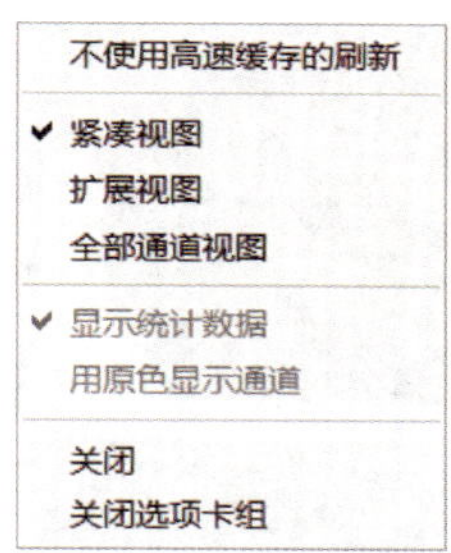

图 2–1–6　直方图快捷菜单

（2）扩展视图

直方图的扩展视图面板不仅提供通道，还提供图像的亮度和颜色等信息，可以帮助用户更加准确和细致地了解图像的细节，如图 2–1–7 所示。

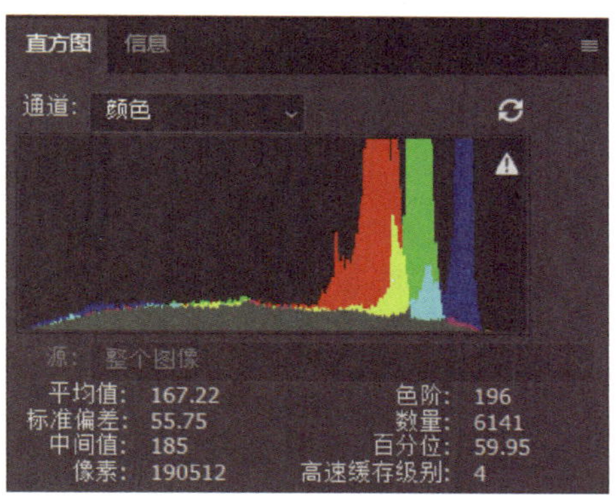

图 2–1–7　直方图的扩展视图

（3）全部通道视图

全部通道视图除了提供扩展视图的所有信息外，还显示各个颜色通道的直方图，如图 2–1–8 所示。在颜色通道模式下，可以以彩色模式显示不同色彩的亮度及范围，通道下拉列表如图 2–1–9 所示。

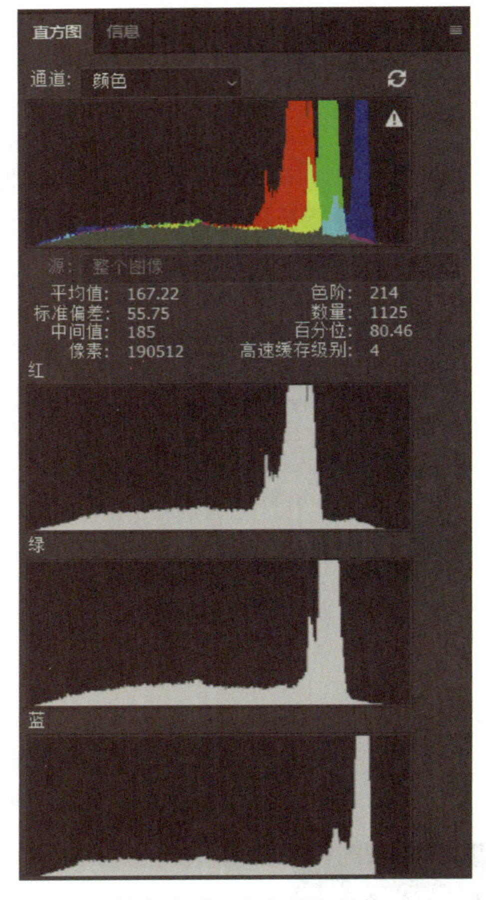

图 2-1-8　直方图选项卡

图 2-1-9　通道下拉列表

3. 直方图的七种形态

每一幅图像都是独一无二的，因此每一幅图像的直方图也是独一无二的。直方图多样化的形状会随着图像的调整而变化。可以通过直方图的形状判断图像属于哪一种类型，分析存在的问题，从而确定相应的调整方式。

（1）常态

常态直方图是指色阶形态分布比较均匀的图像的直方图，这类图像像素色阶分布在全色阶范围内，直方图上没有尖锐和突兀的尖峰，如图 2-1-10 所示。常态直方图是 RGB 模式下最常见的直方图形态。但“常态”并不等于“正常”，有些具有常态直方图的图像并不正常，反之，具有“非常态”直方图的图像也并不一定不正常，应结合具体图像进行分析。

（2）“L”形

“L”形直方图的图像基本是暗调图像，图像的暗调区域聚集了大量的像素，高光

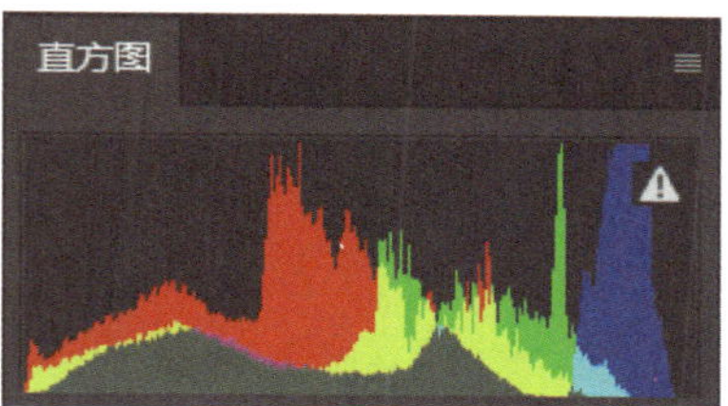

图 2-1-10　常态直方图及图像示例

和中间调色阶的像素很少，直方图在暗调区域聚集了大量的像素的尖峰，整体形状像大写英文字母“L”，如图 2-1-11 所示。

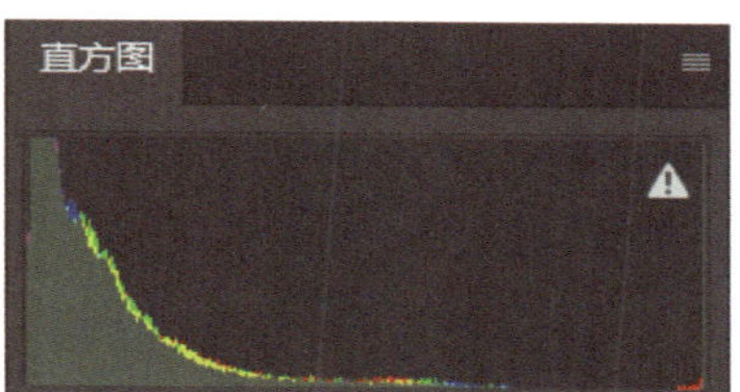

图 2-1-11　“L”形直方图及图像示例

（3）“J”形

与“L”形直方图相对应的是“J”形直方图。“J”形直方图的尖峰位于直方图的右侧（高光区域），基本为高光图像，如图 2-1-12 所示。

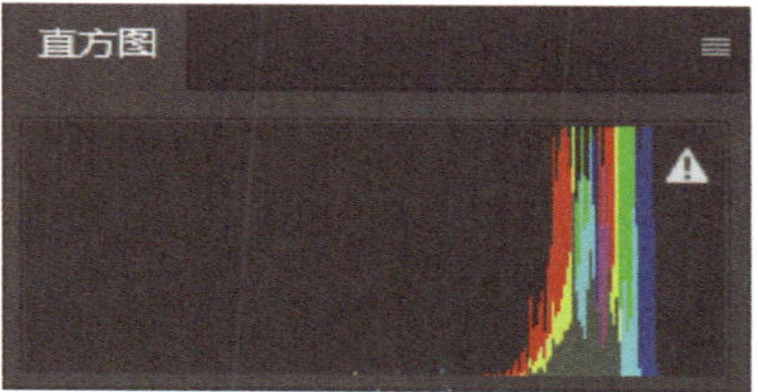

图 2-1-12　“J”形直方图及图像示例

（4）“⊥”形

“⊥”形直方图的尖峰位置处于直方图中央（中间调），具有这种直方图的图像往往具有大面积的中间调背景。如果单个颜色通道的直方图尖峰错开位置，这种大面积的中间调就具有了某种颜色。如图 2–1–13 所示，“红”通道的直方图为“⊥”形，“绿”通道和“蓝”通道的直方图为“J”形。

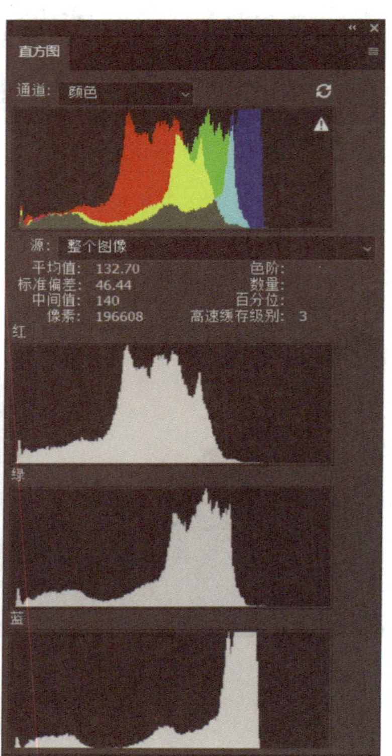

图 2–1–13 “⊥”形直方图及图像示例

（5）“△”形

“△”形直方图的尖峰集中于直方图的中间区域（中间调色阶），而在暗调和高光区域很少分布，由于像素色阶没有分布在全色阶范围内，因此图像往往表现出色调反差不足的情形，图像整体显得灰蒙蒙的，缺少生气，俗称灰调子图像，如图 2–1–14 所示。

（6）“~”形

“~”形直方图大部分色阶是正常状态，但在高光区域有尖峰，整个直方图的形状像爬行的蜗牛。这种形状的直方图常常出现在风景图像上，尖峰所指示的区域是泛白的天空区域，如图 2–1–15 所示。

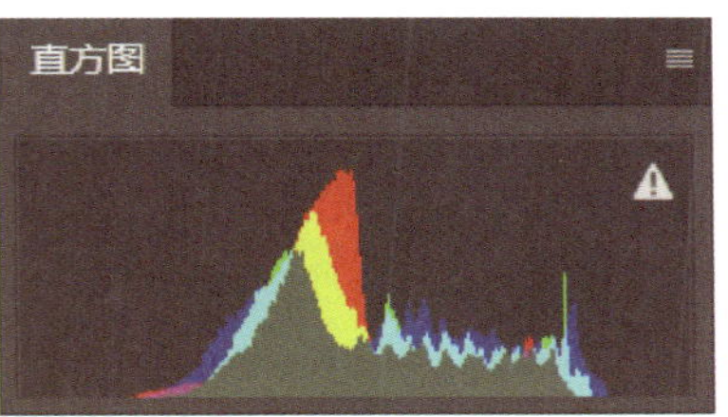

图 2-1-14 “△”形直方图及图像示例

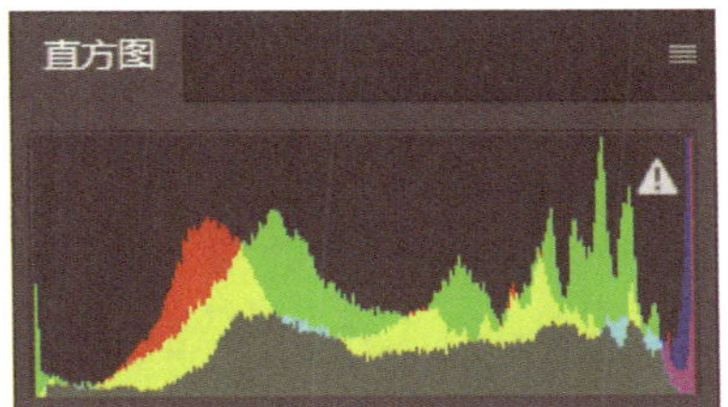

图 2-1-15 “~”形直方图及图像示例

（7）“M”形

这是一类直方图像素色阶同时集中于图像的高光和暗调区域，本应是图像细节最丰富的中间调区域却有较少的色阶分布，如图 2-1-16 所示。对于“M”形直方图，使用“暗调”→“高光”命令，可使图像快速得到处理。

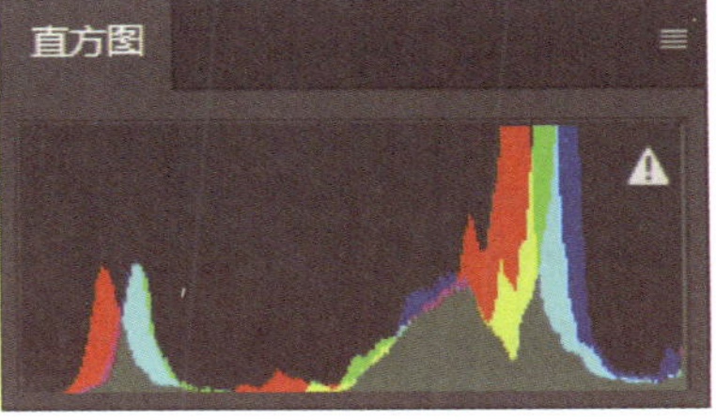

图 2-1-16 “M”形直方图及图像示例

4. 断层

当调整图像的色阶时，色阶可能会出现断层，这是由于扩大色阶范围造成的。例如，图 2-1-17 所示示例中，原图的色阶是没有达到全范围的，即没有达到“0 和 255”端点，当使用色阶工具将阴影和高光滑块往中间调拖动时，色彩范围扩大，出现断层。另外即使原来的色阶已经充满“0 至 255”全范围，还是会造成色阶过渡部分的计算误差导致断层出现，这是因为像素在直方图左、右端点的合并现象。色阶调整前后对应图像效果如图 2-1-18 所示。

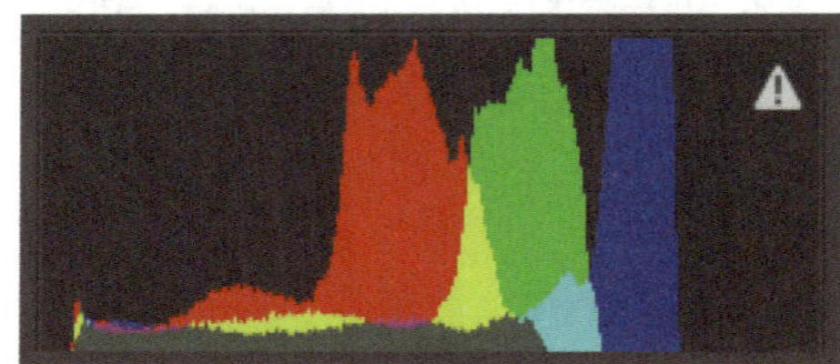
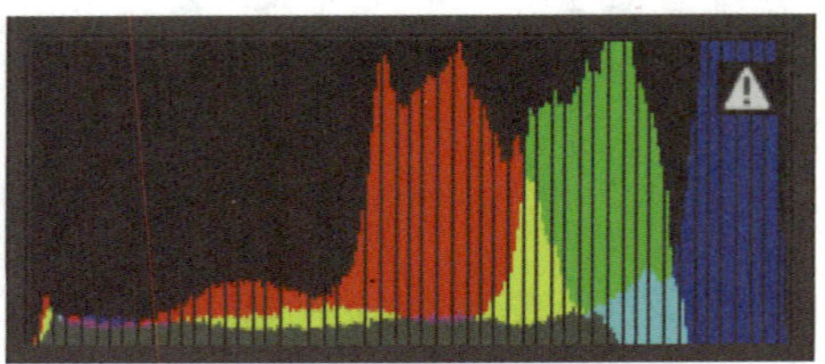

图 2-1-17 调整色阶后直方图断层示例

图 2-1-18 色阶调整前后对应图像效果示例

二、色调曲线

单击 Camera Raw 窗口中的“色调曲线”按钮，进入“色调曲线”面板。“色调曲线”的功能与执行“图像”→“调整”→“曲线”命令相似，都可以对图像的明暗程度进行调整，不同的是“色调曲线”有“参数曲线”和“点曲线”两种调整方式。

单击“参数”按钮，进入“参数曲线”设置页面，可以通过设置“高光”“亮区”“暗区”或“阴影”的参数来调整画面的明暗。

单击“点”按钮，进入“点曲线”设置页面，可在曲线上单击添加点并调整曲线形态，使用方法与执行“图像”→“调整”→“曲线”命令相同。

三、锐化与清晰度

单击 Camera Raw 窗口中的“细节”按钮，进入“细节”面板。“细节”主要对图像细节的清晰程度进行调整，通过调整面板参数可对图像进行锐化调节。在对图像进行锐化的同时会产生噪点，锐化越强，所产生的噪点也就越多，因此一般在调整“锐化”的同时，应适当调整“减少杂色”的参数，以使图像呈现最佳状态。

相关参数及功能如下。

1. 锐化

（1）数量

数值越大，锐化程度越强，该值为“0”时关闭锐化。

（2）半径

决定作边沿强调的像素点的宽度。如果半径值为“1”，则从亮到暗的整个宽度是 2 个像素，依此类推，半径值越大，细节的反差越强烈，但半径值过大也会造成图像内容不自然。

（3）细节

调整锐化影响的边缘区域的范围，决定图像细节的显示程度。当细节值较低时将主要锐化边缘，以便消除模糊，可以使图像纹理更清楚。

（4）蒙版

将“蒙版”设置为“0”时，图像中的所有部分均等量锐化；设置为“100”时，锐化限制在饱和度最高的细节边缘附近。

2. 减少杂色

（1）明亮度

减少灰度杂色。

（2）明亮度细节

调整灰度杂色阈值。数值越大，保留的细节就越多，同时杂色也较多。数值越小，杂色越少，但会丢失图像的细节。

（3）明亮度对比

调整灰度杂色的对比。数值越大，对比度就越高，同时可能会产生杂色的花纹或色斑。数值越小，效果就越平滑，同时可能使对比度降低。

（4）颜色

减少彩色的杂色。

（5）颜色细节

调整彩色杂色阈值。数值越大，边缘更细、色彩细节更多，但可能会产生彩色颗粒。数值越小，越能消除色斑，但可能会产生色彩溢出。

（6）颜色平滑度

调整彩色杂色的平滑程度。

操作演示

一、观察图像的直方图

打开素材文件夹中的图像文件“海景风光照 .jpg”。图像的直方图（见图 2-1-19）属于“J”形直方图，即像素主要集中在高光区域，图像亮度较高，色彩饱和度较低，清晰度较差，远处的海面像蒙了一层雾。对该图像进行处理时，需要将像素往中间调移动，增加中间调的细节。

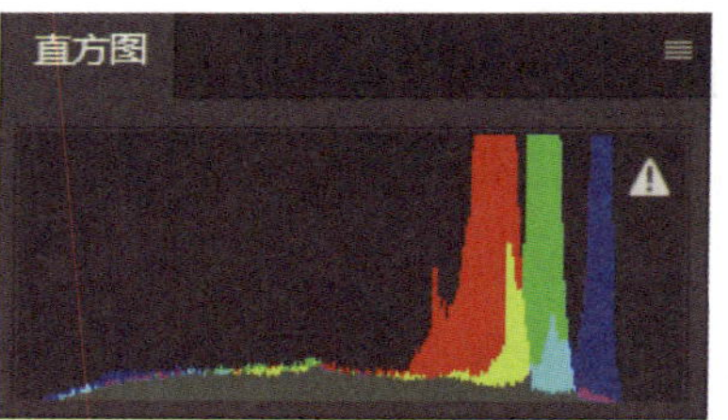

图 2-1-19　原图及其直方图

二、使用 Camera Raw 滤镜调整图像

1. 在菜单栏中单击“滤镜”，在弹出的下拉列表中选择“Camera Raw 滤镜”。在基本栏目中将高光设置为“–100”，此时，像素整体往中间调移动，仔细观察图像效果，图像整体变暗，亮度变小，直方图显示像素依然集中在一起，如图 2–1–20 所示。

2. 针对整体变暗的问题，将曝光度增加为“0.05”，如果数值太大又会出现泛白的问题。针对像素聚集在一起的问题，将阴影设置为“–21”，白色设置为“+31”，黑色设置为“–24”，对比度设置为“+36”，使高光和阴影的对比更加明显，此时观察直方图，像素分布范围更广了，如图 2–1–21 所示。为了使图像看上去细节更加丰富，设置纹理为“+12”，清晰度为“+33”；为了使图像看上去更加通透，将去除薄雾设置为“+22”。可以适当调整自然饱和度，使得画面色彩更加饱满，直方图如图 2–1–22 所示，效果图及参数设置如图 2–1–23 所示。

图 2-1-20　初步调整高光效果图

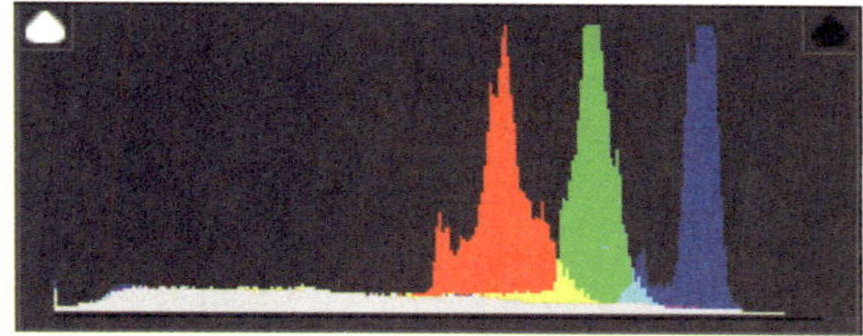

图 2-1-21　直方图 1

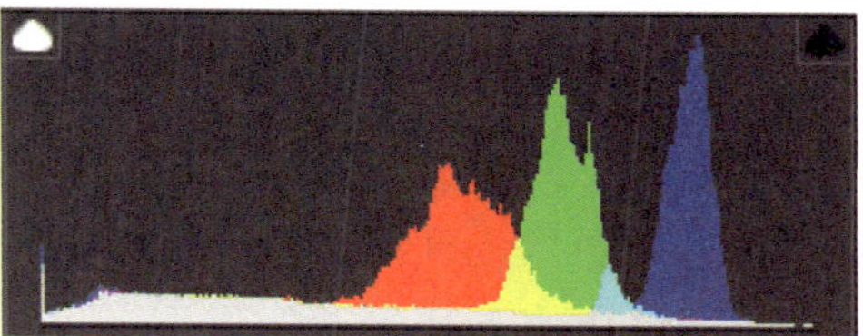

图 2-1-22　直方图 2

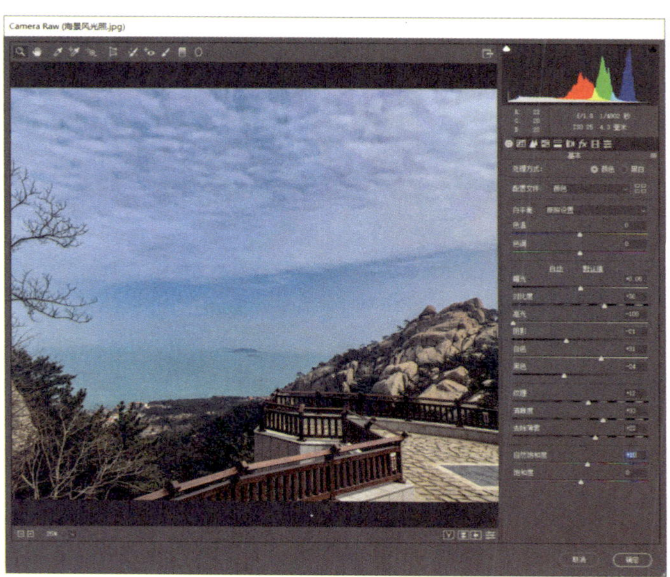

图 2-1-23　基本参数设置及效果图

3. 若想提高白云的亮度，可以通过调整“色调曲线”，将高光设置为“+13”，亮调设置为“+18”，暗调设置为“–6”，阴影设置为“–7”，如图 2–1–24 所示。

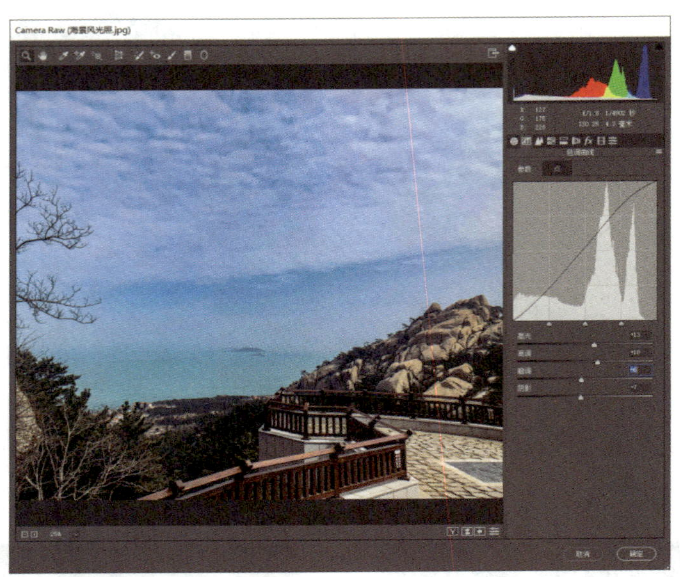

图 2–1–24 色调曲线参数设置及效果图

4. 若想再次提高画面的细节，可设置细节中的“锐化”，锐化易产生杂色和噪点，本图像的锐化值不适宜调的过大，可设置数量为“4”，半径为“1.0”，细节为“24”，如图 2–1–25 所示。

图 2–1–25 细节参数设置及效果图

5. 单击图像下方的“在原图和效果图之间切换”按钮，可同时观察二者的效果并进行对比，如图 2-1-26 所示。最后保存 PSD 格式的文件及效果图，整理文档。

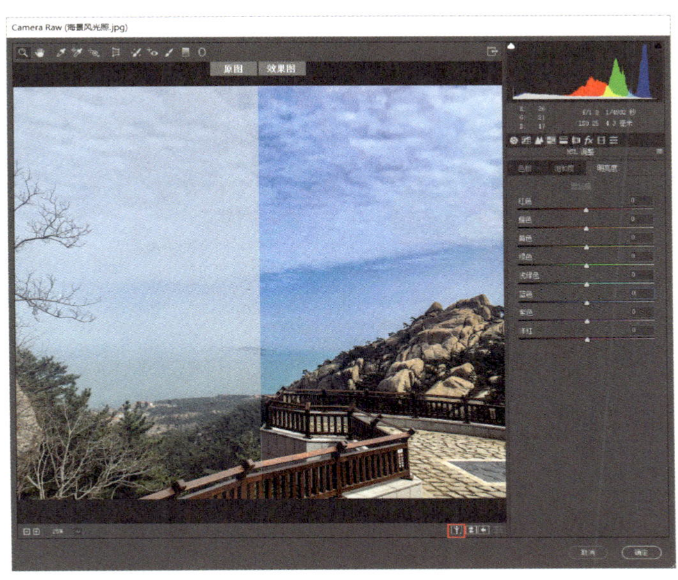

图 2-1-26　原图及效果图对比

1. 默认情况下，在 Photoshop 中打开 RAW 格式的图片时，会自动启动 Camera Raw，打开 JPG 格式的图片时则不会。在“首选项”→“Camera Raw”中的“JPEG 和 TIFF 处理”选项组中设置“JPEG”为“自动打开所有受支持的 JPEG”，即可在打开 JPG 格式的图片时自动启动 Camera Raw，如不需要在 Camera Raw 中进行编辑，可以单击底部的“打开图像”按钮。

2. 在 Camera Raw 界面窗口中，按住“Alt”键时，“取消”按钮会变成“复位”，单击该按钮可使图像还原最初效果。

3. 全部通道视图中的单个直方图不包括 Alpha 通道、专色通道或蒙版。

4. Camera Raw 中的有关参数的设置仅供参考，在实际操作中要根据图片的实际情况和效果要求进行分析后确定。

任务 2　山川风光照的后期处理

1. 能用“内容识别”“填充”功能清除图像中的杂物。
2. 能通过“直方图”分析图像存在的问题。
3. 能使用“创建新的填充或调整图层”调整图像。
4. 能准确把握秋天山川风光照的颜色特点。
5. 能为图像更换蓝天白云的天空。

游览祖国大好山河时，人们常被眼前的美景吸引，拍照留下纪念。如图 2–2–1a 所示为拍摄于 11 月深秋的一幅山水风光照，但在拍摄时，由于天气原因，画面色彩及明度层次较少，画面看上去缺乏生机，也没能体现出秋天的景色，且相机因设置问题显示了拍摄时间，左下侧有杂乱的石头和枯树枝，影响画面的美观。画面亮度较低，观察直方图（见图 2–2–1b），色彩范围较大，高光部分细节较少，尖峰部分应为泛白的天空和石头的高光。

a）素材

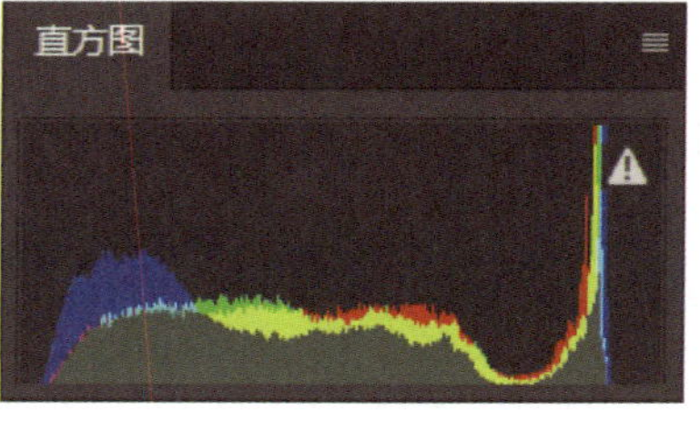

b）直方图

图 2–2–1　山川风光照素材及其直方图

本任务要求使用 Photoshop 对该山川风光照进行处理，使图像表现出浓厚的深秋气息。首先，对图像中的杂物及记录的日期等，可使用裁剪工具进行裁切或使用修复工具组中的“内容识别”进行修复，然后根据秋天山川风光照的颜色特点，可通过调整“亮度”“对比度”改善亮度较低的问题，使用色阶改善高光部分细节较少的问题，使用“色相”“饱和度”改善色彩层次较少的问题，再针对色彩未能体现秋天特征的问题，采用渐变映射改变色调，形成一抹色彩相间的红叶映入眼帘，呈现一派浓浓的秋意，最后为图像更换蓝天白云，效果如图 2-2-2 所示。

图 2-2-2　调整后的效果图

一、秋天山川风光照的颜色特点

要想把图像调出秋天氛围感的效果，必须从图像的色调、色相、明度及纯度等方面准确把握秋季山川风光照氛围感的颜色特点。

1. 色调

色调分为暖色和冷色，暖色调更能烘托秋日氛围感，例如黄色、橙色、红色、玫红、褐色等颜色。

2. 色相

秋日氛围感画面中一般会出现大面积的黄色、红色、橙色等颜色，而一般不会出现大面积的绿色、紫色等颜色。

3. 明度

一般来说，同一色相选择高明度更能体现秋日氛围，所以在 Photoshop 中可以通过调整图像的明度来提升秋日氛围效果。

4. 纯度

秋天较春天而言，纯度相对较低。色彩没有春、夏那么浓烈，所以颜色之间的对比度也相对较弱。

二、去除照片上的日期

为了记录照片的拍摄时间，有时会在相机中通过设置为照片添加日期，但这种日期标识会影响画面的整体效果，可以在 Photoshop 中轻松去除。下面以一个实例具体说明其操作步骤。

1. 打开素材文件夹中的“跳伞 .jpg”图片，如图 2-2-3 所示。

2. 在 Photoshop 中要去除日期，除了可以通过工具箱中的修复工具组，也可以通过“内容识别”命令，使用套索工具选中文字，如图 2-2-4 所示。

图 2-2-3　打开素材图片

图 2-2-4　选中日期

3. 执行“编辑”→“填充”命令，打开填充对话框，选择填充内容为“内容识别”，如图 2-2-5 所示。单击“确定”按钮即可去除日期，效果如图 2-2-6 所示。

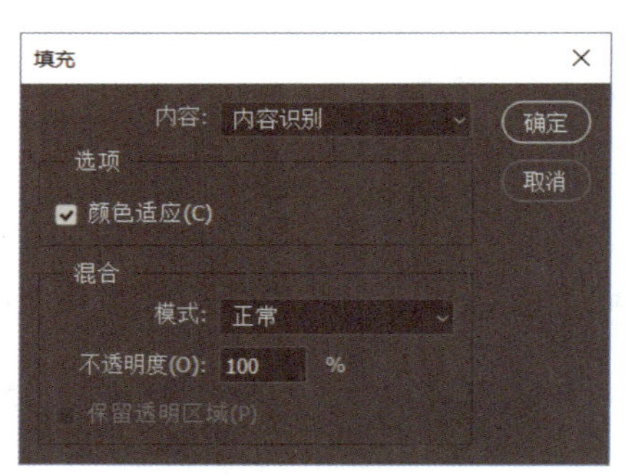

图 2-2-5　“填充”对话框

图 2-2-6　去除日期后

4. 左下角的人物部分也可以用同样方法去掉，在左下角人物的头部使用“多边形套索工具”创建不规则选区，再执行“内容识别”命令，效果如图 2-2-7 所示。

图 2-2-7　执行“内容识别”后的效果

三、调整图层

1. 调整图层的作用

Photoshop 软件的初学者在调整图像色彩时，常常使用菜单栏中的“图像”→“调整”命令调整图像的亮度、对比度、色相、色阶等属性，但此种方法存在弊端，即参数设置完成单击确定后不可再修改，无法恢复到原图的效果。例如使用“黑白”命令直接将原始图像转换为黑白图像，会丢弃所有的颜色信息，此时如果保存文件，将无法再找回颜色信息。而使用黑白调整图层进行修改，则是在原图像上生成一个新的图像调整图层，不仅可以随时修改参数，还可以设置效果可见或不可见，也可以通过关闭图层恢复到原图效果。

使用调整图层进行调色，非常适合处理画面的细节，可以操作的灵活性更大。使用调整图层进行调色具有以下特点：

（1）可以随时隐藏或显示调色效果。

（2）可以通过蒙版控制调色影响的范围。

（3）可以创建剪贴蒙版。

（4）可以调整透明度以减弱调色效果。

（5）可以随时调整图层所处的位置。

（6）可以随时更改调色的参数。

因此，在进行需要随时调整和备份的一些重要图像处理等操作时，使用调整图层更为方便。

2. 调整图层的使用方法

（1）首先打开图像文件，在图层面板的下方单击 按钮，在弹出的菜单中选择需要的命令，如图 2-2-8 所示。其中“纯色”“渐变”“图案”属于填充图层，单击后，会生成带蒙版的填充图层，其余工具是对图像色彩属性的调整。

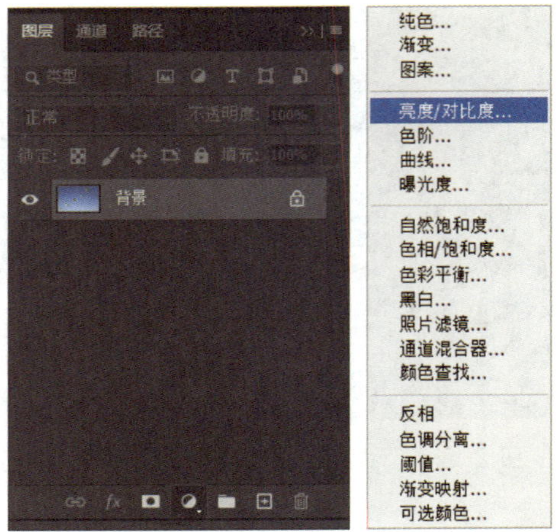

图 2-2-8 “创建新的填充或调整图层”菜单

（2）单击需要选择的命令，在图层面板中会生成一个带蒙版的调整图层，如图 2-2-9 所示。

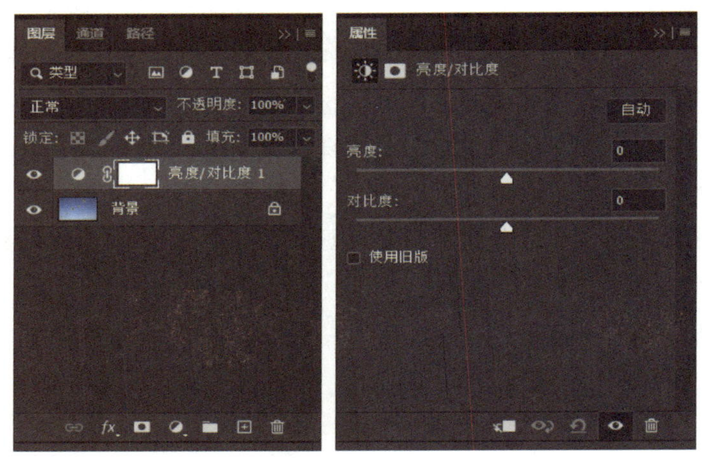

图 2-2-9 调整图层及其面板示意图

3. 调整图层和调整命令的区别

（1）单击图层面板“创建新的填充或调整图层”按钮与选择“图像”→“调整”命令弹出的子菜单并不完全相同，不是所有的图像调整命令都可以通过调整图层的方式来应用。

（2）调整命令只对当前图层起作用，而调整图层可对多个图层起作用。调整图层不会对某个图层的像素本身进行修改，所有修改内容均在调整图层内体现，可以避免在反复调整过程中损失图像的颜色细节。调整命令通过“选区”来控制影响范围达到调整图层中部分图像内容的目的，调整图层则通过“蒙版”来控制。

（3）图像调整命令一旦应用，只能通过“撤销”操作还原效果，重新执行命令时，需要设置新的参数。调整图层创建后可随时通过双击图层面板中的缩览图打开对话框进行参数设置，同时具有不透明度和混合模式属性，通过调整这些属性参数可以使图像产生更多特殊的图像调整效果。

四、为图像更换天空背景的方法

1. 新建图层，在新图层导入图像，调整大小如图 2–2–10 所示。

图 2–2–10　导入图像并调整画面大小

2. 新建图层，在新图层导入或者直接拖入素材“天空 .jpg”。选中图层，按“Ctrl+T”组合键，拖动图片角落直至天空部分占满整个画布，效果如图 2–2–11 所示，按“Enter”键确定。

图 2–2–11　画面调整大小效果

3. 选中天空图层，首先将其混合模式设置为“正片叠底”，然后再为天空图层添加图层蒙版，将画笔设置为黑色、常规画笔中的“柔边缘”、大小为“100 像素”。在想保留原图如水面、树、山的位置上反复拖动画笔，效果如图 2-2-12 所示。

图 2-2-12　更换背景天空后效果

操作演示

一、清除图像中的杂物和拍摄时间

打开素材文件夹中的图像文件“山川风光照 .jpg”，对图像右下角的照片拍摄时间和左下角多余的树枝、乱石等，可以参照前面相关知识的介绍，使用修复工具组中的“内容识别”进行修复。这里，根据图像杂物的位置等实际情况，选择“裁剪工具”，将图像下方的时间和多余的树枝、乱石等图像内容裁切掉，如图 2-2-13 所示。

图 2-2-13　图像裁切示意图

二、调整图像秋天的颜色氛围感

1. 单击图层面板底部的“创建新的填充或调整图层”命令，在弹出的列表中选择“亮度 / 对比度”，然后设置其亮度为“20”、对比度为“18”，参数设置及效果如图 2-2-14 所示。

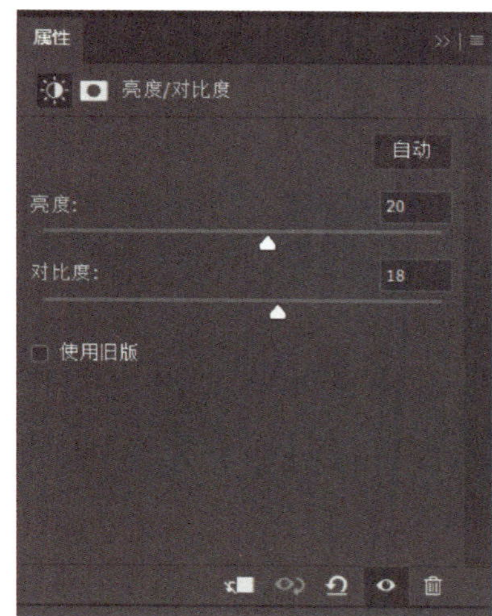

图 2-2-14　“亮度 / 对比度”调整对话框及效果图

2. 单击图层面板底部的“创建新的填充或调整图层”命令，在弹出的列表中选择“色阶”，然后设置其阴影、中间调、高光分别为“21”“1.13”“249”，参数设置及效果如图 2-2-15 所示。

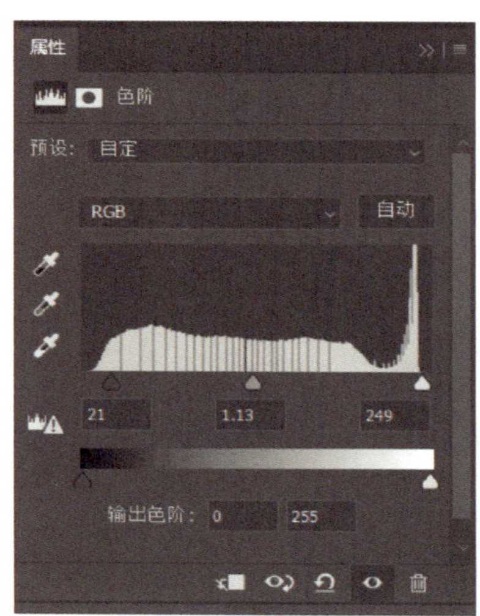

图 2-2-15　色阶调整对话框及效果图

3. 单击图层面板底部的“创建新的填充或调整图层”命令，在弹出的列表中选择“色相 / 饱和度”，然后设置其色相为“–4”、饱和度为“+35”、明度为“0”，参数设置及效果如图 2–2–16 所示。

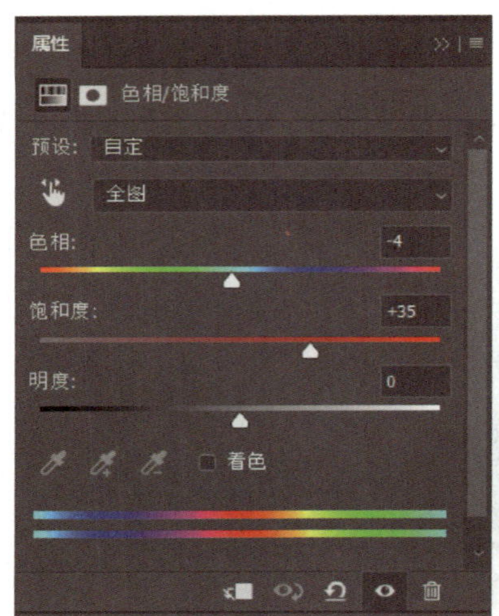

图 2-2-16　色相 / 饱和度调整对话框及效果图

4. 单击图层面板底部的“创建新的填充或调整图层”命令，在弹出的列表中选择“渐变映射”，单击渐变色块右侧向下的箭头“ ”，在弹出的列表中选择“橙色 _01”。勾选“反向”选项，并将不透明度调整为“15%”，参数设置及效果如图 2–2–17 所示，可以看到照片已经呈现出了秋天的气息。

图 2-2-17　渐变映射调整对话框及效果图

三、制作蓝天白云效果

1. 首先新建图层，然后在新图层中导入或者直接拖入素材“天空 2.jpg”。选择文件所在图层，按“Ctrl+T”组合键，拖动图片角落直至天空部分占满整个所需填充画面，效果如图 2-2-18 所示，按“Enter”键确定。

图 2-2-18　画面调整大小效果

2. 选中“天空”图层，将其混合模式设置为“正片叠底”。再为天空图层添加图层蒙版，将画笔设置为黑色、常规画笔中的“柔边缘”、大小“300 像素”。在想保留原图如河流、石头、树的位置上反复拖动画笔，效果如图 2-2-19 所示。最后长按“Shift”键选中天空图层和风光图层，单击鼠标右键后执行快捷菜单中的“合并图层”命令。

图 2-2-19　更换背景天空后效果

此时，观察更换天空背景前后的效果，如图 2-2-20 所示。最后，保存 PSD 格式的文件及效果图，整理文档。

图 2-2-20 更换天空背景前后的对比效果

1. 常用的去除画面多余杂物的方法有以下 4 种，可根据图像的实际情况灵活选择。

（1）使用“污点修复画笔工具”

对于简单图片，可使用污点修复画笔工具涂抹杂物。

（2）使用“仿制图章工具”

按住“Alt”键，选择区域到杂物覆盖。

（3）使用“内容识别”

使用“套索工具”圈住要去除部分，按“Shift+F5”组合键进行编辑，选择“内容识别”或“填充”，涂抹掉不被识别的部分，最后按“Enter”键确定。

（4）使用“修补工具”

先把杂物框选起来，然后用“修补工具”在杂物附近理想的画面位置上拖动。

2. 调整图层与调整命令的相同之处是具有相同的调色效果。调整图层与调整命令的不同之处是，调整命令直接作用于原图层，而调整图层则是将调色操作以“图层”的形式存在于“图层”面板中。调整图层对下方所有图层都有作用。

3. 使用“内容识别”或“填充”命令时，软件会自动分析图像特点，可以非常智能地对所选区域的对象进行去除，并填补周围相似的内容，但若软件分析的取样区域不准确，也可以手动进行调整。

任务 3　城市夜景风光照的后期处理

1. 能说明“计算工具”的作用及其相关参数的含义。
2. 能运用“计算工具”确定城市夜景高光范围。
3. 能运用 Alpha 通道提取与替换图像中高光。
4. 能综合使用“渐变工具”“创建新的填充或调整图层”等制作黑金效果。

夜晚城市的灯光绚烂夺目，摄影师在拍摄城市夜景风光照后，想利用现有素材制作一个与众不同的“黑金”夜景效果，用于宣传画册、演示文稿等项目的背景图或城市形象宣传，素材原图及“黑金”效果图如图 2-3-1 所示。

图 2-3-1　城市夜景素材及“黑金”效果图

城市夜景风光照后期调色处理的风格有很多种，其中比较典型的风格有黑金风格、冰玫粉风格、静谧蓝调风格以及赛博朋克风格 4 种。本任务要求调出“黑金色调”，黑金夜景效果能产生一种神秘的视觉冲击力，能让水面显得变得平静。“黑金色调”就是以黑色与金色为主调，需要去除画面中除这两种色调之外的所有颜色，常见的方法是将所有色相往黄色方向靠拢。仔细观察本任务中的原图像素材，灯光色彩比较丰富，红、绿、蓝色都有，单纯调整色相的方法过于复杂，此时可以通过将背景和高光区域分离，将高光区域的彩色转换为金色，能较快达到想要的“黑金”效果。本任务中主要使用“计算工具”确定城市夜景图像中的高光范围，然后使用“渐变工具”“创建新的填充或调整图层”来制作黑金效果。

一、计算工具

1. 计算工具的作用

计算工具可将图像中的亮度信息提取出来，或以通道、蒙版等形式放置在选区里面。

计算工具既不会产生图层混合那样的视觉上的变化，也不像“应用图像”那样在单一图层发生变化。它不仅能完成图层混合，还能选择任意图层以及任意通道进行混合。图层混合模式混合得出的结果较为单一，而计算工具可以将混合结果生成新的文档、通道、选区等形式，更加方便地对图片的不同曝光区域进行分区调整。所以计算工具的功能要比普通的图层混合模式强大很多。

2. 计算工具的使用方法

（1）选中图层，在菜单栏中执行“图像”→“计算”命令，如图 2-3-2 所示。

（2）弹出的“计算”对话框如图 2-3-3 所示，在对话框中进行设置，可以得到新的文档、通道或选区。

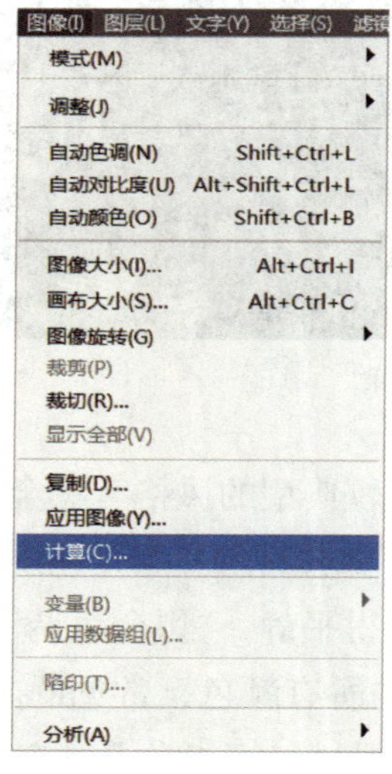

图 2-3-2　计算工具调用

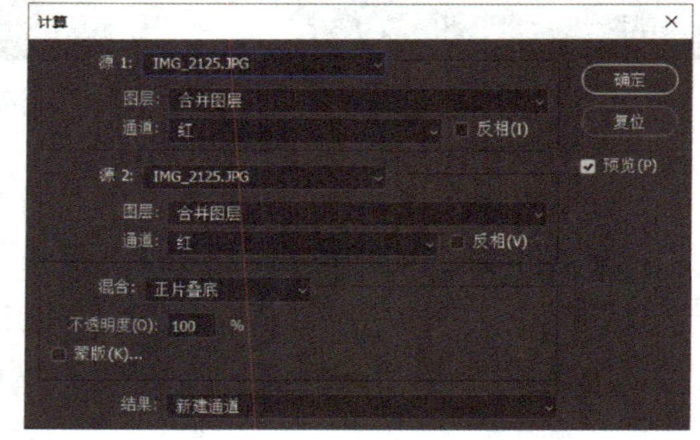

图 2-3-3　“计算”对话框

3. 计算工具的相关参数

“计算”对话框中的参数主要有源、图层、通道、混合、不透明度、蒙版、结果等。

（1）源

源 1 代表参与混合的对象，是图层混合模式中的“混合色”，也就是位于上方的图层。

源 2 代表被混合的目标对象，是图层混合模式中的“基色”，也就是位于下方的图层。

“源 1”和“源 2”与图层混合模式中的“混合色”和“基色”是相同的概念。

（2）图层

单击“图层”选项的下拉列表，如图 2-3-4 所示。选择“合并图层”可将当前所有图层合并起来，相当于“盖印图层”后的效果。下拉列表中其余图层选项就是图层面板上所排列的图层，图层名称与图层面板也是完全相同的。

（3）通道

计算工具可混合两个来自一个或多个源图像的单个通道，再将结果应用到新图像、新通道或现图层的选区。灰色与通道面板上的 RGB 复合通道类似，记录图像的明度信息，如图 2-3-5 所示。红色、绿色、蓝色通道与常用的通道面板一致。

图 2-3-4　图层下拉列表

图 2-3-5　通道下拉列表

（4）混合

与图层混合模式相同，常用的混合方式有“正片叠底”“柔光”“叠加”“滤色”“颜色加深”等。

（5）不透明度

即混合效果的强度。不透明度数值越小，混合结果的强度越低；数值越大，则混合结果的强度越高。

（6）蒙版

计算工具中以通道作为蒙版，用来调整混合的区域和结果。

（7）结果

展开“结果”选项可以看到“新建文档”“新建通道”“选区”等内容，表示混合结果最终以何种形式呈现在图片中。

（8）反相

计算工具主要针对通道，而通道中没有彩色，只有亮度，因此在这里是黑色与白色之间的切换。

二、Alpha 通道的使用

通道是 Photoshop 中非常重要的工具。通道是图像文件的一种颜色信息数据存储形式，它与图像文件的颜色模式密切关联，多个分色通道叠加在一起可以组成一幅具有颜色层次的图像。

Photoshop 中的通道有复合通道、Alpha 通道和专色通道 3 种类型。Photoshop 中每一种类型的通道都有其不同的功能与操作方法。在本任务中主要用到 Alpha 通道。Alpha 通道是处理图像透明度的特殊通道，利用 Alpha 通道可以对图像中的高光进行提取与替换。

通常情况下，新通道都是保存选区信息的 Alpha 通道，单击“通道”调板中的“创建新通道”按钮，即可将选区存储为 Alpha 通道。Alpha 通道利用灰度可以方便地表示选区的透明度，选择区域对应白色，而非选择区域对应黑色。若选择区域具有羽化值，则此类选择区域中被保存为由灰色柔和过渡的通道。

操作演示

一、裁剪图像

打开素材文件夹中的图像文件“城市夜景风光照 .jpg”，此图像的画幅难以体现出视野广阔的感觉，且天空的占比过大，使得画面主体的建筑及灯光不够突出，应考虑对天空进行裁切。选择“裁剪工具”，裁切掉部分天空，如图 2-3-6 所示。

图 2-3-6　裁剪示意图

二、确定高光区域

1. 选中“背景”图层，在菜单栏中执行“图像”→“计算”命令，在弹出的对话框中将“源 1”和“源 2”的通道分别设置为“红”，混合模式设置为“颜色加深”，参数设置如图 2-3-7 所示，单击“确定”按钮。此时可以看到在通道面板生成了通道“Alpha 1”，如图 2-3-8 所示。

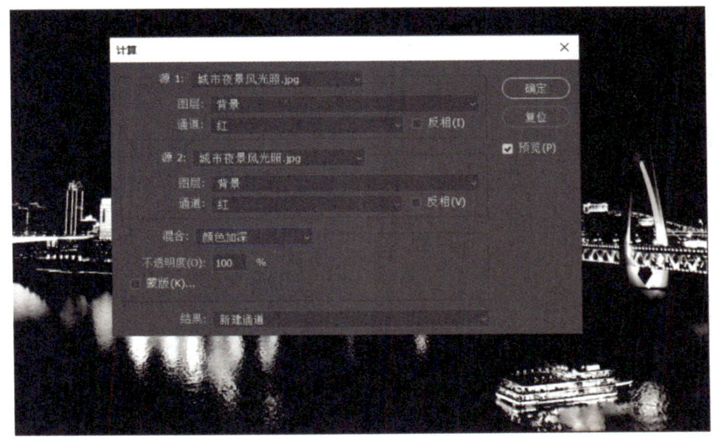

图 2-3-7　计算参数设置对话框 1

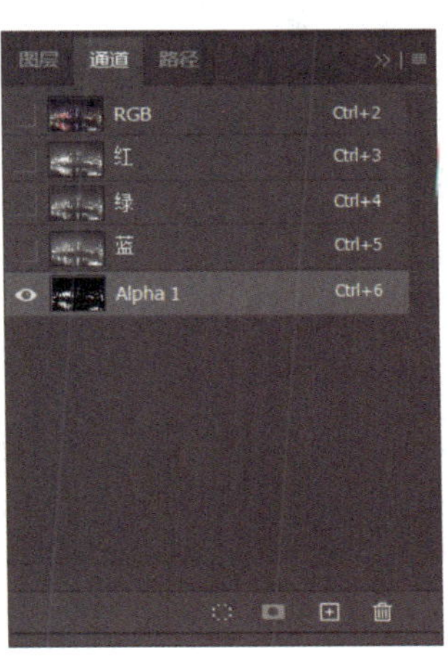

图 2-3-8　通道面板示意图 1

2. 观察灯光颜色，除了红色，还有绿色和蓝色，因此，还需要制作绿色和蓝色的高光区域。返回图层面板，选中“背景”图层，再次执行“计算”命令，将“源 1”和“源 2”的通道分别设置为“绿”，混合模式设置为“颜色加深”，参数设置如图 2-3-9 所示，单击“确定”按钮。此时可以看到在通道面板生成了通道“Alpha 2”，如图 2-3-10 所示。

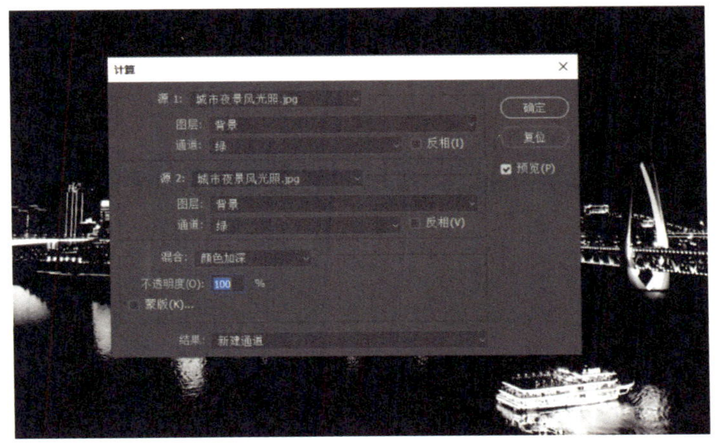

图 2-3-9　计算参数设置对话框 2

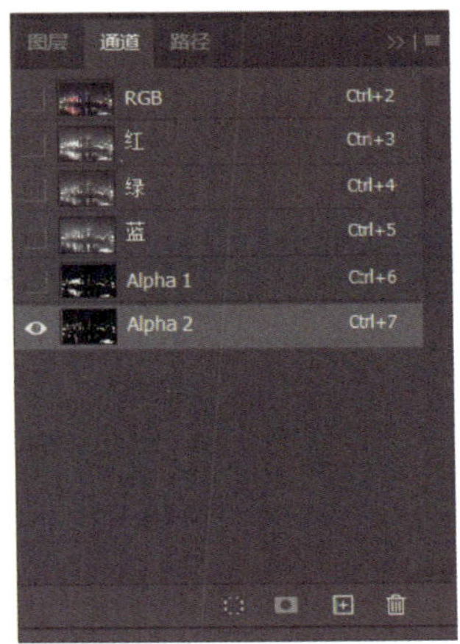

图 2-3-10　通道面板示意图 2

3. 返回图层面板，选中“背景”图层，再次执行“计算”命令，将“源 1”和“源 2”的通道分别设置为“蓝”，混合模式设置为“颜色加深”，参数设置如图 2-3-11 所示，单击“确定”按钮。此时可以看到在通道面板生成了通道“Alpha3”，如图 2-3-12 所示。

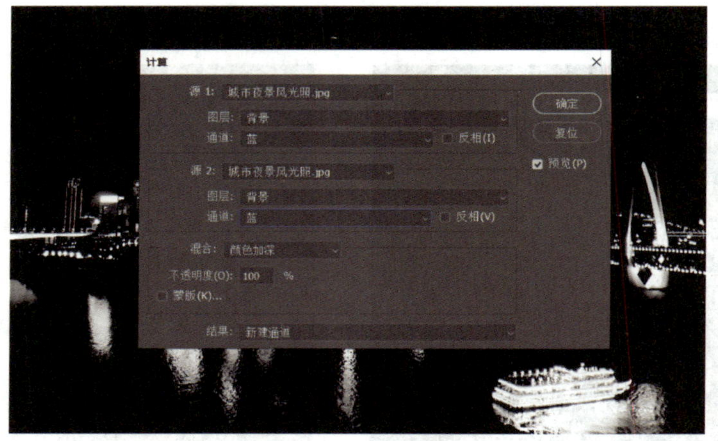

图 2-3-11　计算参数设置对话框 3

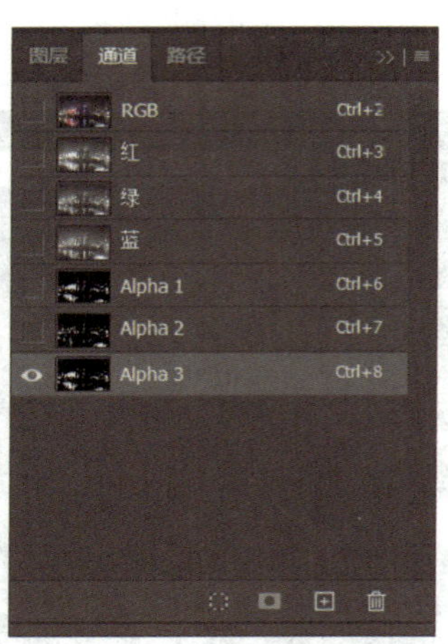

图 2-3-12　通道面板示意图 3

4. 在通道面板中，按住“Ctrl”键，同时单击通道“Alpha 1”的图层缩览图，载入选区，如图 2-3-13 所示。此时，切换到图层面板，选择“背景”图层，同时按“Ctrl+J”组合键，得到复制出的红色高光区域“图层 1”，画面内容如图 2-3-14 所示，图层面板如图 2-3-15 所示。

图 2-3-13　载入红色高光选区示意图

图 2-3-14　红色高光区域示意图

注意在载入选区时，通道面板中选中的图层应为 RGB、红、绿、蓝四个通道，即“背景”图层，如选择 Alpha 通道，复制高光范围会失败，如图 2-3-16 所示。

5. 用同样的方法，在通道面板中，按住“Ctrl”键，同时单击通道“Alpha 2”的图层缩览图，载入选区，如图 2-3-17 所示。此时，切换到图层面板，选择“背景”

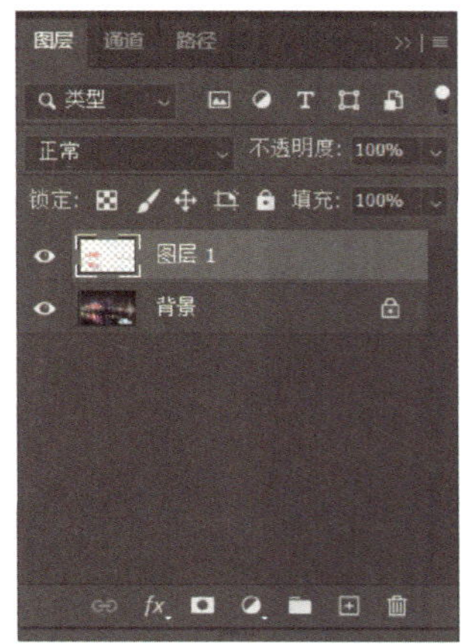

图 2-3-15　图层面板示意图

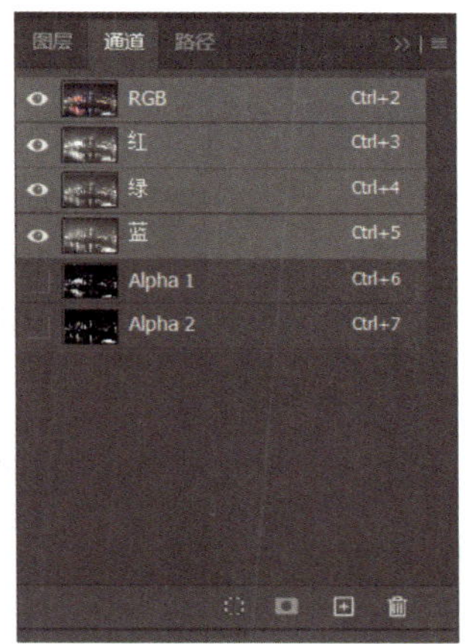

图 2-3-16　通道面板示意图

图层，同时按“Ctrl+J”组合键，得到复制出的绿色高光区域“图层 2”，画面内容如图 2-3-18 所示。

图 2-3-17　载入绿色高光选区示意图

图 2-3-18　绿色高光区域示意图

6. 再次在通道面板中，按住“Ctrl”键，同时单击通道“Alpha 3”的图层缩览图，载入选区，如图 2-3-19 所示。此时，切换到图层面板，选择“背景”图层，同时按“Ctrl+J”组合键，得到复制出的蓝色高光区域“图层 3”，如图 2-3-20 所示。

图 2-3-19　载入蓝色高光选区示意图

图 2-3-20　蓝色高光区域示意图

7. 在图层面板中，按住“Ctrl”键，分别依次单击图层 1、图层 2、图层 3 的图层缩览图，载入选区，此时得到红、绿、蓝三色高光区域的选区，如图 2–3–21 所示。

图 2–3–21　所有高光区域选区示意图

三、填充金色

1. 新建“图层 4”，此时图层顺序如图 2–3–22 所示，将“图层 1”“图层 2”“图层 3”3 个图层隐藏。

2. 选择“渐变工具”，单击渐变条，在弹出的“渐变编辑器”对话框中新建渐变色“金色”，设置由暗黄色（R：128，G：89，B：13）到淡黄色（R：254，G：235，B：132）的渐变，如图 2–3–23 所示。

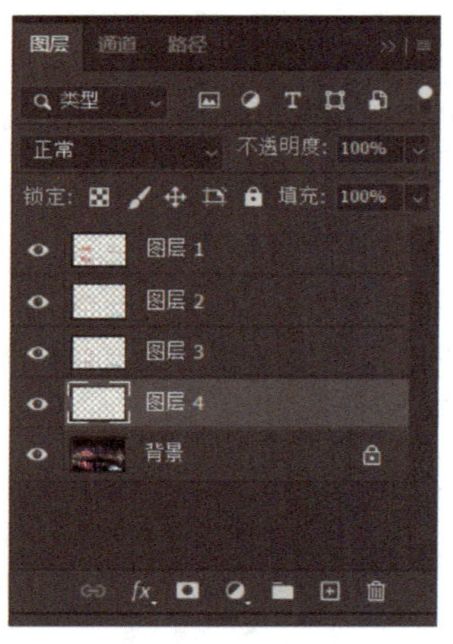

图 2–3–22　图层面板图层顺序示意图

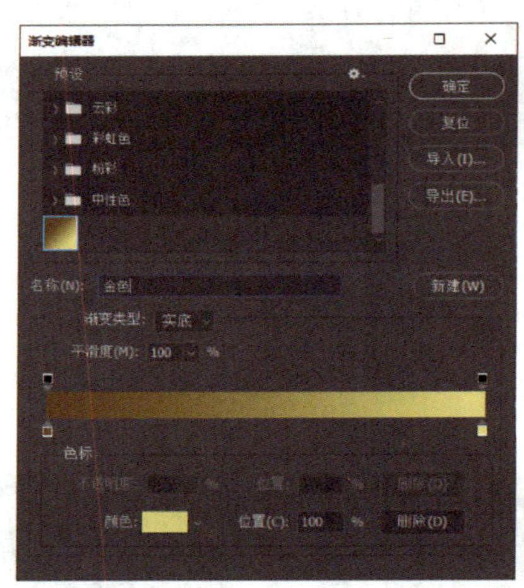

图 2–3–23　“渐变编辑器”对话框

3. 对图层 4 的选区进行渐变填充，如图 2–3–24 所示。将图层混合模式设置为“颜色”，如图 2–3–25 所示。

图 2-3-24　渐变色填充效果图

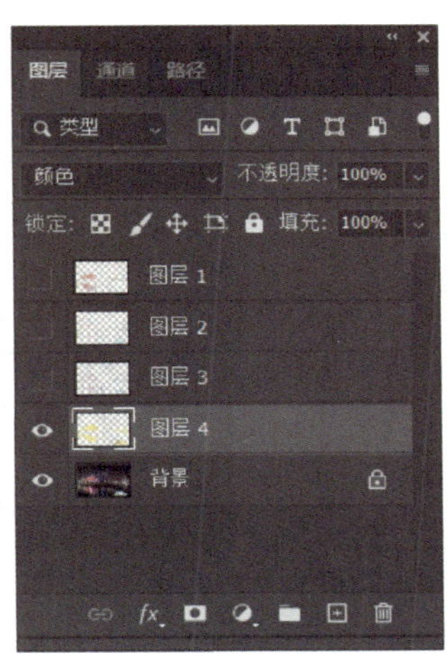

图 2-3-25　图层混合模式设置示意图

四、填充黑白并调整图像背景

1. 按“Ctrl+D”组合键取消选区。

2. 选择“背景”图层，单击图层面板下方的“创建新的填充或调整图层”按钮，在弹出的列表中选择“黑白”，效果如图 2-3-26 所示。

3. 观察图像可以发现，背景整体偏灰色，颜色不够理想，单击图层面板下方的“创建新的填充或调整图层”按钮，在弹出的列表中选择“亮度 / 对比度”，将亮度设置为“-57”，对比度设置为“62”，如图 2-3-27 所示，得到夜景黑金效果。黑金效果图与原图对比图如图 2-3-28 所示。最后保存源文件及效果图，整理文档。

图 2-3-26　填充黑白后的效果图

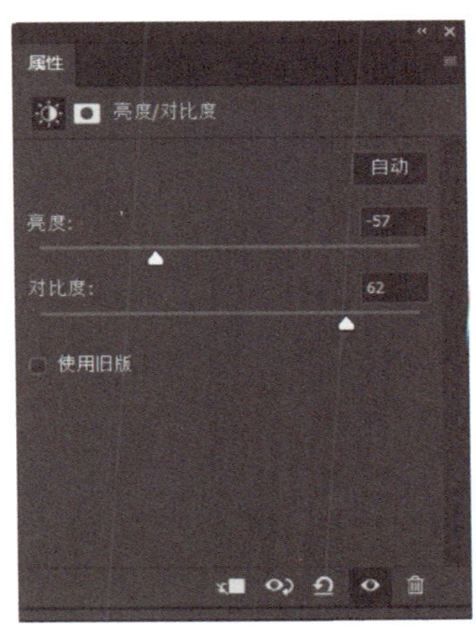

图 2-3-27　亮度 / 对比度设置对话框

图 2-3-28 “黑金”效果图与原图同框对比图

1. Alpha 通道是用于存储选区的通道。

2. “计算”的功能是在通道与通道间采用图层混合的模式进行混合，产生新的选区。这个选区是为下一步操作做准备的。

3. “计算”过程中，选择生成多个通道选区时，需要同时按下“Shift”键。

项目三
插画绘制

任务 1　环保插画绘制

1. 能使用“矩形工具”“椭圆工具”中的渐变绘制天空、太阳。
2. 能使用“油漆桶工具”及“拾色器”进行颜色填充。
3. 能使用“钢笔工具”和“油漆桶工具”绘制形状。
4. 能使用“矩形工具”绘制平行四边形。
5. 能使用“自定形状工具”绘制植物、动物剪影。

为宣传“绿色环保我先行，争做环保小能手”的环保意识，需绘制一幅环保插画，效果如图 3-1-1 所示。环保插画的造型主要以风景、建筑为主，颜色以绿色、蓝色为主，绘制风力发电机、太阳能发电板等节能设施进一步突出环保的理念。

本任务需要综合运用“矩形”“椭圆形”“自定形状”“钢笔”“画笔”“油漆桶”等工具，首先绘制天空背景，然后绘制草坪、山丘、白云、太阳、风力发电机、房子等元素，再运用“自定形状工具”植物、动物剪影，最后添加文字。

图 3-1-1　环保插画

一、矩形工具的斜切、透视与变形

绘制出矩形后，按“Ctrl+T”组合键，单击鼠标右键，可弹出包括“缩放”“旋转”“斜切”“扭曲”“透视”“变形”等命令的快捷菜单，下面结合具体实例，介绍“斜切”“透视”“变形”三种用法。

1. 矩形工具的“斜切”用法

在新建图层中，用矩形工具绘制出一个横向矩形，选中矩形图层，按“Ctrl+T”组合键，单击鼠标右键，选择“斜切”命令，将鼠标指针分别移至四个角后，按住该点朝不同方向拖动，可以改变矩形的倾斜角度。例如用红色（R：231，G：31，B：25）绘制一个横向矩形，按“Ctrl+T”组合键，单击鼠标右键，选择“斜切”命令，将鼠标指针移至右上角后，按住该点向下拖动，直至绘制出如图 3–1–2 所示的效果。复制图层，按“Ctrl+T”组合键，将鼠标指针放在图形左上角，拖动旋转按钮，得到如图 3–1–3 所示的风车效果。

2. 矩形工具的“透视”用法

选择“矩形工具”，用灰色（R：85，G：89，B：86）绘制一个竖向矩形，按“Ctrl+T”组合键，单击鼠标右键，选择“透视”命令，将鼠标指针移至左上角或右上角后，按住该点向中间拖动，绘制出如图 3–1–4 所示的效果。用同样方法在灰色矩形中间用白色绘制透视矩形，最终绘制出俯视角度有透视感的马路，绘制效果如图 3–1–5 所示。

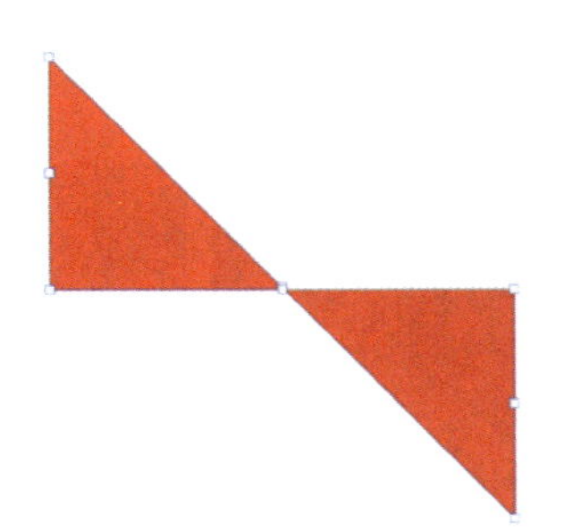

图 3-1-2　红色矩形斜切效果

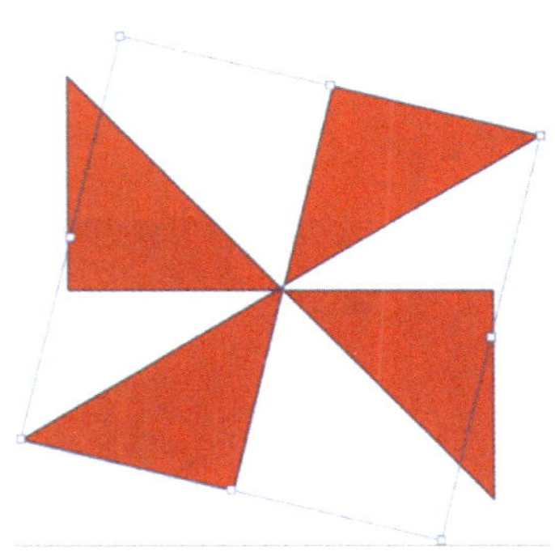

图 3-1-3　红色风车效果

图 3-1-4　灰色矩形透视效果

图 3-1-5　俯视角度有透视感的马路绘制效果

3. 矩形工具的“变形”用法

选择“矩形工具”，用红色（R：255，G：0，B：0）绘制出一个横向矩形，按“Ctrl+T”组合键，单击鼠标右键，选择“变形”命令，分别将鼠标指针移至右侧两角，按住相应两点向不同方向拖动，绘制出如图 3-1-6 所示的风中旗帜效果。

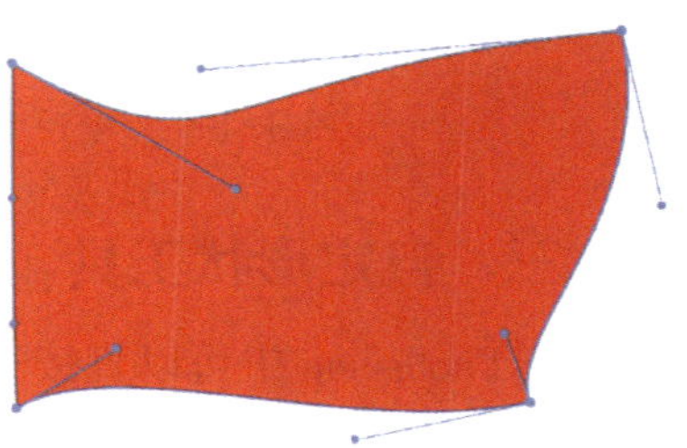

图 3-1-6　风中旗帜绘制效果

二、钢笔工具

下面结合实例，说明“钢笔工具”的用法。

新建图层，将图层命名为“风力发电机”，将背景填充为渐变色“蓝色 15”。在工具箱中选择“钢笔工具”，绘制出支杆，按“Ctrl+Enter”组合键，分别设置前景色为白色（R：255，G：255，B：255）、灰色（R：156，G：157，B：156），选择“油漆桶工具”，按“Alt+Delete”组合键为左、右支杆填充颜色。用“椭圆工具”在支杆顶端绘制一个灰色圆环，参数、支杆绘制过程及最终效果如图 3-1-7 所示。以同样方式用“钢笔工具”绘制风扇，并用白色、灰色为其填充相应颜色，发电机最终效果如图 3–1–8 所示。

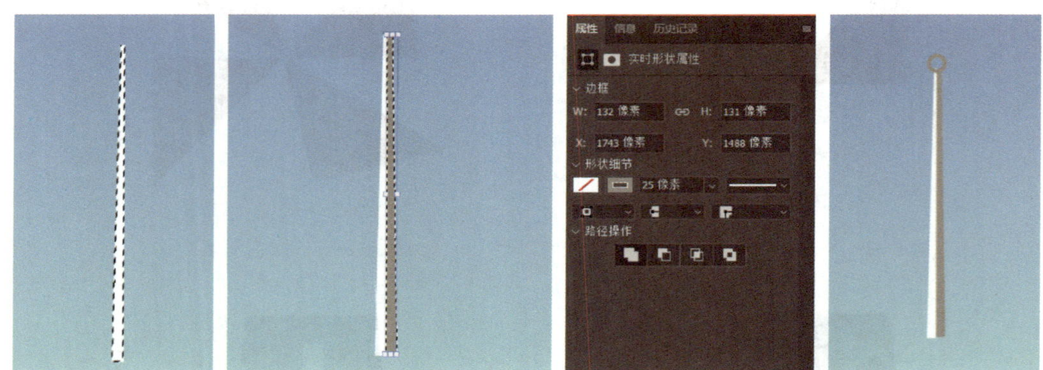

图 3–1–7　支杆绘制过程及最终效果图

图 3–1–8　使用“钢笔工具”绘制风扇效果及风力发电机最终效果

三、自定形状工具

在 Photoshop 中可以直接选择一些内置的矢量形状，同时通过“自定形状工具”可以预设自己绘制出来的形状。选择喜欢的形状直接绘制或者将自己绘制的路径转化为自定形状，后期就可以直接使用。

1. 调用“自定形状工具”

在“形状工具”组按钮上单击鼠标右键，在弹出的快捷菜单中选择“自定形状工具”，首先在选项栏中设置绘图模式为“形状”，然后设置填充颜色和描边等属性，最后在“自定形状”选取器中的形状组中选择所需要的图案，按住鼠标左键在画面中拖动即可绘制出形状。

2. 修改自定形状

如果想修改或者调整已经绘制好的自定形状，可用“路径选择工具”将其选中，然后修改填充颜色、描边颜色、描边宽度等属性。

3. 导入外部形状

在选项栏中单击打开“自定形状”拾色器，单击“设置”图标，选择“导入形状”命令，然后在弹出的“载入”对话框中选择形状文件（.CSH）即可。

4. 添加自定形状

绘制一个路径，对该路径执行“编辑”→“定义自定形状”命令，在弹出的“形状名称”对话框中设置合适的名称，单击“确定”按钮即可将路径定义为自定形状。

四、颜色

在计算机中，颜色由红、绿、蓝三基色组成，用1个字节来表示一个颜色分量（数值范围为0～255），所以计算中共有16 777 216（即256×256×256）种颜色。

1. 常用颜色模式

Photoshop软件中常用的颜色模式有位图、灰度、RGB颜色和CMYK颜色。RGB颜色是最常用的颜色模式。CMYK颜色是油墨的混色模式，通常应用于印刷或者打印。

2. 颜色三要素

色相、饱和度和明度称为颜色三要素，通常用H代表色相（颜色的相貌），S代表饱和度（颜色的浓度或者说颜色的鲜艳程度），B代表明度（颜色的明暗程度）。

3. 颜色的分类

颜色分为原色、间色、复色三类。原色指三原色——红、绿、蓝，它们不能再进行分解。间色指由两个原色混合得到，通常指黄、青、洋红。复色指由原色与间色混合或者间色与间色混合得到的颜色。

一、新建图像文件

新建图像文件，设置文档宽度为1 280像素，高度为720像素，分辨率为300像素/英寸，颜色模式为RGB颜色、8位，背景为白色。

二、绘制天空背景

1. 新建图层并命名为“天空背景”，在工具箱中选择“矩形工具”，绘制一个与画布大小相同的矩形。

2. 在右侧属性面板中单击形状细节中的“设置形状填充类型”按钮，参数参考

图 3–1–9 所示，再选择“渐变”中的蓝色，选择“蓝色 _15”，渐变方式选择“线性”，效果如图 3–1–10 所示。

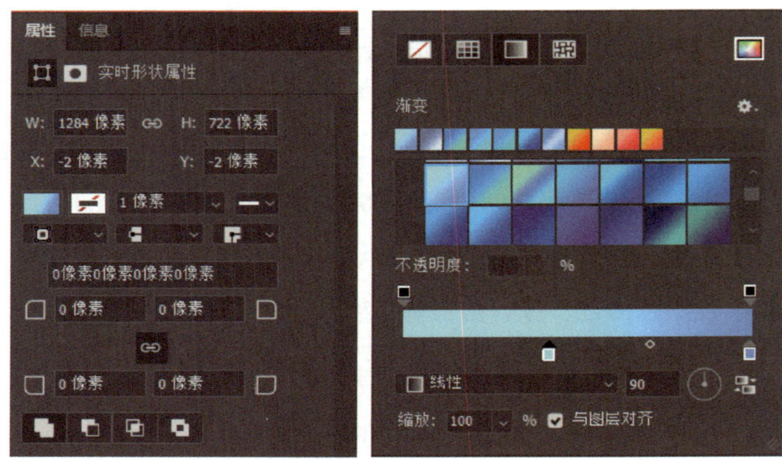

图 3-1-9　形状细节设置

图 3-1-10　天空背景绘制效果

三、绘制草坪

单击“图层”面板下方的“创建新组”按钮，命名为“草坪”，再新建图层，将图层命名为“草坪”，单击工具箱中的“设置前景色”按钮，弹出“拾色器（前景色）”对话框，设置前景色为绿色（R：130，G：198，B：60），单击“确定”按钮。选择“矩形工具”，在画面底部绘制矩形，单击“Enter”键。用同样的方式选择淡绿色（R：156，G：209，B：102）前景色，用椭圆工具绘制出椭圆形，草坪绘制效果如图 3–1–11 所示。

四、绘制山丘

单击“图层”面板下方的“创建新图层”按钮，得到一个新图层，将其命名为

图 3-1-11　草坪绘制效果

“山丘”，并移动至“草坪”图层下方。在工具箱中选择“画笔工具”，设置“画笔工具”选项，选择常规画笔的“硬边缘”，大小设置为50像素。设置前景色为深绿色（R：44，G：141，B：50），先用数位板勾出山丘线稿，按“Ctrl+T”组合键，缩放后置于画面适当位置，再用“油漆桶工具”为山丘填充前景色。用同样方法画出淡绿色（R：144，G：209，B：57）的山丘，完成后的效果如图 3-1-12 所示。

图 3-1-12　山丘绘制效果图

五、绘制白云

新建图层，将其命名为“云朵”。在工具箱中选择“画笔工具”，选择白色（R：255，G：255，B：255），按住“Shift”键，用数位板画出云朵底部的线条，如图 3-1-13 右侧所示。再单击鼠标右键调整不同的画笔像素，依次在底部线条之上绘制如图 3-1-13 左侧所示的云朵效果，最终效果如图 3-1-14 所示。

图 3-1-13　云朵底部线条绘制和云朵效果

图 3-1-14 云朵最终绘制效果

六、绘制太阳

1. 新建图层，将其命名为“太阳”。在工具箱中选择“椭圆工具”，按住“Shift”键，在如图 3-1-15 所示位置画一个正圆形。

图 3-1-15 绘制正圆形效果

2. 在右侧属性面板中单击形状细节中的“设置形状填充类型”按钮，参数设置如图 3-1-16 所示，再选择“渐变”中的橙色，选择“橙色 _10”，渐变方式选择“径向”，旋转渐变设置为“–130”，单击“Enter”键，太阳最终效果如图 3-1-17 所示。

七、绘制风力发电机

新建图层，将其命名为“风力发电机”，并将其移动到“草坪”图层的上方，使用“钢笔工具”绘制风力发电机造型，按“Shift+Enter”组合键，使用“油漆桶工具”为其填充白色（R：255，G：255，B：255），按同样方法用灰色（R：206，G：206，B：206）刻画立体效果，完成后复制另外 2 个风力发电机，并按“Ctrl+T”组合键调整大小和位置，最终效果如图 3-1-18 所示。

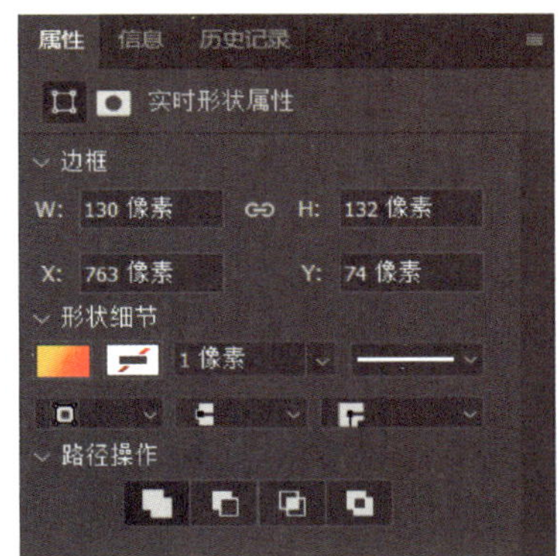

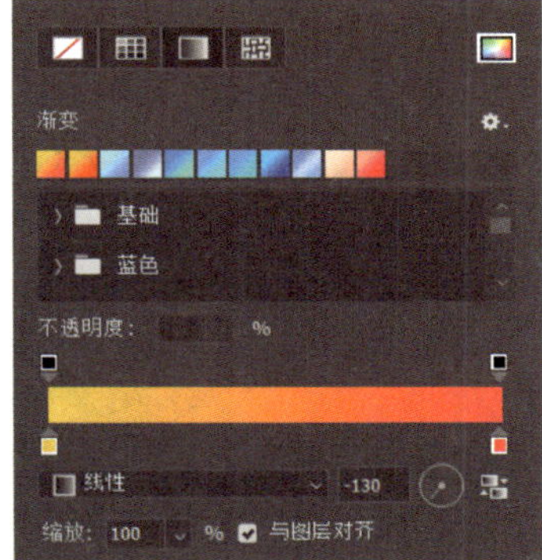

图 3-1-16　形状细节设置

图 3-1-17　太阳绘制效果

图 3-1-18　绘制风力发电机效果

八、绘制房子

操作演示

1. 单击“图层”面板下方的“创建新组”按钮，将新创建的组命名为“房子”，再新建图层，将图层命名为“墙体”，设置前景色为橙色

（R：253，G：125，B：61），单击“确定”按钮。选择“矩形工具”，绘制矩形，按“Enter”键，并复制粘贴一个同样的矩形，选中该图层单击鼠标右键，单击“栅格化图层”。用同样方法使用红色（R：214，G：76，B：36）绘制出一个横向矩形。选中最左侧矩形图层，按“Ctrl+T”组合键，单击鼠标右键，选择“斜切”命令，将鼠标指针移至左上角，向下拖动，得到墙体，绘制效果如图 3–1–19 所示。

图 3–1–19　墙体绘制效果

2. 设置前景色为米白色（R：254，G：249，B：232），用步骤 1 中斜切矩形的方式绘制屋顶，在其图层上单击鼠标右键，单击栅格化图层，效果如图 3–1–20 所示。设置前景色为浅灰色（R：227，G：212，B：166），选择“画笔工具”，设置为 10 像素，按住“Shift”键，绘制房顶边框，房顶效果如图 3–1–21 所示。

图 3–1–20　屋顶绘制效果

3. 新建图层并命名为“太阳能发电板”，设置前景色为淡蓝色（R：254，G：249，B：232），选择“圆角矩形工具”，再次用斜切的方式绘制出一个平行四边形得到发电板，绘制效果如图 3–1–22 所示。复制该图层并命名为“发电板细节”，设置前景色为蓝色（R：61，G：161，B：184），用油漆桶工具为其上色。选择“画笔工具”，大小

图 3-1-21　房顶效果

设置为 10 像素，按住“Shift”键，分别用深蓝色（R：73，G：130，B：157）和米白色（R：254，G：249，B：232）绘制发电板细节，效果如图 3-1-23 所示。选中两个图层，单击鼠标右键合并图层，再复制图层直到排列布满房顶，最终效果如图 3-1-24 所示。

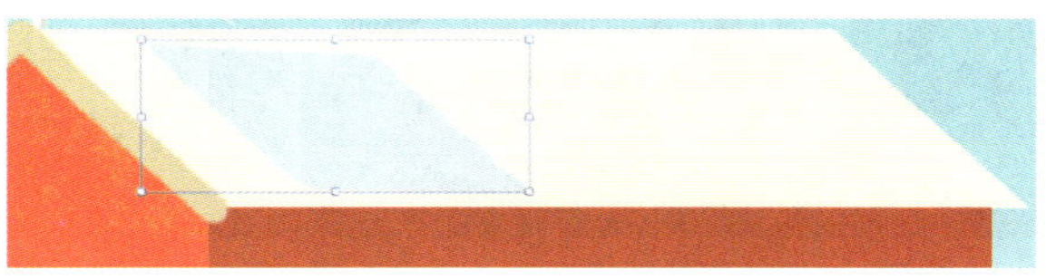

图 3-1-22　发电板绘制效果

图 3-1-23　发电板最终效果图

图 3-1-24　房子最终效果图

九、绘制植物、动物剪影

1. 新建图层，将图层命名为“植物”，并将其移动到“草坪”图层的上方，设置前景色为深绿色（R：60，G：116，B：69），单击“确定”按钮。在工具箱中选择“自定形状工具”，如图 3–1–25 所示，选择“形状”→“有叶子的树”→“苹果树”，在画面合适的位置拖动鼠标绘制苹果树剪影，效果如图 3–1–26 所示。

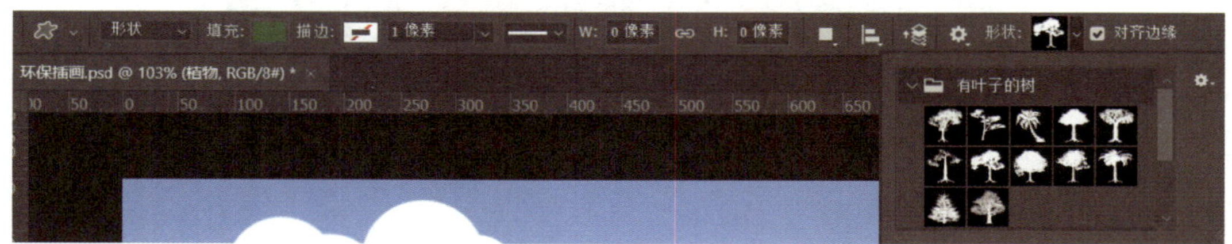

图 3–1–25　形状设置

图 3–1–26　苹果树剪影绘制效果

2. 重复上述步骤，选择深棕色（R：69，G：72，B：38），选择“形状”→“野生动物”→“袋鼠”，在画面合适位置拖动鼠标绘制袋鼠剪影，效果如图 3–1–27 所示。

图 3–1–27　袋鼠剪影绘制效果

3. 新建图层，将图层命名为“小草”，并将其移动到“房子”图层的上方，设置前景色为草绿色（R：143，G：202，B：56），背景色为绿色（R：44，G：141，B：50），选择“画笔工具”，打开画笔设置，单击“旧版画笔”，选择旧版画笔中的默认画笔“沙丘草”，大小设置为 100 像素，如图 3–1–28 所示。在画面下方按住鼠标拖动，绘制出如图 3–1–29 所示的小草效果。

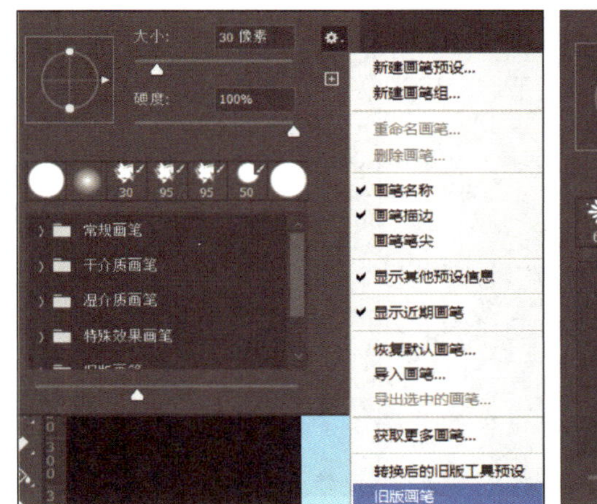

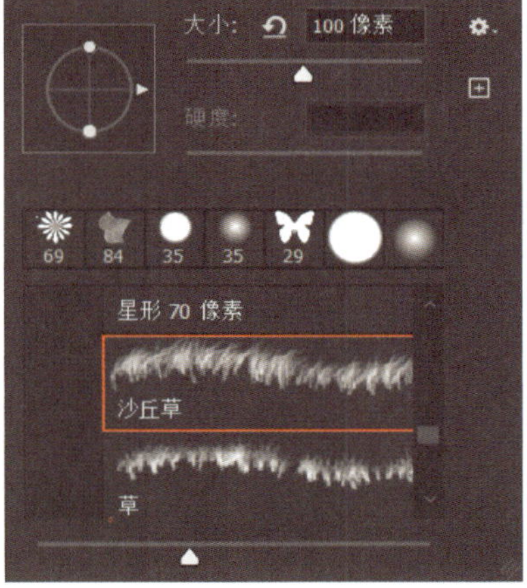

图 3–1–28　画笔设置

图 3–1–29　小草绘制效果

十、制作文字效果

单击工具箱中的“设置前景色”按钮，弹出“拾色器（前景色）”对话框，设置前景色为橙色（R：253，G：168，B：0），单击“确定”按钮。单击工具箱中的“直排文字工具”按钮，在工具选项栏中设置字体为“方正汉真广标简体”，字体大小为“18 点”，字形为“浑厚”，居中对齐文本，如图 3–1–30 所示。输入汉字“节能环保，绿色生活”。选中插入的文本图层，单击底部添加图层样式，选择“描边”，如图 3–1–31 所示，设置颜色为白色，大小为 3 像素。按“Ctrl+T”组合键将文字调整到图示位置，文字效果如图 3–1–32 所示。

图 3-1-30　文字设置

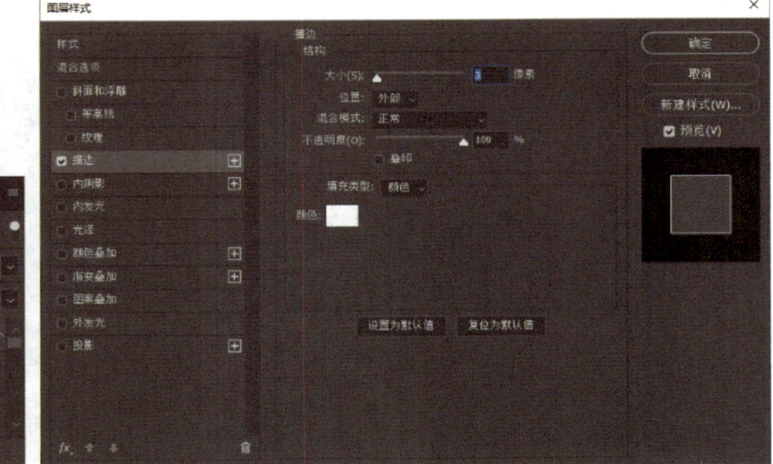

图 3-1-31　文字描边效果设置

图 3-1-32　文字效果图

1. 风景画中往往有很多造型，需要建立不同的图层，要通过调整图层上下顺序来调整画面中各种造型的前后关系，一般近景的图层在上，远景的图层在下。

2. 在 Photoshop 软件中有两大类可以用于绘图的矢量工具，即“钢笔工具”和“形状工具”。“钢笔工具”用于绘制不规则的形态，而“形状工具”则用于绘制规则的几何图形，如椭圆形、矩形、多边形等。

任务 2　儿童绘本插画绘制

1. 能操作数位板，运用“画笔工具”绘制背景和人物线稿。
2. 能使用“快速选择工具”及“画笔工具”上色，突出立体感。
3. 能使用“钢笔工具”绘制曲线。
4. 能使用“矩形工具”和“文字工具”制作图章。

儿童绘本主要针对年龄较小的幼儿，以图画的方式启迪幼儿的心灵，整体画面以插图为主，文字为辅。某幼儿园为宣传传统文化，加强幼儿思想品德教育，需绘制一幅儿童插画，效果如图 3-2-1 所示。儿童插画的线稿主要以可爱的卡通简笔造型为主，可以用铅笔在纸上画好线稿，然后通过扫描仪扫描到计算机中进行勾线上色处理，也可以用数位板直接在计算机中完成线稿的绘制。

图 3-2-1　“孔融让梨”儿童插画效果图

本次任务需要综合运用“画笔”“油漆桶”“快速选择”“钢笔”等工具，首先绘制场景线稿和人物线稿，然后给人物上色，最后添加文字并制作印章。

一、选区的作用

选区是一个限定处理范围的“虚线框”，可以使用“快速选择工具”“套索工具”“矩形工具”“魔棒工具”等在图层中圈出需要的部分，从而制作选区。用以上工具框住的内容边缘的“虚线框”，常称为蚂蚁线。在需要对画面进行局部处理或在特定范围内填充颜色、将指定区域删除时，都可以创建出选区，再对选区进行处理。

选区的用途主要有 3 个方面：第一是抠图，使用频率最高，通过将需要的部分轮廓点选出来生成独立的图层；第二是保护，当想用笔刷涂抹某个区域，但是又担心不小心把相邻的区域也涂抹到时，可以通过创建选区将该区域隔离；第三是实现羽化等效果。

二、风格化滤镜组

单击“滤镜”，在下拉菜单中选择“风格化”命令，其中包含 9 种滤镜，通常需要与通道、图层等联合使用，才能取得最佳艺术效果。

1. “查找边缘”滤镜

该滤镜能自动搜索图像对比度剧烈变化的位置，将高反差区变亮，低反差区变暗，使其他区域介于两者之间，将硬边变为线条，柔边变粗，形成清晰的轮廓。

2. “等高线”滤镜

该滤镜可以查找主要亮度区域的边缘并为每个颜色通道淡淡地勾勒主要亮度区域的边缘，以获得与等高线图中的线条类似的效果。

3. “风”滤镜

该滤镜可在图像上增加一些细小的水平线条来模拟风吹的效果。

4. “浮雕效果”滤镜

该滤镜可通过勾画图像或选区的轮廓并降低或提高周围色值来生成凸起或凹陷的浮雕效果。

5. “扩散”滤镜

该滤镜可以使图像中相邻的像素按规定的方式移动，使图像扩散，形成分离模糊效果。

6. “拼贴”滤镜

该滤镜可根据指定的数值将图像分为小块状，并使其偏离其原来的位置，产生不规则瓷片拼凑出图像的效果。

7. “曝光过度”滤镜

该滤镜可以混合负片和正片图像，模拟出摄影中增加光线强度而产生的过度曝光效果。

8. “凸出”滤镜

该滤镜可以将图像分解成一系列大小相同且重叠放置的立方体或椎体，产生特殊的 3D 效果。

9. “油画”滤镜

该滤镜可以将照片转化成具有油画质感的图像。

填充前景色快捷键为“Alt+Delete”，填充背景色快捷键为“Ctrl+Delete”。

三、渐变的使用

单击左侧工具箱中的“渐变工具”，默认选中前景色到背景色的渐变，按住鼠标左键拖动可以调整渐变的方向并应用。单击工作区左上方下拉菜单可以选择更多预设和保存的渐变。

以前景色到背景色的渐变为例，常用的渐变有五种形式，包括：

从前景色逐渐过渡到背景色的线性渐变；

以前景色为圆心向周边渐变为背景色的径向渐变；

前景色和背景色紧密相连的旋转形成的角度渐变；

前景色在中间呈直线形，逐渐向两边渐变为背景色的对称渐变；

前景色在中心呈菱形向四周渐变为背景色的菱形渐变。

一、新建图像文件

新建图像文档，设置文档宽度为 1 200 像素，高度为 720 像素，分辨率为 300 像素 / 英寸，颜色模式为 RGB 颜色、8 位，背景为白色。

二、绘制场景线稿

1. 设置场景草图

操作演示

新建图层，将图层命名为“场景草图”，将素材文件夹中的文件“场景草图 .jpg”拖入新建图层里。选择文件所在图层，按“Ctrl+T”组合键，将其缩放在画面适当位置，并将图层“场景草图”的“不透明度”设置为 80%，如图 3–2–2 所示，完成后的效果如图 3–2–3 所示。

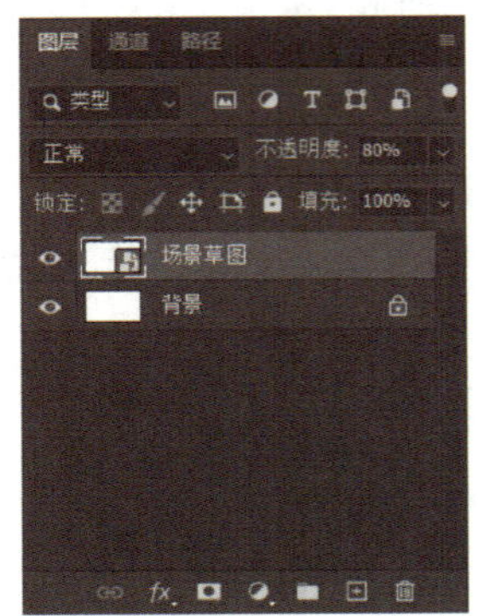

图 3–2–2 “场景草图”图层设置

图 3–2–3 “场景草图”透明效果

2. 用数位板绘制线稿

单击“图层”面板下方的“创建新图层”按钮，得到一个新图层，将其命名为“场景线稿”。在工具箱中选择“画笔工具”，具体参数设置如图 3–2–4 所示。先用数位板勾出窗帘线稿，再按住“Shift”键绘制窗户和地面的直线线稿，加粗画笔并按住“Shift”键绘制窗户外框直线线稿，如图 3–2–5 所示。

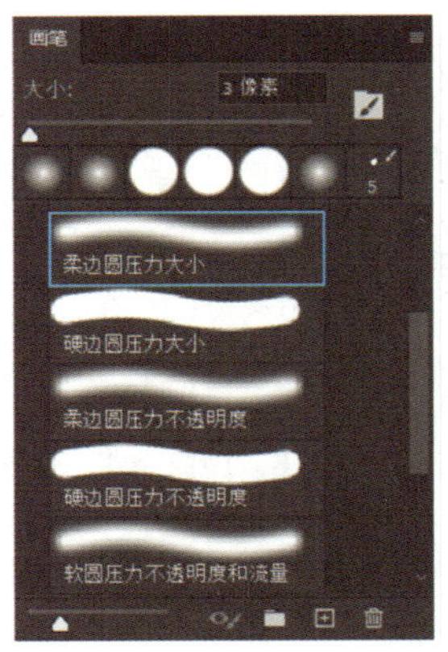

图 3–2–4 画笔设置

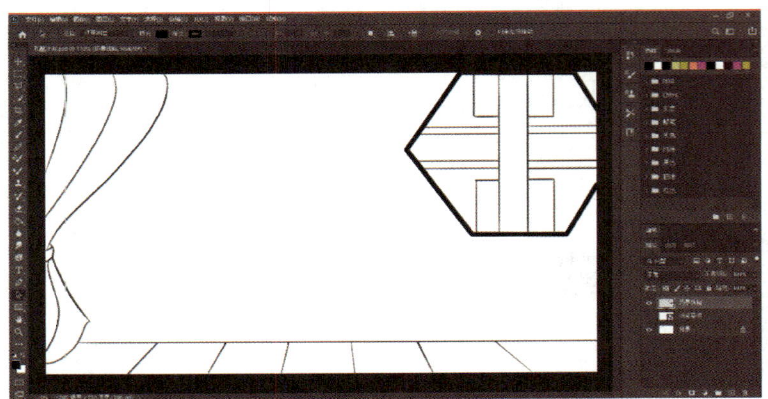
图 3–2–5 “场景线稿”绘制效果

三、绘制人物线稿

1. 设置人物草图

新建图层，将图层命名为“人物草图”，将素材文件夹中的文件“人物草图 .jpg”拖入新建图层里。选择文件所在图层，按“Ctrl+T”组合键，将其缩放在画面适当位置，并将图层“人物草图”的“不透明度”设置为 80%，完成后的效果如图 3–2–6 所示。

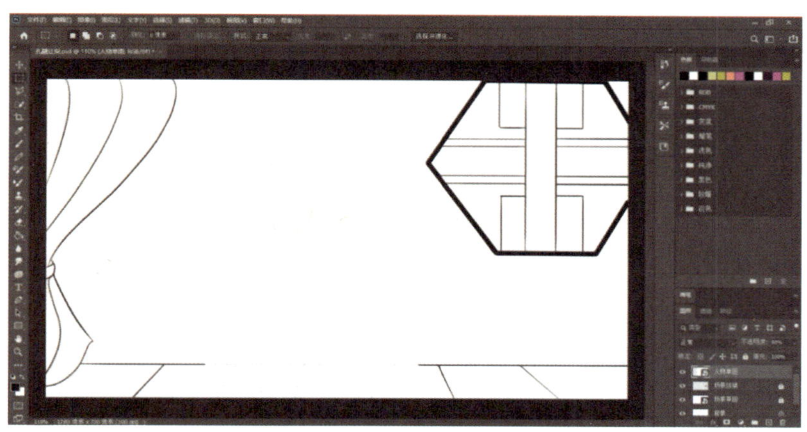

图 3-2-6 “人物草图”图层设置及效果

2. 绘制人物线稿

单击“图层”面板下方的“创建新组”按钮，命名为“人物 1”，再在组中新建图层，将其命名为“人物头像 1 线稿”。在工具箱中选择“画笔工具”，用数位板画出左侧人物头像线稿，如图 3-2-7 所示。

3. 完成其余部分

重复上述步骤，完成人物身体 1 线稿、人物头像 2 线稿、人物身体 2 线稿的绘制，单击“人物草图”图层前的“眼睛”图标取消勾选，隐藏图层，如图 3-2-8 所示。“人物线稿”绘制效果如图 3-2-9 所示。

图 3-2-7 “人物头像 1 线稿”绘制效果

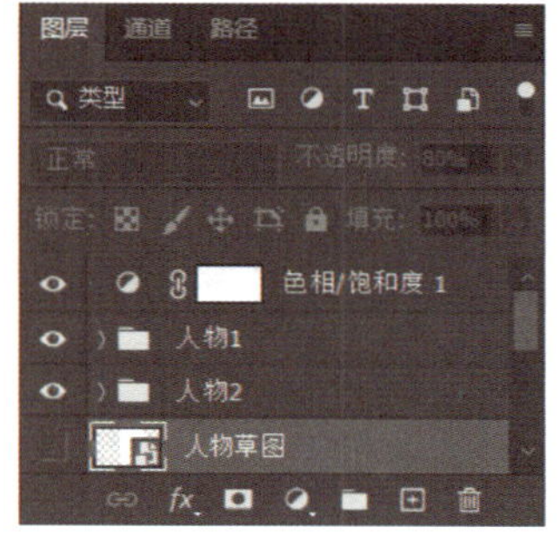

图 3-2-8 “人物草图”图层设置

图 3-2-9 “人物线稿”绘制效果

四、背景上色

1. 给窗帘上色

新建图层，将图层命名为“场景颜色”，并将其移动到“场景线稿”图层的下方，单击工具箱中的“设置前景色”按钮，弹出“拾色器（前景色）”对话框，如图 3-2-10 所示，设置前景色为粉色（R：246，G：146，B：120），单击“确定”按钮。在工具箱中选择“油漆桶工具”，给窗帘上色，如图 3-2-11 所示。

图 3-2-10 “拾色器（前景色）”对话框

图 3-2-11 窗帘上色效果

2. 给窗户、墙面、地面上色

重复上述步骤，分别为窗户填充蓝灰色（R：194，G：220，B：245）、墙面填充黄色（R：238，G：210，B：148）、地面填充棕色（R：148，G：97，B：69），如图 3-2-12 所示。

图 3-2-12　场景上色效果

3. 绘制挂画

新建图层，将图层命名为“挂画”，在工具箱中选择“钢笔工具”，绘制出画框，按“Ctrl+Enter”组合键，变成选区后选择“油漆桶工具”，用灰色（R：212，G：170，B：149）为挂画填充颜色，如图 3-2-13 所示。以同样方式用“钢笔工具”绘制山峰，如图 3-2-14 所示，并为其填充绿色（R：77，G：140，B：86），场景最终效果如图 3-2-15 所示。

图 3-2-13　使用“钢笔工具”绘制挂画

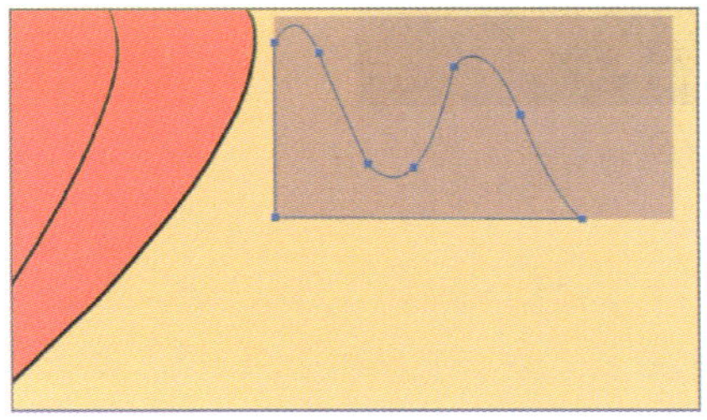

图 3-2-14　使用“钢笔工具”绘制山峰

图 3-2-15　场景最终效果图

五、给人物上色

操作演示

1. 新建图层，将图层命名为“人物头像 1 上色”，并将其移动到“人物头像 1 线稿”图层的下方，单击工具箱中的“设置前景色”按钮，弹出“拾色器（前景色）”对话框，如图 3-2-16 所示，设置前景色为褐色（R：112，G：85，B：85），单击“确定”按钮。在工具箱中选择“油漆桶工具”，给头发、眼睛上色。再单击“快速选择工具”按钮，选中头发部分，如图 3-2-17 所示，选择“画笔工具”，参数设置如图 3-2-18 所示。选择浅棕色（R：156，G：108，B：108），用数位板在头发上方和眼睛上方勾画线条绘制出渐变效果，最后选择深棕色（R：105，G：62，B：62），在头发外围使用“画笔工具”画出立体效果，如图 3-2-19 所示。

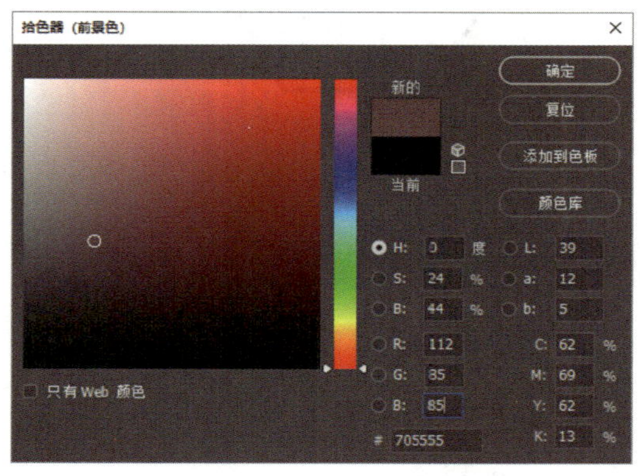

图 3-2-16　“拾色器”对话框

图 3-2-17　“快速选择工具”效果

2. 单击“油漆桶工具”，选择浅蓝色（R：158，G：198，B：236）、深蓝色（R：90，G：141，B：191），为发带上色，选择肉色（R：244，G：211，B：211）为脸上色，选择粉色（R：247，G：176，B：176），使用“画笔工具”在眼睛和耳朵处画出

图 3-2-18　画笔设置

图 3-2-19　头发立体效果

立体效果，选择白色（R：255，G：255，B：255）为眼睛、牙齿上色，选择粉色（R：249，G：120，B：189）为嘴巴上色。效果如图 3-2-20 所示。

3. 依次新建图层，分别命名为“人物身体 1 上色”“人物头像 2 上色”“人物身体 2 上色”。参考步骤 1、2 进行上色，左侧人物衣服为蓝色（R：157，G：191，B：224）、深蓝色（R：96，G：143，B：194）、白色（R：255，G：255，B：255）；右侧人物衣服为紫色（R：157，G：160，B：224）、深紫色（R：65，G：69，B：162）。

4. 参考上述头发立体上色方式，选择深黄色（R：255，G：217，B：139）为梨子上色。单击“快速选择工具”按钮，选中梨子部分，使用“画笔工具”，用浅黄色（R：255，G：194，B：79）在梨子上方画出立体效果，完成后的效果如图 3-2-21 所示。

图 3-2-20　人物头像 1 上色效果

图 3-2-21　人物上色效果图

5. 选中“场景颜色”图层，单击“快速选择工具”按钮，选中地板部分，选择深棕色（R：122，G：84，B：69），用“画笔工具”在地面画出窗帘和人物的阴影，用同样方法选择黄灰色（R：176，G：152，B：99）在墙面画出阴影。完成后的效果如图 3-2-22 所示。

图 3-2-22　最终上色效果图

六、添加文字

1. 单击工具箱中的“设置前景色”按钮，弹出“拾色器（前景色）”对话框，设置前景色为黄色（R：68，G：54，B：7），单击“确定”按钮。

2. 单击工具箱中的“直排文字工具”按钮，在工具选项栏中设置字体为“华文行楷”，字体大小为“18 点”，字形为“浑厚”，顶对齐文本，如图 3-2-23 所示，输入汉字“孔融让梨”。将字体大小改为“5.3 点”，输入段落“《三字经》中有‘融四岁，能让梨’，指孔融小时候就知道把大个的梨给哥哥吃的故事，告诉我们要懂得遵守公序良俗。”按“Ctrl+T”组合键将文字和段落调整到图示位置，效果如图 3-2-24 所示。

图 3-2-23　文字设置

图 3-2-24　文字效果图

七、制作印章

1. 绘制印章边框

新建图层并命名为“传统文化印章”，在工具箱中单击“矩形工具”按钮，按住“Shift”键同时按鼠标左键在画布上拖动，绘制出一个正方形，填充红色（R：255，G：0，B：0）。再绘制一个正方形，填充为无颜色，描边为大小 1 像素的白色。

2. 输入印章文字

设置前景色为白色（R：255，G：255，B：255），单击工具箱中的“横排文字工具”按钮，在工具选项栏中设置字体为“HGXK_CNKI”，字体大小为“5.5 点”，字形为“浑厚”，左对齐文本，输入汉字“传统文化”，按“Ctrl+T”组合键将文字调整到图示位置。选中文字图层和印章边框图层，单击鼠标右键，在快捷菜单中选择“栅格化”，按住“Shift”键选中印章边框和文字图层，单击鼠标右键，选择“合并图层”，最终效果如图 3-2-25 所示。

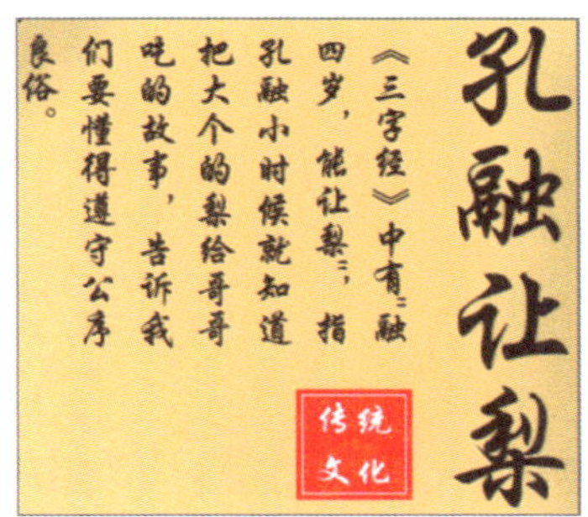

图 3-2-25 印章初步效果图

3. 处理印章边框线

选中合并后的“传统文化印章”图层，单击“滤镜”中的“滤镜库”，在“画笔描边”中选择“喷溅”，参数设置如图 3-2-26 所示。印章最终效果如图 3-2-27 所示。

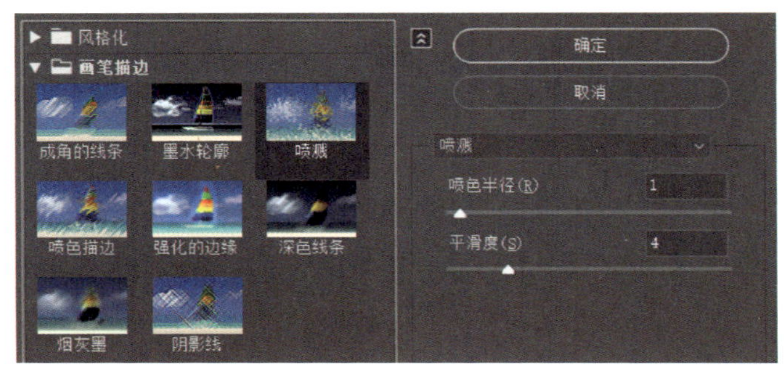

图 3-2-26 滤镜设置

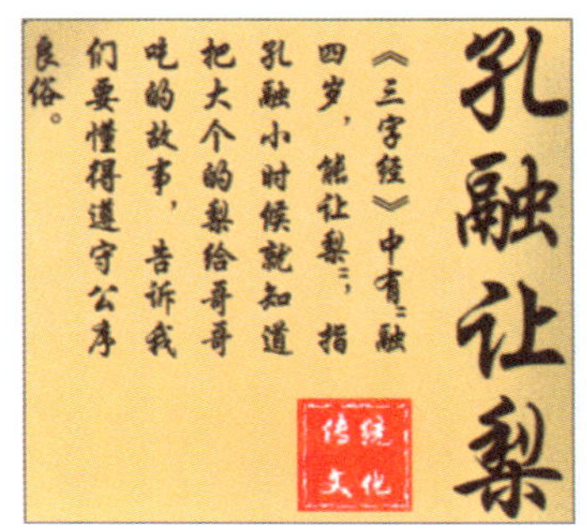

图 3-2-27 印章最终效果图

八、检查图像，调整细节

单击“图层”面板下方的“创建新的填充或调整图层”按钮，在弹出的菜单中选择“色相/饱和度”选项，再在打开的“色相/饱和度”对话框中设置参数，如图 3–2–28 所示，完成后的最终效果如图 3–2–1 所示。最后，保存图像文件，关闭图像文件后退出 Photoshop 软件。

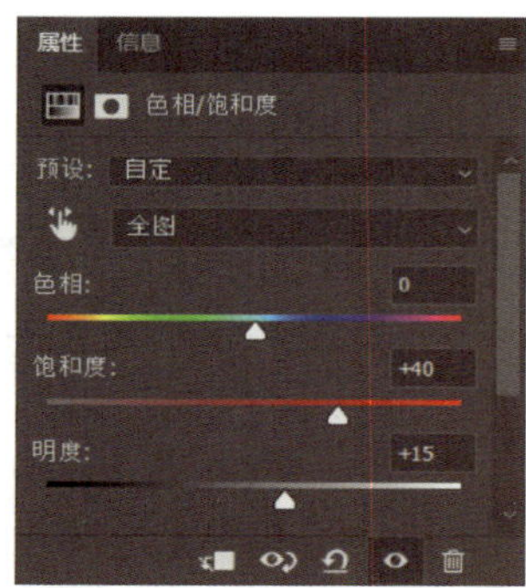

图 3–2–28 “色相 / 饱和度”对话框

1. 绘制不同的部分，需要建立对应的图层，并将图层命名为对应的名称，分类放入对应的组中，以便出错后快速找到错误之处并进行修改。

2. 在图层面板中，“线稿”图层一直是最上面的一层，创建的所有其他图层都需要放在它的下方。

3. 在使用“多边形套索工具”创建选区时，按住“Shift”键，可以在水平、垂直或 45° 方向上绘制直线，按“Delete”键可以删除最近绘制的直线。

任务 3　唯美古风商业插画绘制

1. 能操作数位板，运用“画笔工具”绘制场景和人物线稿。
2. 能使用“钢笔工具”和蒙版绘制窗户。
3. 能使用“快速选择工具”及“画笔工具”上色，突出立体感。
4. 能使用“圆角矩形工具”“椭圆工具”。
5. 能使用图层的“混合模式”增加立体、发光、投影等效果。

近年来，随着中华优秀传统文化的传承与发展，“古风”一词频繁出现在人们的视野里，古风插画也深受人们喜爱。旗袍已成为象征民族风尚、凝聚历史传统的社交礼服。某服装店为宣传旗袍这类商品，需绘制一幅唯美古风商业插画，效果如图 3-3-1 所示。插画的线稿主要以古风的人物与场景造型为主。

本次任务需要综合运用“画笔”“油漆桶”“快速选择”“钢笔”“圆角矩形”“椭圆”等工具，首先绘制场景，然后绘制人物线稿并上色，最后进行文字设计。

图 3-3-1　唯美古风商业插画

一、常用蒙版

Photoshop 中常用的蒙版有四种：快速蒙版、图层蒙版、剪贴蒙版、矢量蒙版。总的来说，其作用是通过控制图像的显示或隐藏达到设计中所需的效果。

1. 快速蒙版

快速蒙版在左侧工具箱里，快捷键为“Q”。它的作用是通过用黑、白、灰三类颜色画笔来制作选区，白色画笔画出被选择区域，黑色画笔画出不被选择区域，灰色画笔画出半透明选择区域。

2. 图层蒙版

图层蒙版在图层面板下方，与“橡皮擦工具”效果相似，它也可以把图片擦掉，与“橡皮擦工具”不同的是，它还可以把擦掉的地方还原。

3. 剪贴蒙版

执行菜单栏“图层”中的“创建剪贴蒙版”命令可创建剪贴蒙版。它用一个形状作为蒙版遮盖其他图稿，操作者只能看到蒙版形状内的区域，从效果上来说，就是将图稿裁剪为蒙版的形状。其使用方法是，按住“Alt”键，将鼠标指针放在两个图层之间，当其形状改变时单击。

4. 矢量蒙版

执行菜单栏“图层”中的“矢量蒙版”命令可启用矢量蒙版。它可以保证原图不受损，随时用“钢笔工具”修改形状，并且形状无论拉大多少，都不会失真。其使用方法是通过路径控制图像的显示区域，但是仅能用于当前图层（大多用于抠图）。

二、图层混合模式

图层混合模式在图层面板中。单击“图层”，调出图层面板，然后选择任意一个图层，就可在图层面板上方看到一个默认名为“正常”的模式，单击选项框，弹出的下拉列表即为混合模式的选项，可以根据需要选中特定的混合模式。

图层混合模式有变暗、正片叠底、颜色加深、线性加深、变亮、滤色、色相、饱和度等，它们可以产生迥异的合成效果。

一、新建图像文件

新建图像文件，设置文档宽度为 1 200 像素，高度为 1 920 像素，分辨率为 300 像素 / 英寸，颜色模式为 RGB 颜色、8 位，背景为白色。设置好参数后，单击“确定”按钮。

二、绘制场景

1. 绘制背景

（1）新建图层，将图层命名为“红色背景”，设置前景色为深红色（R：135，G：13，B：7），选择工具箱中的“矩形工具”，绘制出一个深红色矩形，选择文件所在图层，按“Ctrl+T”组合键，缩放至将画布整体覆盖，完成后的效果如图 3–3–2 所示。

（2）再绘制一个同样大小、颜色为米白色（R：238，G：239，B：225）的矩形，如图 3–3–3 所示。再绘制一个同样大小、颜色为淡绿色（R：181，G：219，B：212）的矩形，参数设置如图 3–3–4 所示，在填充栏单击“渐变”，选择“前景色到透明渐变”，选择“线性”并将角度调整为“–50”，将淡绿色矩形做出渐变效果，如图 3–3–5 所示。在图层栏中同时选中两个矩形，单击鼠标右键，在弹出的快捷菜单中选择“合并形状”，将图层命名为“渐变背景”并移动到“红色背景”图层上方，最终效果如图 3–3–6 所示。

图 3–3–2　“红色背景”绘制效果

图 3–3–3　米白色矩形绘制效果

图 3–3–4　渐变设置参数

图 3–3–5　淡绿色矩形渐变效果

图 3–3–6　渐变背景效果

2. 用数位板绘制白云

（1）新建图层，将其命名为“白云线稿 1”。在工具箱中选择“画笔工具”。将前景色设置为白色（R：255，G：255，B：255），先用数位板画白云线稿 1，效果如

图 3–3–7 所示，再新建一个图层，将其命名为“白云上色 1”并移动至线稿图层下方，在工具箱中选择“油漆桶工具”，为其填充白色。最后，为其添加矢量蒙版，用“画笔”画出若隐若现的视觉效果，如图 3–3–8 所示。

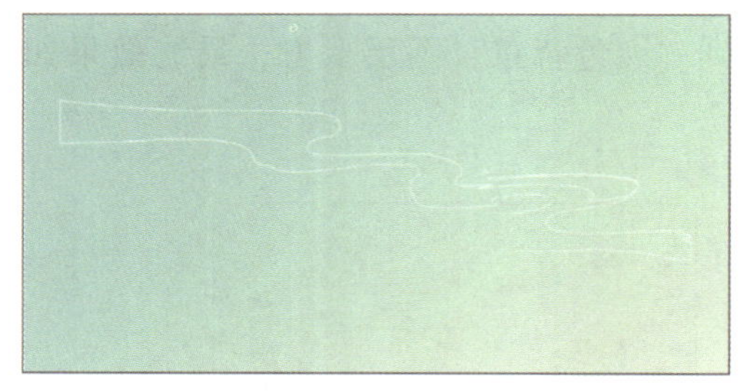
图 3–3–7 白云线稿 1 绘制效果

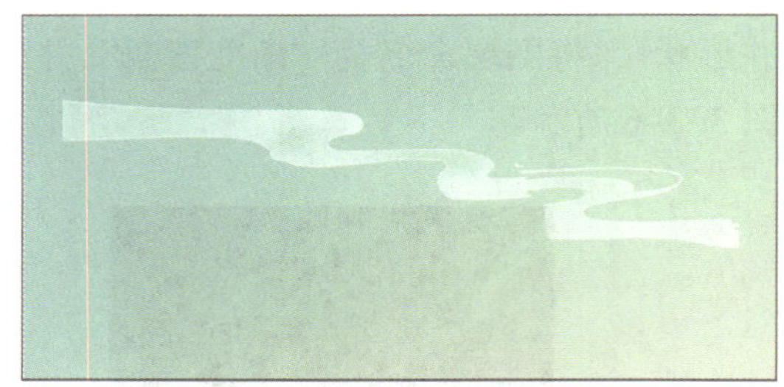
图 3–3–8 白云上色 1 效果图

（2）参照上述步骤，绘制出“白云线稿 2”图层和“白云上色 2”图层，新建图层组并命名为“白云”，将以上 4 个图层移动至组中，选中当前组，按“Ctrl+T”组合键，将白云图案缩放后置于画面适当位置，效果如图 3–3–9 所示。

图 3–3–9 白云绘制效果

3. 绘制太阳

新建图层并命名为“太阳”，设置前景色为淡红色（R：226，G：150，B：126），在工具箱中选择“椭圆工具”，按住“Shift”键在画面右上方位置绘制一个正圆。在填充栏单击“渐变”，选择“前景色到透明渐变”，选择“线性”并将角度调整为“–90”，效果如图 3–3–10 所示。

4. 用矩形工具、椭圆工具绘制窗户

（1）新建图层组并命名为“窗户”，在组中新建图层，将其命名为“窗户左侧花纹”。设置前景色为蓝色（R：86，G：117，B：212），在工具箱中选择“矩形工具”，在画面左侧绘制窗户花纹，如图 3–3–11 所示。

（2）选中“窗户”图层，单击鼠标右键，在弹出的快捷菜单中选择“混合选项”，在弹出的对话框中勾选“渐变叠加”并参考图 3–3–12 设置各项参数。单击“投影”，并参考图 3–3–13 设置各项参数，单击“确定”按钮。添加图层蒙版，以“椭圆工具”为基准，用“画笔工具”将其左侧边缘修理整齐，窗户左侧花纹绘制效果如图 3–3–14 所示。

（3）复制窗户左侧花纹图层，将其命名为“窗户右侧花纹”，按“Ctrl+T”组合键，单击鼠标右键，在弹出的快捷菜单中选择“水平翻转”，再将图像平移到右侧合适的位

图 3-3-10　绘制太阳

图 3-3-11　绘制窗户花纹

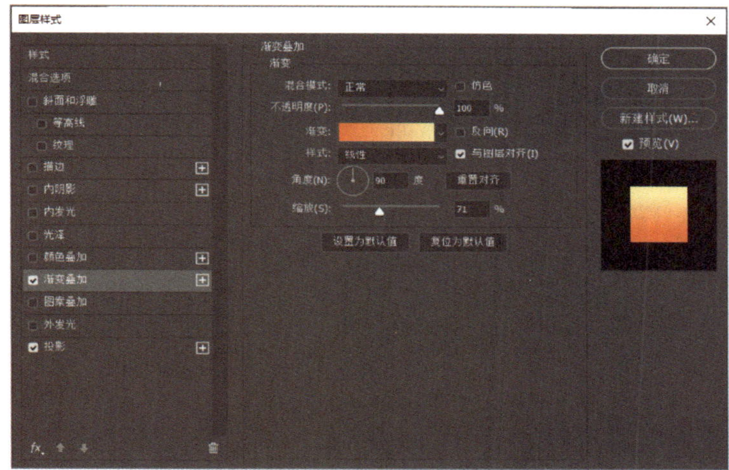

图 3-3-12 “渐变叠加”参数设置

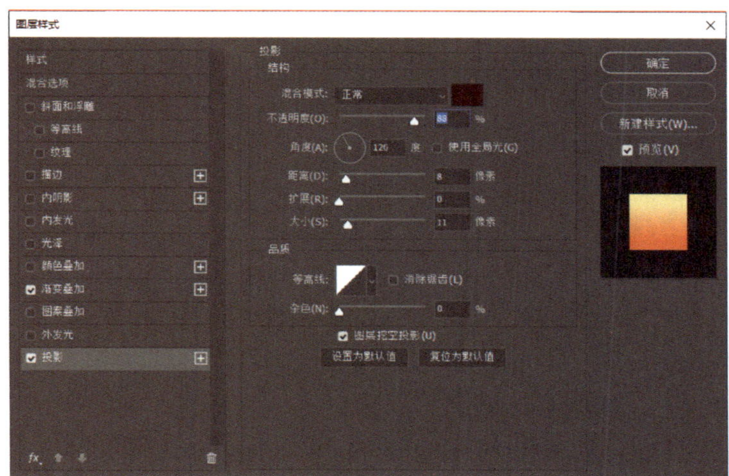

图 3-3-13 “投影”参数设置

置。窗户花纹最终效果如图 3-3-15 所示。

图 3-3-14 “窗户左侧花纹”绘制效果

图 3-3-15 “窗户花纹”最终效果

（4）新建图层并命名为“窗户边框”，选择“椭圆工具”，在如图 3-3-16 所示位置绘制窗户外框，并参考窗户花纹效果设置方式为其添加渐变和立体效果。复制图层并移动到“窗户边框”图层下方，按“Ctrl+T”组合键，缩放后置于画面适当位置，窗户最终效果如图 3-3-17 所示。

图 3-3-16 窗户外框绘制效果

图 3-3-17 窗户最终效果

5. 绘制祥云

（1）新建图层，将其命名为“祥云线稿”。在工具箱中选择“画笔工具”，前景色设置为白色（R：255，G：255，B：255），用数位板画祥云线稿，效果如图 3-3-18 所示。

（2）新建一个图层，将其命名为“祥云上色”并移动至“祥云线稿”图层下方，在工具箱中选择“油漆桶工具”，用中黄色（R：251，G：223，B：125）为其填充颜色。再单击“快速选择工具”按钮，选中祥云部分，选择“画笔工具”，设置“画笔工具”选项框参数如图 3–3–19 所示。

图 3–3–18　祥云线稿绘制效果

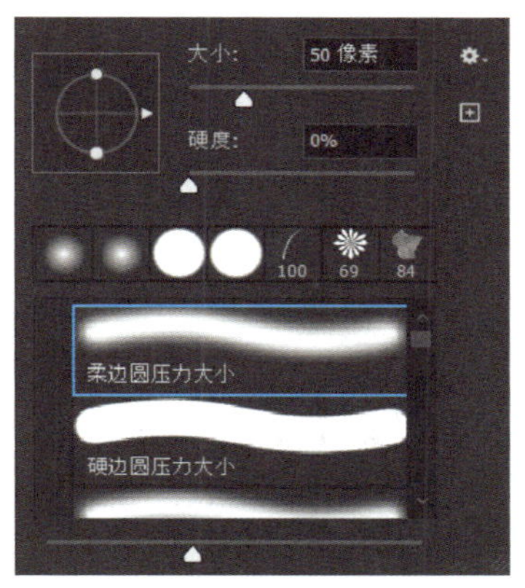

图 3–3–19　“画笔工具”选项设置

（3）选择浅黄色（R：242，G：239，B：196），用数位板在祥云上方画出渐变效果，再为其添加矢量蒙版，用“画笔工具”画出若隐若现的视觉效果，如图 3–3–20 所示。

图 3–3–20　祥云上色效果图

6. 设置背景效果

（1）选中“渐变背景”图层，为其添加矢量蒙版，用“画笔工具”画出如图 3–3–21 所示的视觉效果。

（2）在“渐变背景”图层上方新建图层并命名为“发光”，设置前景色为橙色（R：242，G：154，B：1），选择“画笔工具”，单击鼠标右键，调整画笔大小，在背景下方绘制出如图 3–3–22 所示效果。最后，新建图层组并命名为“背景”，将以上全部背景图层移至组中。

图 3-3-21 蒙版绘制效果

图 3-3-22 发光效果

三、绘制人物线稿及上色

1. 设置人物草图图层

（1）隐藏“背景”图层组，单击“图层”面板下方的“创建新组”按钮，命名为“人物”，在组中新建图层，将图层命名为“人物草图”，将素材文件夹中的“人物草图 .jpg”文件拖入新建图层里。

（2）选择文件所在图层，按“Ctrl+T”组合键，将其缩放在画面适当位置，并将“人物草图”图层的“不透明度”设置为“80%”，完成后的效果如图 3-3-23 所示。

图 3-3-23 “人物草图”图层设置及效果

2. 绘制人物线稿

（1）在“人物”图层组中新建图层，将其命名为“人物头像线稿”。在工具箱中选择“画笔工具”，用数位板画出左侧人物头像线稿，如图 3-3-24 所示。

（2）重复上述步骤，完成“人物手 1 线稿”“人物手 2 线稿”“衣服线稿”的绘制，并隐藏“人物草图”图层。“人物线稿”绘制效果如图 3-3-25 所示。

图 3-3-24 “人物头像线稿”绘制效果

图 3-3-25 “人物草图”绘制效果

3. 人物上色

（1）新建图层，命名为“人物头像上色”，并将其移动到“人物头像线稿”图层的下方。设置前景色为浅白色（R：255，G：241，B：232），在工具箱中选择“油漆桶工具”，给人物面部上色。

（2）单击“快速选择工具”按钮，选中脸部，选择肉色（R：252，G：216，B：193），用“画笔工具”在数位板上为脸部边缘和眼睛周围画出立体效果。

（3）选择浅棕色（R：119，G：110，B：96）、深棕色（R：79，G：78，B：77），在头发、眉毛、眼睛部分使用“画笔工具”和数位板画出立体效果，选择白色（R：255，G：255，B：255）为眼白部分上色。

（4）选择桃红色（R：234，G：103，B：115）为嘴巴和眼影填充颜色，选择浅蓝色（R：154，G：216，B：216）为耳环上色，头像上色最终效果如图 3-3-26 所示。

（5）依次新建图层，分别命名为“人物身体 1 上色”“人物头像 2 上色”“人物身体 2 上色”。参考步骤（1）进行上色。人物衣服颜色为浅蓝色（R：144，G：201，B：219）、深蓝色（R：98，G：152，B：201）。领口颜色为钴蓝色（R：99，G：122，B：192）。衣服荷叶图案、手镯颜色为浅绿色（R：171，G：217，B：168）、深绿色（R：120，G：189，B：116）。荷花颜色为浅粉色（R：247，G：177，B：213）、深粉色（R：231，G：134，B：173）。最后用白色（R：255，G：255，B：255）为珍珠项链填充颜色。最终完成上色效果如图 3-3-27 所示。

图 3-3-26　头像上色效果

图 3-3-27　人物上色效果图

四、文本设计

1. 设计“春夏上新　国潮当道”文本

操作演示

（1）设置前景色为淡黄色（R：255，G：224，B：192），单击工具箱中的“横排文字工具”按钮，在工具选项栏中设置字体为“华文隶书”，字体大小为“28 点”，样式为“平滑”，对齐方式为“左对齐”，如图 3-3-28 所示。

（2）输入汉字“春夏上新　国潮当道”。选中当前文字图层，单击鼠标右键，选择“混合选项”，在弹出的对话框中单击“内发光”并参考图 3-3-29 设置各项参数。

图 3-3-28　文字设置

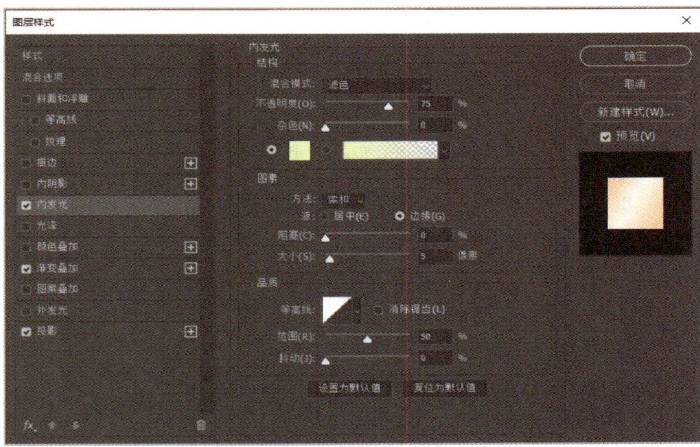

图 3-3-29　“内发光”参数设置

（3）单击“渐变叠加”并参考图 3–3–30 设置各项参数。再单击“投影”并参考图 3–3–31 设置各项参数。按“Ctrl+T”组合键将文字移到图示位置，文字效果如图 3–3–32 所示。

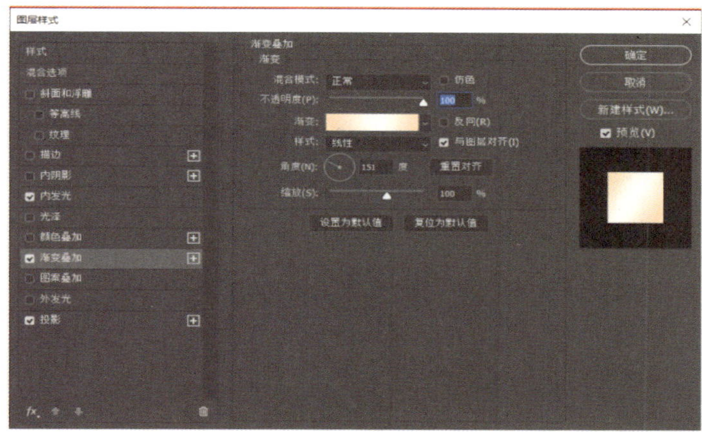

图 3–3–30　“渐变叠加”参数设置

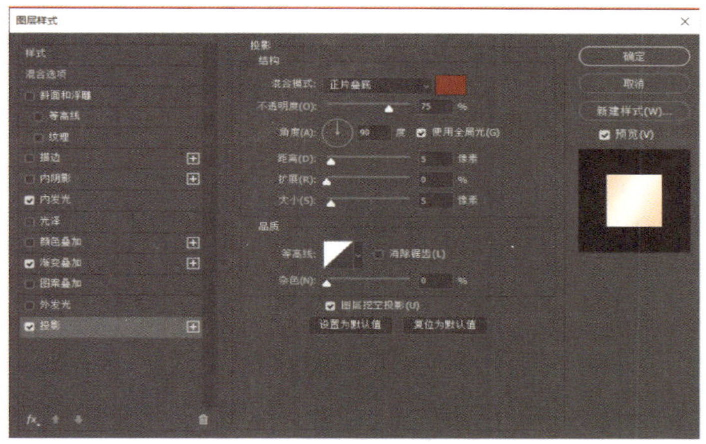

图 3–3–31　“投影”参数设置

图 3–3–32　文字效果图

2. 制作“全场低至 5 折”文本

（1）新建图层，将图层命名为“形状 1”，设置前景色为墨绿色（R：15，G：75，B：75），选择工具箱中的“圆角矩形工具”，绘制出形状，选择形状所在图层，按

“Ctrl+T”组合键，调整其大小和位置。

（2）选中当前图层，单击鼠标右键，选择“混合选项”，在弹出的对话框中先单击“斜面和浮雕”并参考图 3–3–33 设置各项参数，再单击“渐变叠加”并参考图 3–3–34 设置各项参数。按“Ctrl+T”组合键，将文字移动到图示位置，完成后的效果如图 3–3–35 所示。

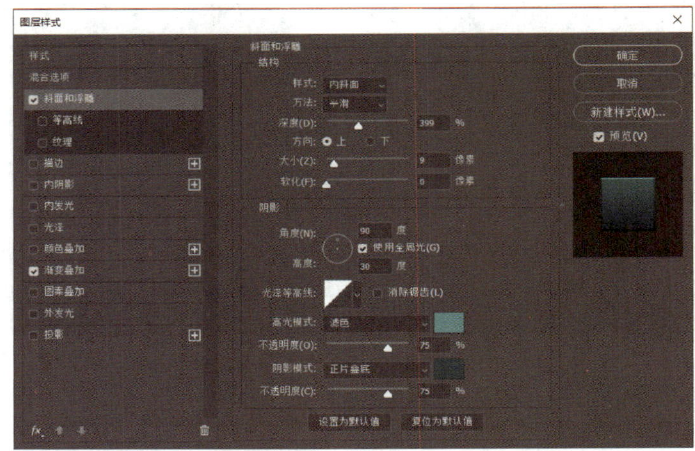

图 3–3–33 “斜面和浮雕”参数设置

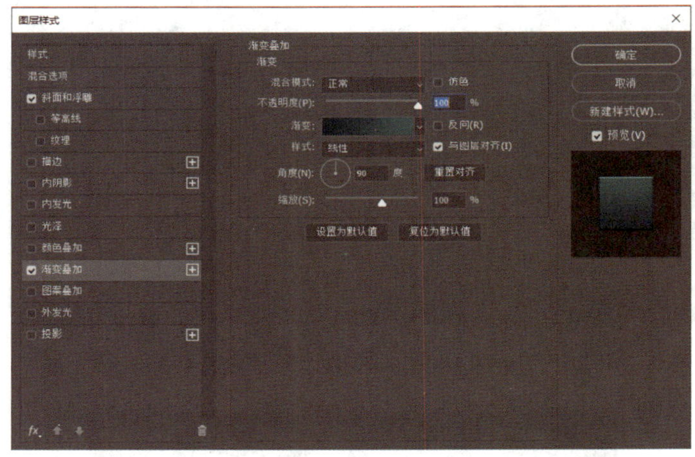

图 3–3–34 “渐变叠加”参数设置

图 3–3–35 形状效果图

（3）重复步骤（2），在“形状 1”图层下方新建图层并再绘制一个圆角矩形，在属性面板中设置形状填充类型为“无颜色”，设置形状描边类型为“渐变色 - 橙色 01”、10 像素，具体参数如图 3–3–36 所示。参考步骤（2）为其添加“斜面和浮雕”效果，具体参数如图 3–3–37 所示，效果如图 3–3–38 所示。最后，参考步骤（1）输入“全场低至 5 折”字样，字体设为“黑体”，字体大小为“12 点”，最终效果如图 3–3–39 所示。

图 3–3–36　形状属性参数设置

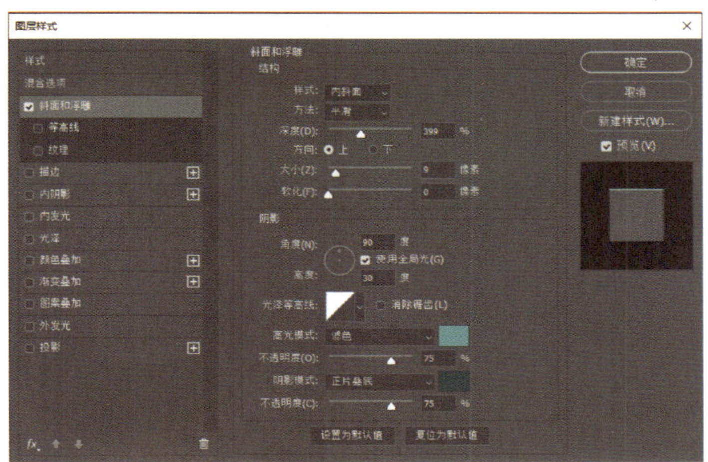
图 3–3–37　“斜面和浮雕”参数设置

图 3–3–38　形状边框效果图

图 3–3–39　文字形状最终效果图

3. 制作“前 100 名半价抢购”等文本

参考前面的步骤，选择“圆角矩形”“椭圆”等工具绘制如图 3–3–40 所示的形状，形状颜色分别为：红色（R：175，G：39，B：31）、黄色（R：255，G：212，B：159）。最后调整字体大小后分别输入文本“到手价”“￥288”“前 100 名半价抢购！”“活动时间：6 月 18 日 0 点开抢”，文本颜色分别为：黄色（R：255，G：221，B：185）、淡黄色（R：255，G：224，B：192）、红色（R：154，G：25，B：17）。最终效果如图 3–3–41 所示。新建图层组并命名为“文本”，将以上文本及形状图层全部移至组中。

五、检查图像，调整细节

仔细检查每一个图层的细节，分别按“Ctrl+T”组合键后调整大小和位置，完成后的插画最终效果如图 3–3–42 所示。

图 3-3-40　形状最终效果图

图 3-3-41　文字形状最终效果图

图 3-3-42　插画最终效果图

1. 绘制人物草图不同元素的大小和位置时，大小尺寸比例要合适，需要及时调整细节部分。

2. 用数位板勾出人物线稿所使用的“画笔工具”的画笔大小要合适，不能太粗。

项目四
广告海报设计

任务 1　大闸蟹户外广告设计

1. 能归纳总结户外广告设计的基本思路。
2. 能综合使用文字、图层等工具设计户外广告的文本效果。
3. 能使用路径操作编辑形状图层，制作电话图标。
4. 能使用链接图层移动多个图层。
5. 能使用栅格化图层将矢量图转换为位图。

户外广告以其视觉冲击性强、发布时间长等明显传播优势，成为众多企业宣传的首选。广告设计师从设计总监处接受一项设计任务，为某农业科技有限公司的大闸蟹产品设计户外宣传广告，使产品能够在众多竞争对手中脱颖而出，大闸蟹是该公司重点打造产品，经过设计师与客户理念的相互磨合，最终达成一致意见，要求利用提供的素材，完成图 4–1–1 所示效果。

本任务将通过介绍户外广告的设计要点和特点、文字信息的处理、图像和图层的编辑等几个方面详细介绍单立柱喷绘类户外广告的一般制作思路和方法。本任务首先制作“大闸蟹”户外广告背景，然后使用“文字工具”制作广告文字，接下来使用路径操作编辑形状图层，制作电话图标，再添加“大闸蟹”及二维码等图片元素，最后制作大闸蟹户外广告效果图。

图 4-1-1 大闸蟹户外广告效果图

一、户外广告设计要点

户外广告发布在城市街道、公路、铁路两侧及建筑物外表、广场等室外公共场所的霓虹灯、广告牌等上面，根据这一特点，其设计要点主要有以下几个方面。

1. 户外广告色彩模式的选择

印刷喷绘类的户外广告在设计时选择 CMYK 颜色模式，打印输出及印刷都采用这种模式。电子类户外广告在设计时选用 RGB 颜色模式，如霓虹灯广告、电子显示屏等，RGB 颜色模式是工业界的一种颜色标准，是目前应用最广的颜色系统之一。电子广告的出现标志着近代广告进入广告发展逐渐成熟的阶段。

2. 户外广告设计尺寸的确定

户外广告设计与其他广告设计相比，具有一定的特殊性，所以户外广告没有具体的尺寸规定，其具体尺寸和分辨率要根据所处的位置、媒体类型以及客户要求来确定。

3. 户外广告中字体的选择

户外广告中字体的使用一定要对比选择，避免使用连笔字或粗细不均的字体，以免影响阅读；如果使用英文字母，应合理运用大小写混合的方式。

4. 户外广告中文字和图形的关系

设计户外广告时要恰当处理文字和图形的主次关系，文字要简明扼要，力求用最少的文字达到最佳的宣传效果。

二、户外广告的特点

户外广告的优点主要有：针对性强、到达率高、视觉冲击力强、长期时效性和反复性好、内容简洁且主题突出、成本较低、表现形式多样化等。其缺点主要有：信息简单、覆盖面小、应用场景和形式等可能会受到法律法规的限制、效果难以精确测评等。

三、栅格化图层

Photoshop 中新建的图层一般为普通图层。除普通图层外，还有几种特殊图层，如使用“文字工具”创建出的文字图层、置入后的智能对象图层、使用矢量工具创建出的形状图层、使用 3D 功能创建出的 3D 图层等。这些特殊图层可以移动、旋转、缩放，但是不能对其内容进行编辑；若要对其进行编辑，则需要先将它们转换为普通图层。

执行“栅格化图层”命令可以将这些特殊图层转换为普通图层。选择需要栅格化的图层，然后执行“图层”→“栅格化”命令，或者在图层调板中右键单击该图层，在弹出的快捷菜单中选择“栅格化图层”命令，如图 4-1-2 所示，将智能对象图层转换为普通图层，效果如图 4-1-3 所示。

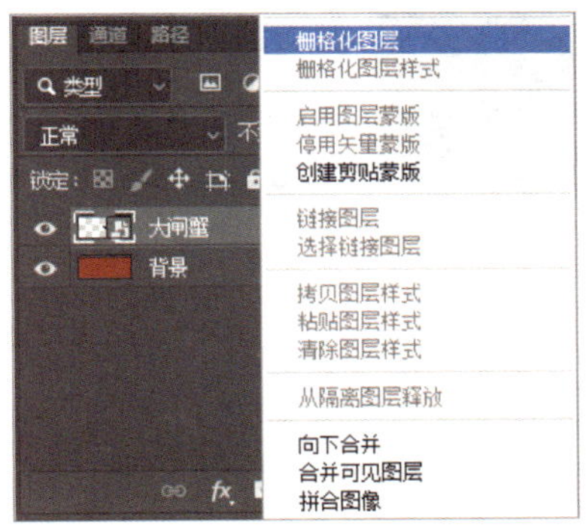

图 4-1-2　“栅格化图层”命令

图 4-1-3　将智能对象图层转换为普通图层

四、链接图层

Photoshop 中经常会用到“链接图层”，“链接图层”就是把几个图层关联起来，以便对链接好的图层进行整体的移动、缩放等操作。在“图层”面板中单击选择某一图层，然后按住“Ctrl”键单击左键选择要链接的图层，最后单击图层调板下方的“链接图层”按钮，如图 4-1-4 所示。再次单击“链接图层”按钮即可取消链接。

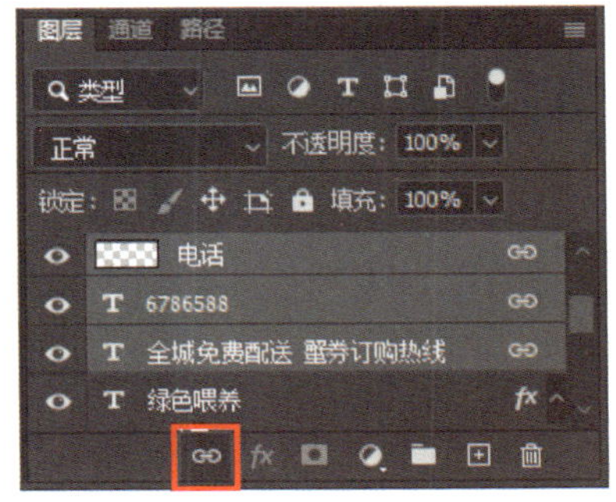

图 4-1-4　链接图层

五、路径操作

在 Photoshop 中，想要制作一些特殊的镂空效果，或想要制作出由几个形状组合在一起的形状或路径，或想要从一个图形中减去一部分图形，都可以使用“路径操作”功能。

在使用“钢笔工具”或“形状工具”以“形状模式”或“路径模式”进行绘制时，在属性栏中就可以看到“路径操作”按钮，单击该按钮，在下拉列表中可以看到路径的操作方式，包括 4 种布尔运算状态、新建图层、合并形状组件 6 个选项，如图 4–1–5 所示。新建图层就是直接在新建的图层绘制形状；合并形状组件是把所有同一个图层中经过运算的形状，合并成新的路径形状；布尔运算中的“合并形状”是指显示两个图形重叠的效果，“减去顶层形状”是指在下层形状中去除顶层形状覆盖的区域，“与形状区域相交”是指显示两个形状重叠的区域，“排除重叠形状”是指两个图形重叠区域显示为空。

图 4–1–5 “路径操作”按钮

具体操作方法为：先绘制一个路径或形状，在工具选项栏中单击“路径操作”按钮，在其下拉菜单中选择一种运算方式，然后绘制另一个形状，即可得到布尔运算结果。路径的运算与形状对象的运算结果是一样的，路径操作方式有以下几种。

1. 新建图层

默认选项为新建图层，自动在新图层中绘制新图形，如图 4–1–6 所示。

2. 合并形状

选中该选项，新绘制的图形将添加到原有的图形中，如图 4–1–7 所示。

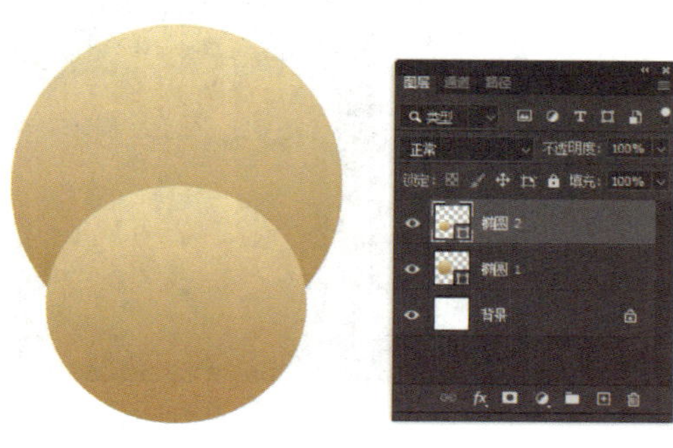

图 4–1–6 新建图层

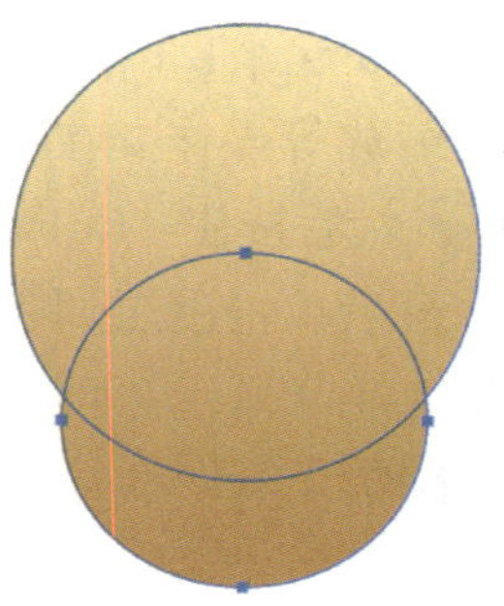

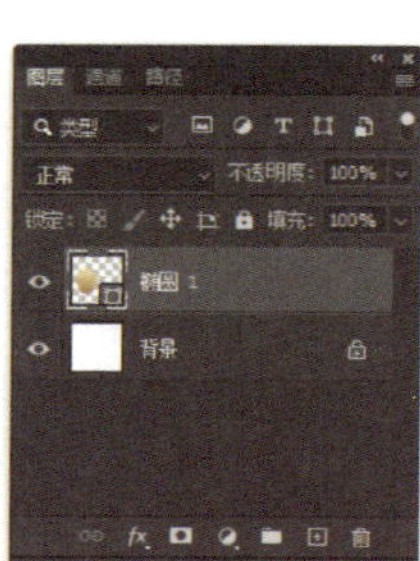

图 4–1–7 合并形状

3. 减去顶层形状

选中该选项，可以从原有的图形中减去新绘制的图形，如图 4–1–8 所示。

4. 与形状区域相交

选中该选项，可以得到新图形与原有图形的交叉区域，如图 4–1–9 所示。

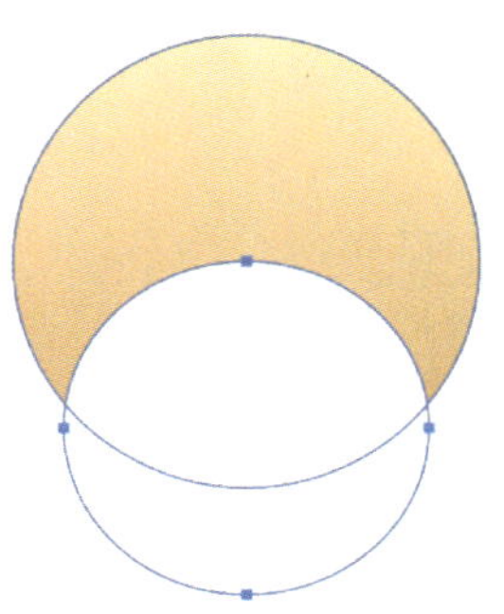
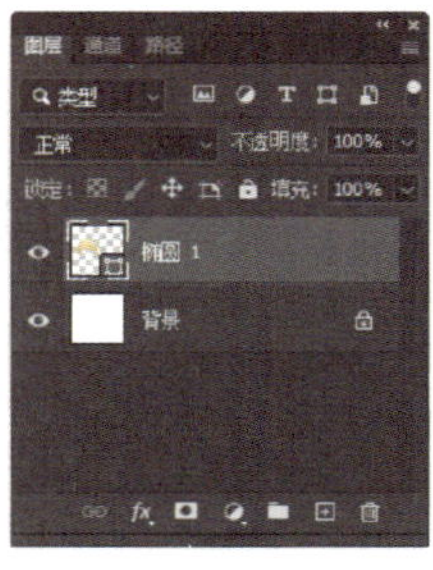

图 4-1-8　减去顶层形状

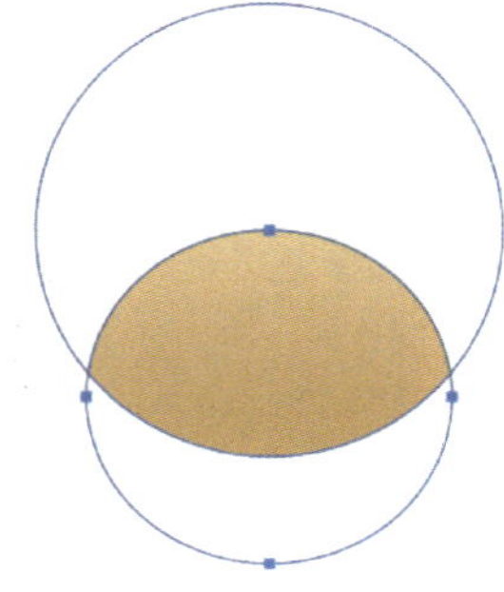
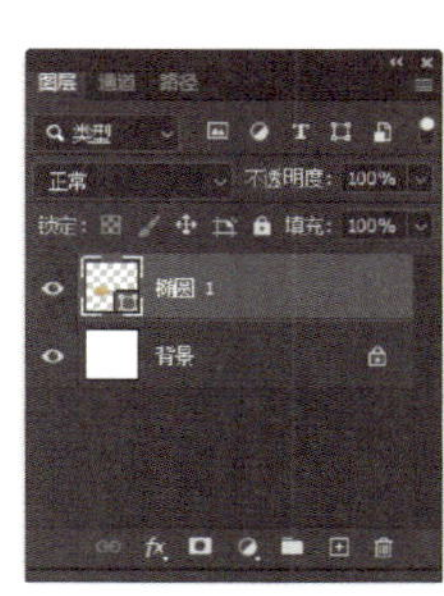

图 4-1-9　与形状区域相交

5. 排除重叠形状

选中该选项，可以得到新图形与原有图形重叠部分以外的区域，如图 4–1–10 所示。

6. 合并形状组件

选中多个路径，再选中该选项，可以将多个路径合并为一个路径，如图 4–1–11 所示。

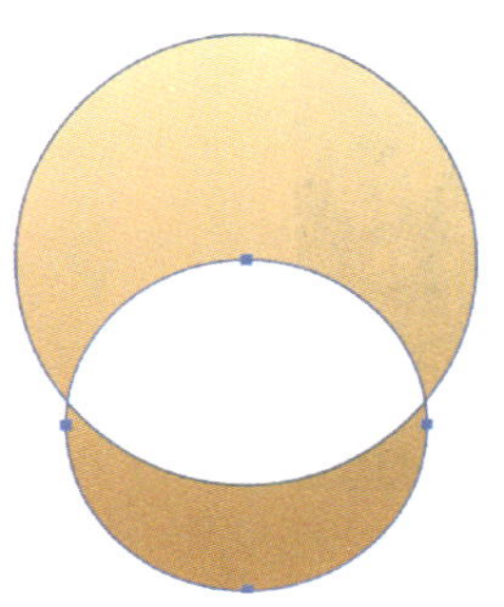
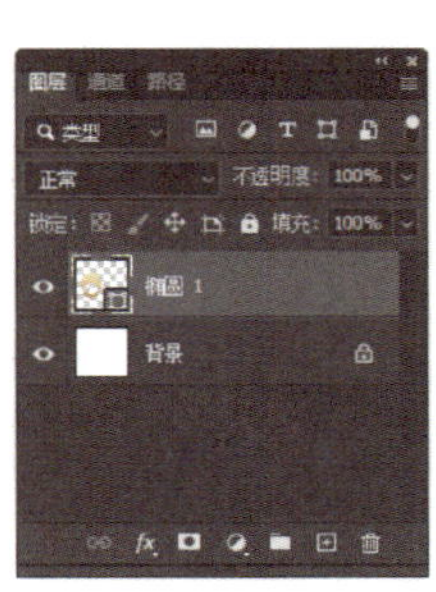

图 4-1-10　排除重叠形状

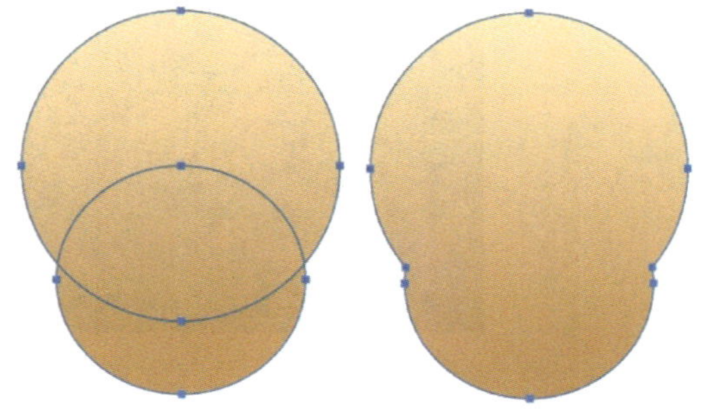

图 4-1-11　合并形状组件

一、制作大闸蟹户外广告背景及文字效果

1. 创建新文档，命名为“大闸蟹户外广告”，设置文档宽度为 1 344 像素，高度为

560 像素，分辨率为 150 像素 / 英寸，其他选项使用默认值，然后单击“创建”按钮。

2. 设置前景色为红色（C：39，M：100，Y：100，K：5），如图 4–1–12 所示，按“Alt+Delete”组合键，使用前景色填充背景，如图 4–1–13 所示。

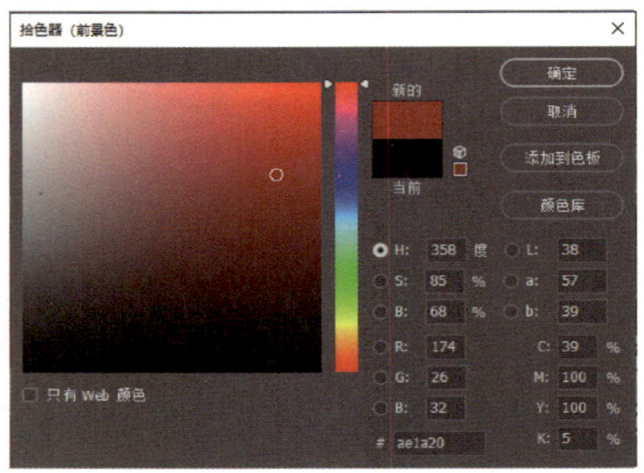

图 4-1-12　设置前景色

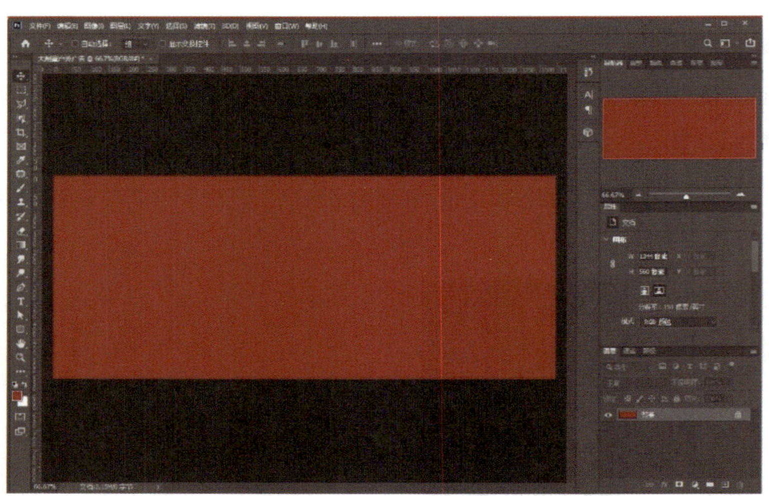

图 4-1-13　填充背景

3. 设置前景色为白色，选择工具箱中的“横排文字工具”，输入文字“大闸蟹”，设置字体为“方正综艺”，大小为“68 点”，调整好字符间距和位置，再使用“横排文字工具”，输入拼音“DAZHAXIE”，大小为“33 点”，调整好字符间距和位置，如图 4–1–14 所示。

4. 在“图层”面板中选中所有“文字”图层，在图层空白位置单击鼠标右键，在快捷菜单中选择“合并图层”命令或按“Ctrl+E”组合键合并图层，如图 4–1–15 所示。按住“Ctrl”键，在“图层”面板中单击图层缩览图，载入文字选区，设置前景色为棕黄色（C：24，M：41，Y：71，K：0），背景色为淡黄色（C：3，M：12，Y：33，K：0），

图 4-1-14　输入产品名称

在工具箱中选择“渐变工具”，在属性栏中选择渐变类型为“线性渐变”，然后单击左侧的渐变条，弹出“渐变编辑器”对话框。在“渐变编辑器”对话框中，“名称”选择“前景色到背景色渐变”，如图 4-1-16 所示，单击“确定”按钮确认操作，然后按住鼠标左键在选区内从左向右拖动，填充渐变色，效果如图 4-1-17 所示，填充完成后，按“Ctrl+D”组合键取消选区。

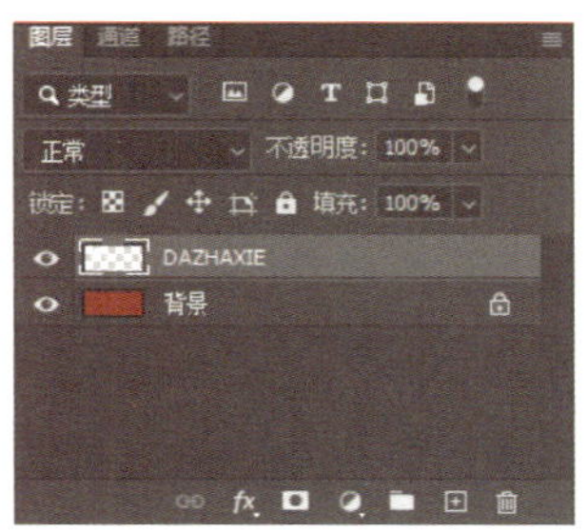

图 4-1-15　合并图层

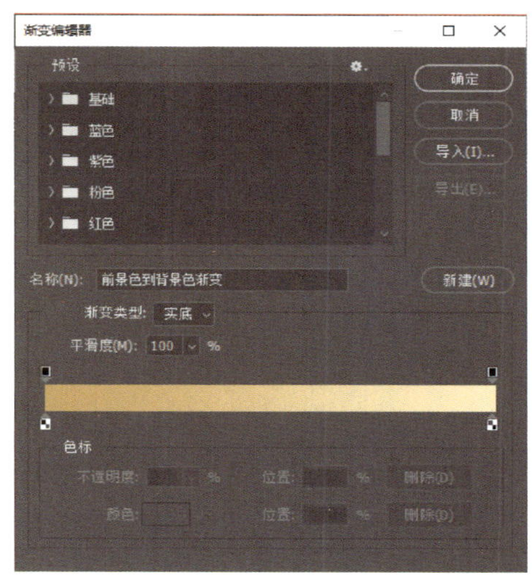

图 4-1-16　编辑渐变色

5. 打开素材文件夹中的素材文件“LOGO.png”，使用“移动工具”将商标图案拖入“大闸蟹户外广告 .psd”窗口中，在“图层”面板中生成“图层 1”，修改图层名称为“LOGO”，如图 4-1-18 所示。按“Ctrl+T”组合键，拖动变形框角端的控制点，调

图 4-1-17 填充渐变色

整好图像的大小和位置，效果如图 4-1-19 所示，按“Enter”键确认调整。

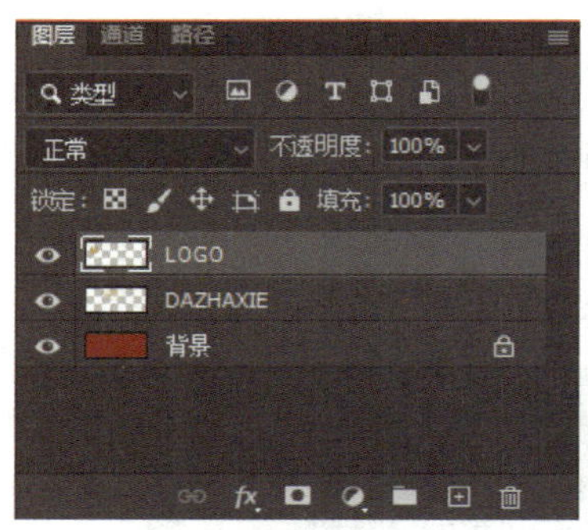

图 4-1-18 将“LOGO”图案拖入“大闸蟹户外广告”

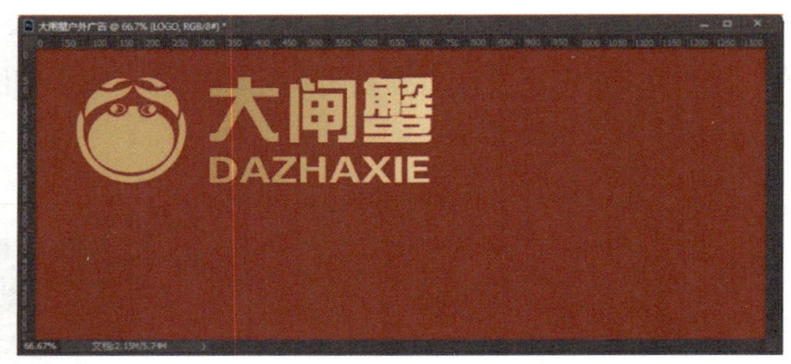

图 4-1-19 调整“LOGO”图案的大小和位置

6. 选择工具箱中的“横排文字工具”，输入文字“十年老店”，设置字体为“方正综艺”，大小为“37 点”，调整好字符间距和位置，如图 4-1-20 所示。在“图层”面板中选中“十年老店”文字图层，在图层空白位置双击鼠标左键，打开图层样式对话框，单击“渐变叠加”，设置渐变颜色，位置 0% 的颜色为棕黄色（C：24，M：41，Y：71，K：0），位置 100% 的颜色为淡黄色（C：3，M：12，Y：33，K：0），角度设置为“0 度”，如图 4-1-21 所示，单击“确定”按钮。

7. 重复上述步骤，制作“绿色喂养”文字图层，效果如图 4-1-22 所示。选择除背景图层外的所有图层，单击图层调板底部“创建新组”按钮，创建图层组 1，如图 4-1-23 所示。

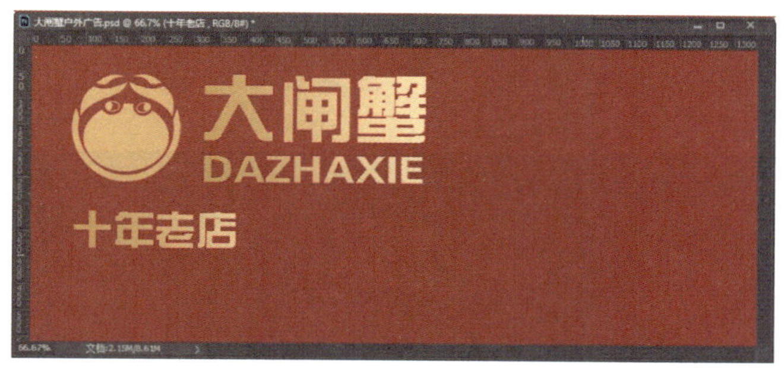

图 4-1-20　输入文字“十年老店”

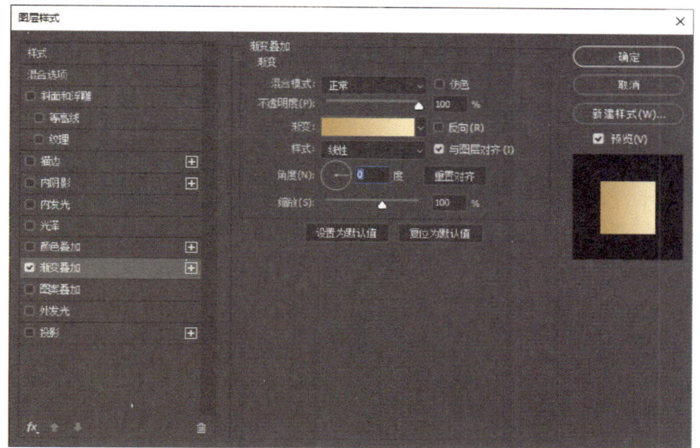

图 4-1-21　设置“渐变叠加”样式

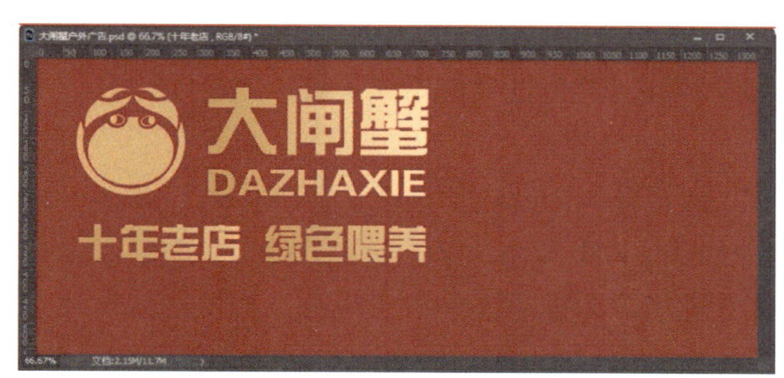

图 4-1-22　制作“绿色喂养”文字图层效果

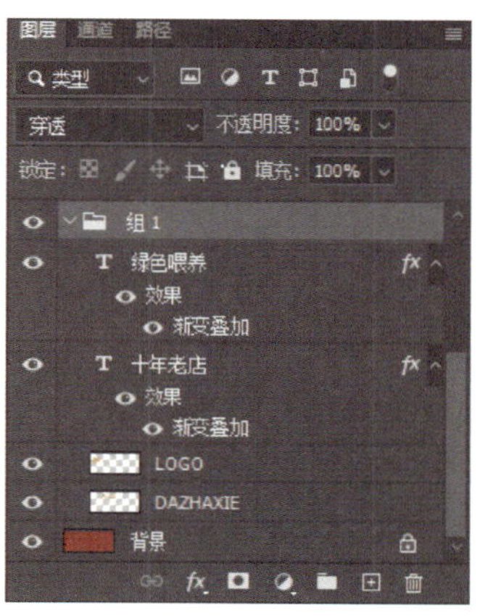

图 4-1-23　创建图层组

8. 设置前景色为棕黄色（C：10，M：23，Y：39，K：0），选择工具箱中的“横排文字工具”，输入文字“全城免费配送　蟹券订购热线”，设置字体为“方正粗宋简体”，大小为“16 点”，调整好字符间距和位置，如图 4-1-24 所示，再使用“横排文字工具”输入电话号码“6786588”，设置字体为“Impact”，大小为“43 点”，调整好字符间距和位置，如图 4–1–25 所示。

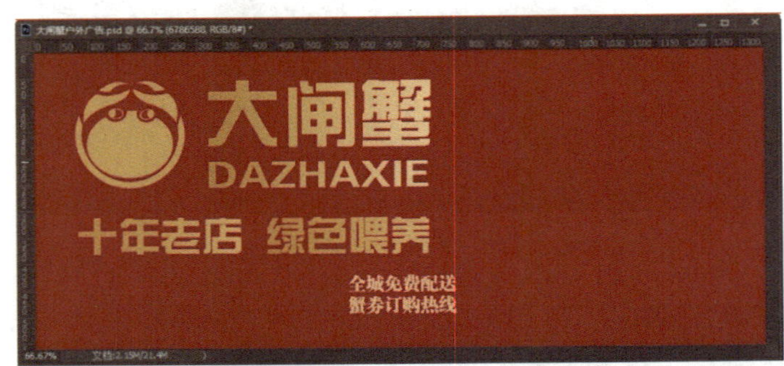

图 4-1-24 输入文字“全城免费配送 蟹券订购热线”

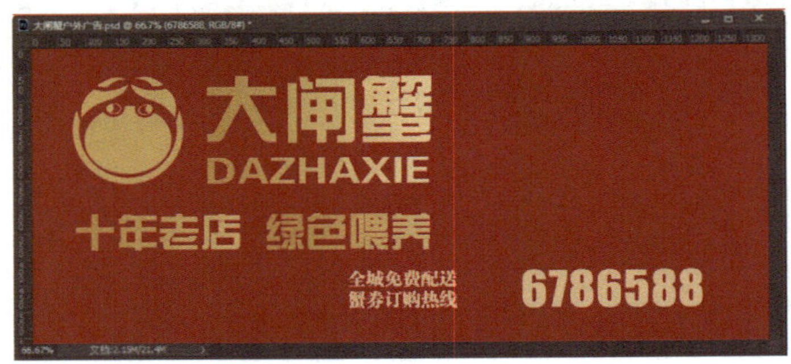

图 4-1-25 添加电话号码

二、制作电话图标

操作演示

1. 执行“文件”菜单中的“新建”命令，或按“Ctrl+N”组合键，在弹出的“新建”对话框中，设置名称为“电话图标”，宽度为 700 像素，高度为 700 像素，分辨率为 150 像素 / 英寸，其他选项使用默认值，然后单击“创建”按钮。

2. 选择工具箱中的“椭圆工具”，在属性栏中选择工具模式为“形状”，填充类型为“渐变”，设置渐变颜色为金黄色（C：24，M：41，Y：71，K：0）、浅黄色（C：3，M：12，Y：33，K：0），如图 4–1–26 所示，无描边，单击“路径操作”按钮，选择“新建图层”，如图 4–1–27 所示，按住“Shift”键不放，绘制一个宽度和高度均为 500 像素的正圆形，如图 4–1–28 所示，单击“路径操作”按钮，选择“合并形状”。重复上述步骤和方法，再绘制一个宽度和高度均为 400 像素的正圆形，使两圆同心，如图 4–1–29 所示，执行“路径操作”下拉菜单下“减去顶层形状”命令，或者直接单击右侧“属性”面板中“路径操作”下的“减去顶层形状”，如图 4–1–30 所示。

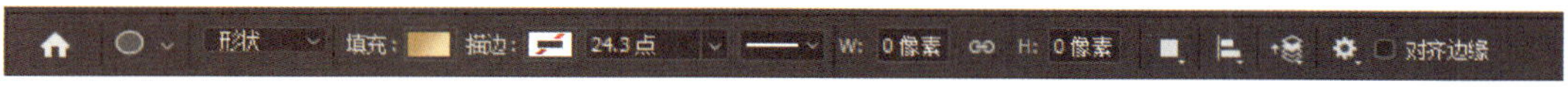

图 4-1-26　设置形状属性

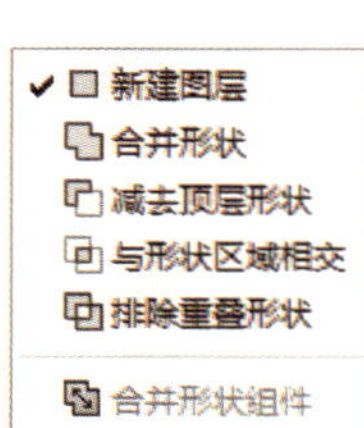

图 4-1-27　“路径操作”下拉菜单

图 4-1-28　绘制“椭圆 1”

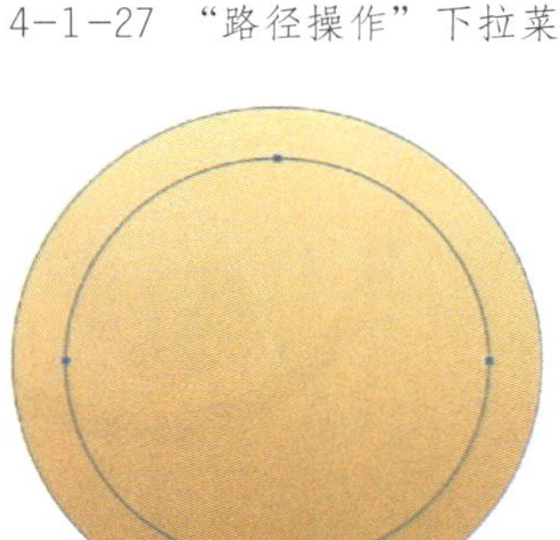

图 4-1-29　绘制“椭圆 2”

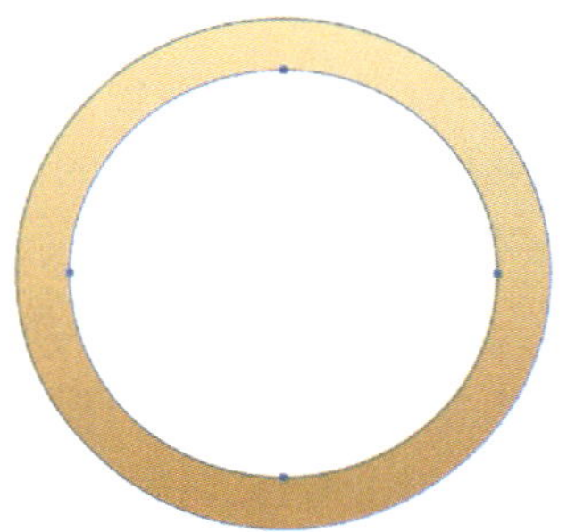

图 4-1-30　执行“减去顶层形状”命令

3. 选择工具箱中的“矩形工具”在其属性栏中设置“路径操作”为“与形状区域相交”，按住鼠标左键拖动，绘制一个长方形，如图 4–1–31 所示，放开鼠标左键后，效果如图 4–1–32 所示。

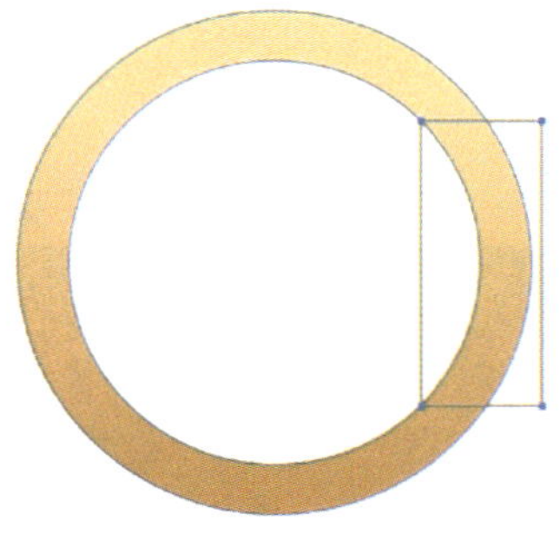

图 4-1-31　绘制长方形

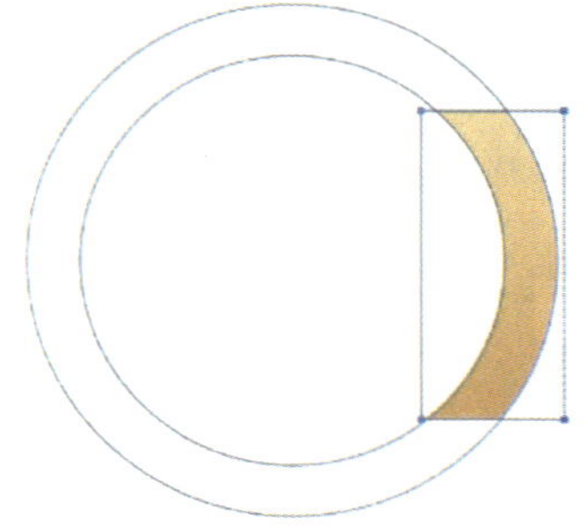

图 4-1-32　执行“与形状区域相交”命令效果

4. 选择工具箱中的“矩形工具”，设置半径为 20 像素，设置“路径操作”为“合并形状”，绘制一个圆角矩形，如图 4–1–33 所示，重复上述步骤再绘制一个圆角矩形，如图 4–1–34 所示。

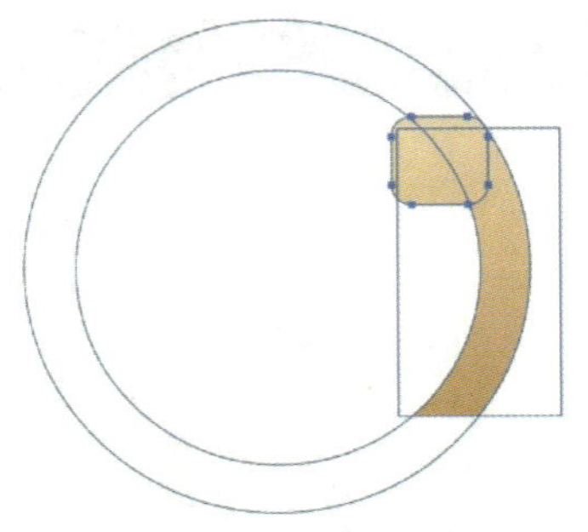

图 4-1-33 绘制“圆角矩形 1”

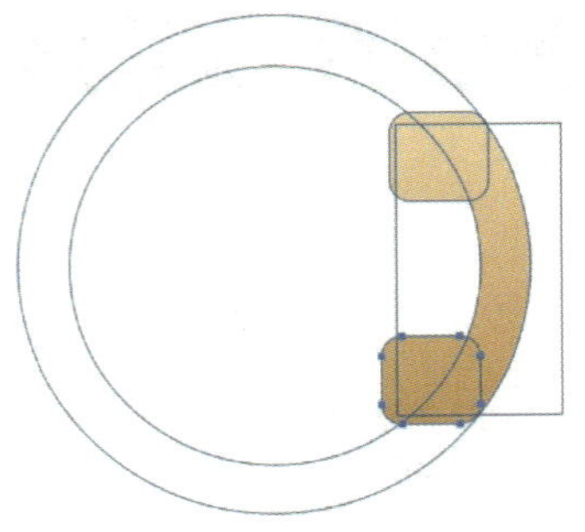

图 4-1-34 绘制“圆角矩形 2”

5. 设置“路径操作”为“新建图层”，选择工具箱中的“椭圆形工具”，在属性栏中选择工具模式为“形状”，按住“Shift”键不放，绘制一个正圆形，设置填充颜色为“无颜色”，描边为“渐变颜色”，描边宽度为“10 点”，按“Ctrl+T”组合键，调整好图像的大小和位置，如图 4-1-35 所示，按“Enter”键确定。

图 4-1-35 将“电话”图案调整为合适大小和位置

6. 在“图层”面板中选中所有的形状图层，在图层空白位置单击右键，选择“栅格化图层”命令，在图层空白位置再次单击右键，选择“合并图层”，如图 4-1-36 所示。

7. 在“图层”面板中选中“电话”图层，在图层空白位置单击右键，选择“复制图层”命令，在弹出的“复制图层”对话框中，选择目标文档为“大闸蟹户外广告 .psd”，如图 4-1-37 所示，单击“确定”按钮。

图 4-1-36 “合并图层”并修改图层名称

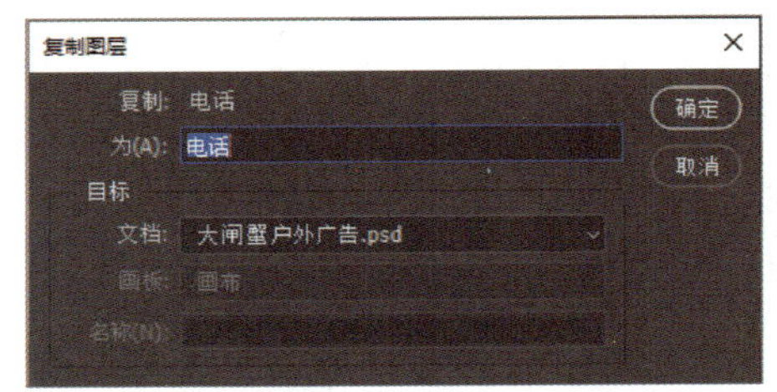

图 4-1-37 复制图层

8. 按“Ctrl+Tab”组合键，切换到“大闸蟹户外广告 .psd”文件窗口，选中“电话”图层，按“Ctrl+T”组合键，拖动变形框角端的控制点，调整好图像的大小和位置，如图 4–1–38 所示，按“Enter”键确定。

图 4-1-38　调整“电话”图案的大小和位置

9. 在“图层”面板中选中 2 个“文字”图层和“电话”图层，单击面板底部的“链接图层”按钮，将三个图层关联到一起，如图 4–1–39 所示，选择“移动工具”，将 3 个图层一起移动到合适的位置，如图 4–1–40 所示。

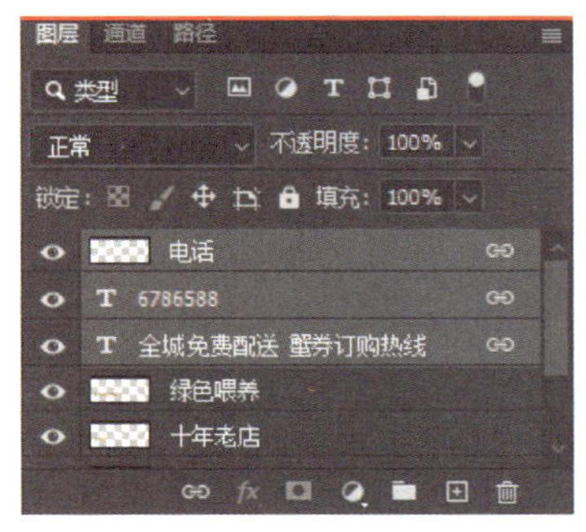

图 4-1-39　创建“链接图层”

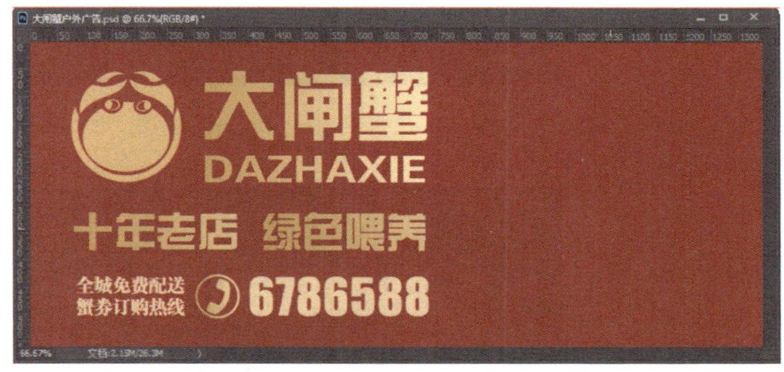

图 4-1-40　调整后效果

三、添加大闸蟹及二维码等图片元素

1. 打开素材文件夹中的文件“大闸蟹 .png”，使用“移动工具”将“大闸蟹”拖入“大闸蟹户外广告 .psd”窗口中，在“图层”面板中生成“图层 1”，修改图层名称为“大闸蟹”，如图 4–1–41 所示。按“Ctrl+T”组合键，拖动变形框角端的控制点，调整好图像的大小和位置，如图 4–1–42 所示，按“Enter”键确认。

2. 在图层面板双击“大闸蟹”图层，打开图层样式对话框，添加“投影”样式，设置参数如图 4–1–43 所示，单击“确定”按钮，效果如图 4–1–44 所示。

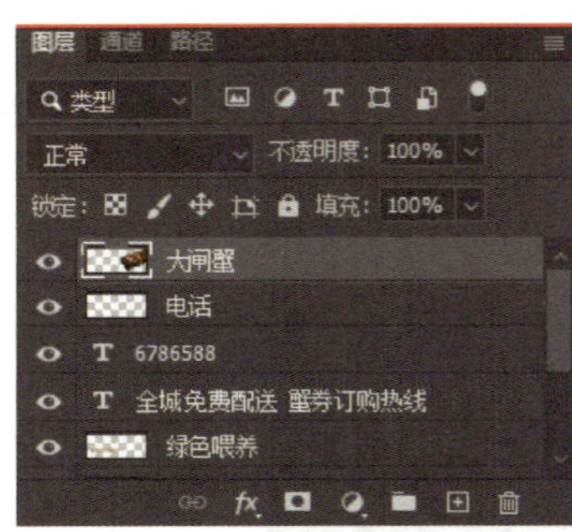

图 4-1-41　将“大闸蟹”图案拖入“大闸蟹户外广告”

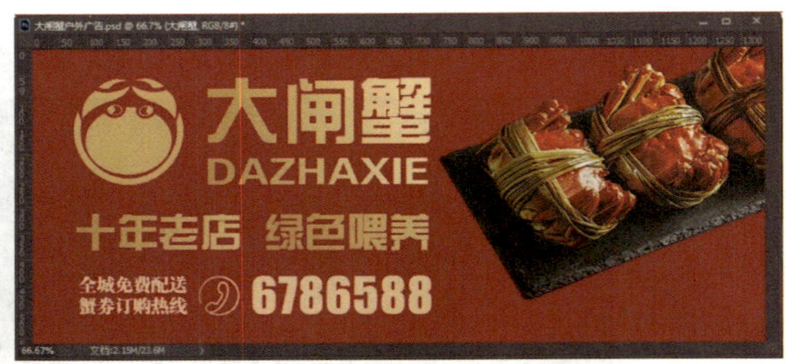

图 4-1-42　调整“大闸蟹”图案的大小和位置

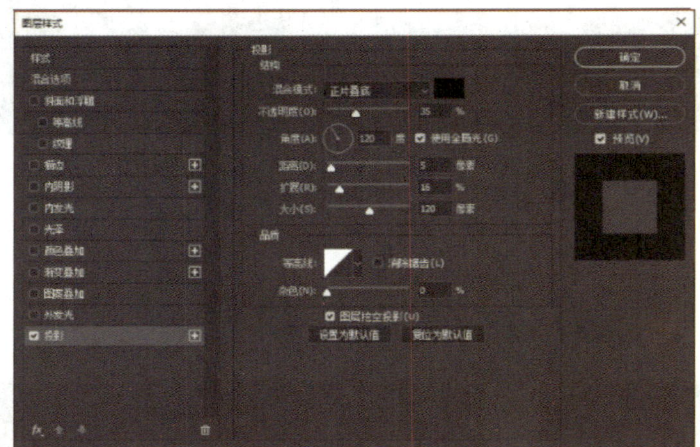

图 4-1-43　添加“投影”图层样式

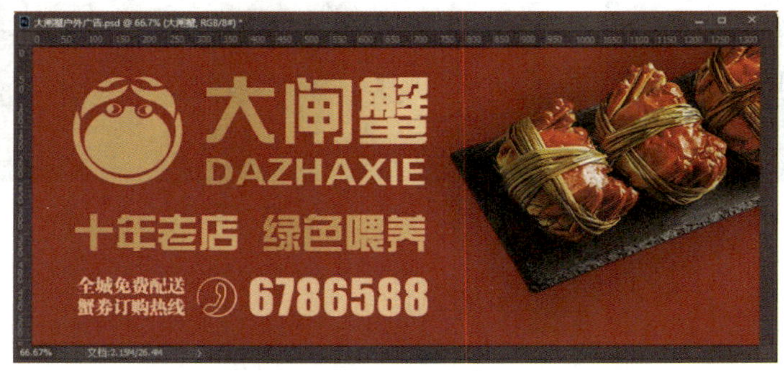

图 4-1-44　添加图层样式后的效果

3. 打开素材文件夹中的文件“二维码.jpg”，使用“移动工具”将“二维码”图案拖入“大闸蟹户外广告.psd”窗口中，“图层”面板中生成“图层 1”，修改图层名称为“二维码”，如图 4-1-45 所示。按“Ctrl+T”组合键，拖动变形框角端的控制点，调整好图像的大小和位置，如图 4-1-46 所示，按“Enter”键确定。

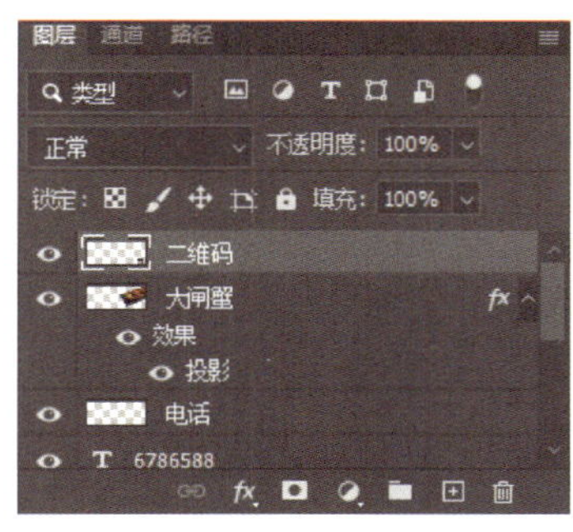

图 4-1-45　将“二维码”图案拖入“大闸蟹户外广告”文件

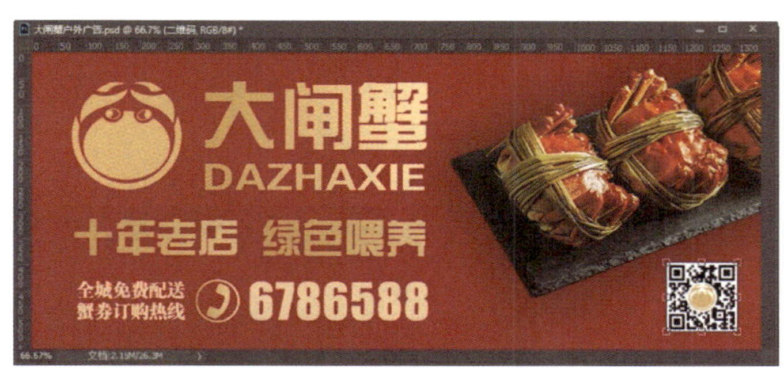

图 4-1-46　调整“二维码”图案的大小和位置

四、制作大闸蟹户外广告效果图

1. 打开素材文件夹中的文件“户外广告牌.jpg”，按“Ctrl+Tab”组合键切换到“大闸蟹户外广告.psd”文档窗口，按“Ctrl+A”组合键执行“全选”命令，建立一个矩形选区，执行“编辑”菜单中的“合并拷贝”命令，如图 4-1-47 所示。或按“Ctrl+Shift+C”组合键合并复制选区内的图像，然后返回“户外广告”文档窗口，按“Ctrl+V”组合键粘贴复制的图像，将“大闸蟹”户外广告画面粘贴到素材文件“户外广告牌”窗口，成为一个整体画面。

图 4-1-47　执行“合并拷贝”命令

2. 按“Ctrl+T”组合键，“大闸蟹户外广告”画面四周出现变形框，拖动变形框角端的控制点，调整好图像的大小、角度和位置，按“Enter”键确认，效果如图 4-1-48 所示。

图 4-1-48　大闸蟹户外广告效果图

1. 广告的设计、发布必须遵守《中华人民共和国广告法》及相关法规，符合社会主义精神文明建设和弘扬中华民族优秀传统文化的要求。

2. 在进行户外广告设计时，文字之间的距离要与广告安装位置相适应。文字之间的距离不能太近，以免看不清楚；也不宜间距太远，否则文字显得稀疏而不美观。

3. 设计户外广告时，在色彩明度、纯度和色相等方面注意各要素的对比与协调，注意运用企业和产品的标准色或形象色，让户外广告中的色彩准确传递广告主题，使人产生情感共鸣，留下深刻印象。

任务 2　房地产直接邮寄广告设计

1. 能把握直接邮寄广告的基本制作思路和表现形式。
2. 能使用“画笔工具”绘制水墨效果。
3. 能使用“图层蒙版”设置图层效果。
4. 能使用“横排文字工具”设计广告文字。
5. 能使用“栅格化图层”将矢量图转换为位图。
6. 能使用“钢笔工具”创建路径并将路径转换为选区。

直接邮寄广告（direct mail marketing，简称 DM 广告）是指通过邮寄、赠送等形式送到目标对象手中的特定的宣传广告信息。DM 广告具有定位准确、目标清晰、信息传递速度快、成本低等优点。言简意赅的语言、醒目的色彩是在进行 DM 广告设计时要重点关注的问题。

本任务是为某房地产公司设计楼盘开盘 DM 广告单页（即宣传单），效果如图 4-2-1 所示，要求设计简洁、标题浓缩精练、色块分明、页面大方美观，使人心情愉悦且便于阅读。本任务首先制作宣传单背景，然后使用“画笔工具”制作水墨效果，再使用“钢笔工具”绘制山峰装饰效果，最后添加文字信息和其他素材。

图 4-2-1　房地产 DM 宣传单效果图

一、DM 广告的特点

DM 广告是使用最直接的方法进行传递的广告，它可以有针对性地选择目标客户，按照客户特点和喜好进行设计与投递，从而增强广告的效果，促进销售，提高业绩。常见的 DM 广告形式有广告单页和广告宣传画册，其发布渠道主要有直递投入居民信箱、商务楼派发、车站地铁等地定点派发三种。DM 广告的作用与特点见表 4–2–1。

表 4–2–1　DM 广告的作用与特点

作用	特点
（1）在一定时期内提高销售率和营业额 （2）稳定原有客户群，吸引新顾客，提高客流量 （3）新产品推介或推广重点的商品 （4）树立企业形象，提高知名度和竞争力 （5）刺激消费者的计划性购买和冲动性购买欲望，提高营业额	（1）针对性强 （2）成本低 （3）灵活性强 （4）广告效应好 （5）方便直观 （6）有长期性、计划性

二、DM 广告一般制作思路

DM 广告以设计美观、引人注意为基本原则，一般制作思路如下：

1. 分析产品，根据产品和客户进行创意设计沟通，要求设计新颖、有吸引力。
2. 确定尺寸大小、布局和版式。
3. 选择图片时，着重选择与所传递信息有强烈关联的图片。
4. 文案设计要求表现出产品的性能与消费者之间的关系，提高阅读兴趣。
5. 色彩的选择要求符合产品内涵和设计主题，整体相得益彰。

三、剪贴蒙版

蒙版是图像合成的重要手段，Photoshop 中共有 5 种蒙版：图层蒙版、剪贴蒙版、矢量蒙版、快速蒙版及文字蒙版。下面重点介绍剪贴蒙版。

剪贴蒙版作用于上、下两个图层之间，通过将上方图层剪贴到下方图层内，使两个图层之间产生剪贴关系，剪贴蒙版的形状通过下方图层（即“形状图层”）来决定，表现的内容则通过上方图层（即“内容图层”）来决定。即剪贴蒙版是通过使用处于下方图层的“形状”来限制上方图层显示的“内容”，达到一种剪贴画的效果，如图 4–2–2 所示，简而言之就是“下形状上颜色”。

下面结合具体实例说明剪贴蒙版的作用。

1. 添加剪贴蒙版

（1）打开素材文件夹中的文件“蒙版素材 .jpg”，在图层面板中右键单击显示的图层，选择“背景图层”命令转换图层。

图 4-2-2　创建剪贴蒙版

（2）选择“自定形状工具”，在工具属性栏的形状列表中，选择野生动物“牡鹿”，如图 4–2–3 所示。

（3）在画布中绘制一个“牡鹿”，调整其大小和位置，得到如图 4–2–4 所示效果。

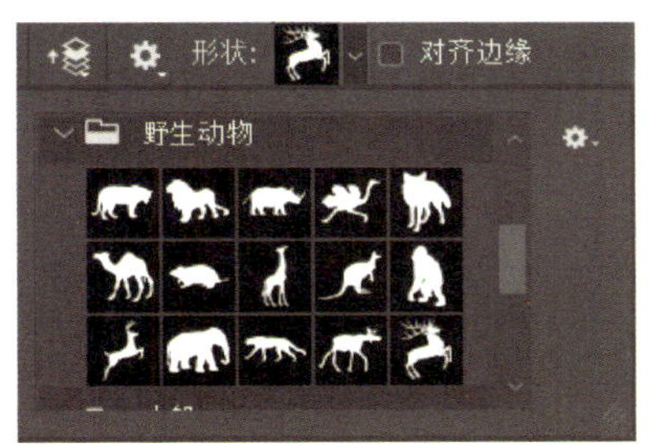

图 4-2-3　“自定形状工具”设置示意图

图 4-2-4　“牡鹿”形状效果图

（4）在图层面板中，将图层“牡鹿 1”置于“图层 0”的下方，右键单击“图层 0”，在弹出的列表中选择“创建剪贴蒙版”，图层界面如图 4–2–5 所示，得到如图 4–2–6 所示的最终效果。

2. 剪贴蒙版中的图层顺序

（1）在一个剪贴蒙版的图层组中，只能有一个“形状图层”，可以存在多个“内容图层”。

（2）在创建了剪贴蒙版的图层组中，如果调整了下方“形状图层”的顺序，向下或向上移动，原本的剪贴蒙版效果都将消失，“内容图层”顺序可以根据需要随意调整。

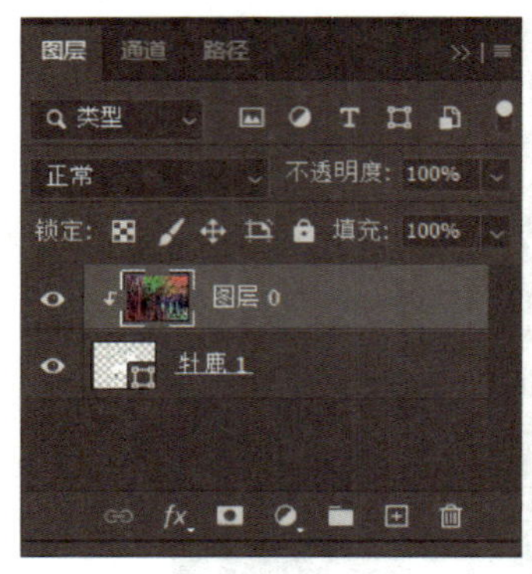

图 4-2-5 图层顺序调整示意图

图 4-2-6 剪贴蒙版效果图

（3）在已创建剪贴蒙版的情况下，将一个图层拖动到“形状图层”上方，即可将其加入剪贴蒙版组中，成为“内容图层”。

（4）在已创建剪贴蒙版的情况下，如果将“内容图层”移动到“形状图层”的下方，就相当于释放剪贴蒙版，剪贴关系消失。右键单击“内容图层”，在快捷菜单中选择“释放剪贴蒙版”命令也可以释放剪贴蒙版，去除蒙版效果。

（5）如果有多个“内容图层”，可以将这些内容图层全部置于“形状图层”的上方，然后依次执行“创建剪贴蒙版”命令。

四、用“钢笔工具”绘制不规则路径

使用 Photoshop 绘制图形时，除了使用“形状工具”组绘制常见的几何图形外，还会使用“钢笔工具”绘制不规则的图形。在使用“钢笔工具”绘图时，经常要用到钢笔工具组和选择工具组，如图 4–2–7 和图 4–2–8 所示。

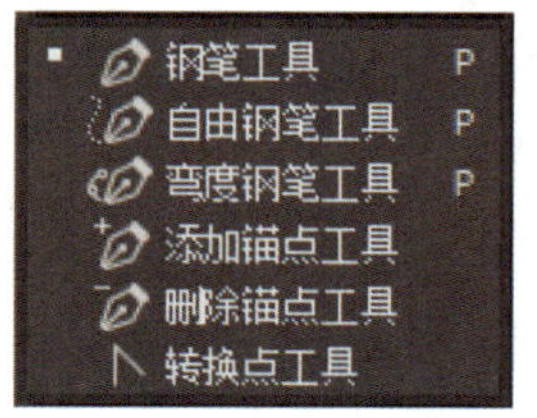

图 4-2-7 钢笔工具组

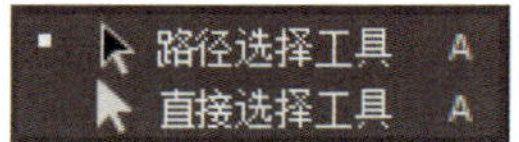

图 4-2-8 选择工具组

选择“钢笔工具”，如果使用“路径”模式绘制路径，之后可以将路径转换为选区。如果钢笔绘图使用的是“形状”模式，通过为其设置填充和描边颜色，则可绘制出带有色彩的图形。

五、栅格化文字

文字是广告设计作品中非常重要和常见的元素，文字不仅能传递信息，也起到美化版面的作用。在 Photoshop 中，使用“文字工具”进行文本输入会自动生成文字图层，一些命令和工具（例如滤镜效果和绘画工具）不适用于文字图层。在应用命令或使用工具之前需要栅格化文字，“栅格化文字”命令可将文字图层转换为普通图层，即把矢量图变为像素图，可以制作更加丰富的效果。其用法是，在图层面板中选择文字图层，单击鼠标右键，在弹出的快捷菜单中选择“栅格化文字”命令，如图 4–2–9 所示。

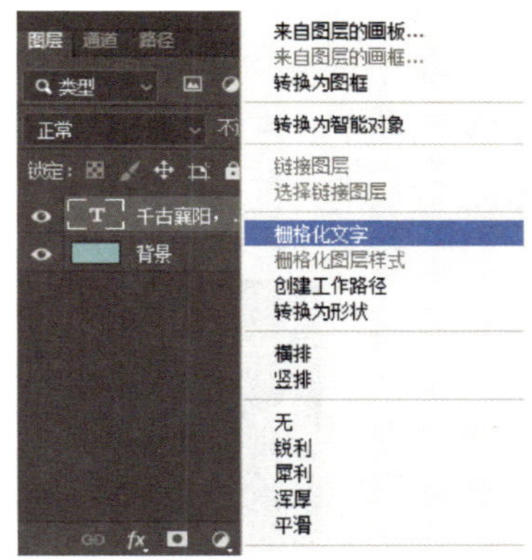

图 4–2–9　栅格化文字

一、制作宣传单背景

1. 创建新文档，命名为“房地产 DM 宣传单”，宽度为 240 毫米，高度为 297 毫米，分辨率为 300 像素 / 英寸，其他选项使用默认值，然后单击“创建”按钮。

2. 设置前景色为青色（C：54，M：11，Y：25，K：0）、背景色为白色，在工具箱中选择“渐变工具”，在属性栏中选择渐变类型为“线性渐变”，然后用鼠标从上到下拖动，填充渐变色，效果如图 4–2–10 所示。

图 4–2–10　填充渐变背景

3. 在“图层”面板中单击底部的“创建新图层”按钮，创建“图层 1”，选择工具箱中的“矩形选框工具”，在背景下方区域建立一个矩形选区，如图 4–2–11 所示。在工具箱中选择“渐变工具”，在属性栏中选择渐变类型为“线性渐变”，然后用鼠标在选区内从上到下拖动，填充渐变色，效果如图 4–2–12 所示。绘制完成后，按“Ctrl+D”组合键取消选区。

图 4–2–11　绘制矩形选区

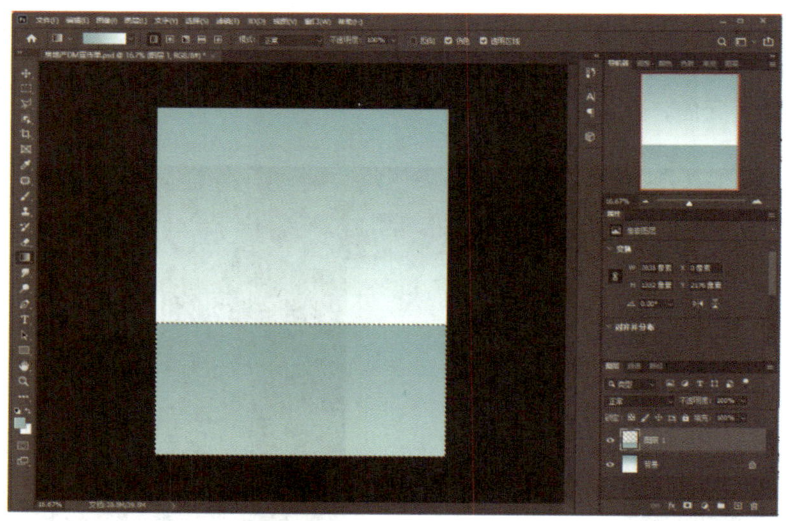

图 4–2–12　填充矩形选区

二、制作水墨效果

1. 在“图层”面板中单击底部的“创建新图层”按钮，创建“图层 2”，设置前景色为白色，在工具箱中选择“画笔工具”，在属性栏中打开“画笔预设”选取器，选择湿介质画笔下的“Kyle 的墨水盒－传统漫画家”笔刷，设置画笔大小为“900 点”，如图 4–2–13 所示，然后用鼠标在图像右侧绘制水墨效果，如图 4–2–14 所示。

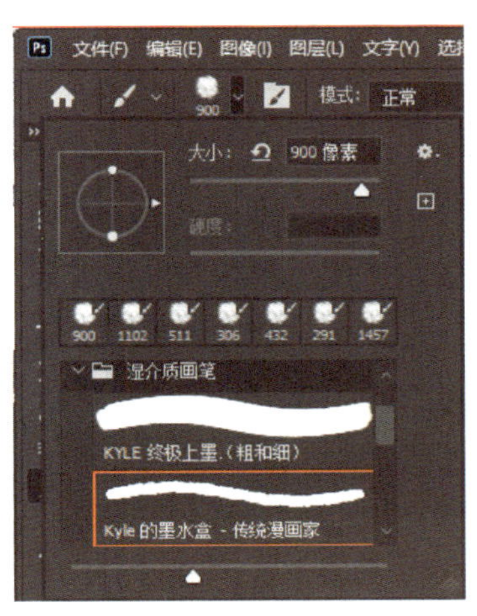

图 4–2–13 设置画笔属性

图 4–2–14 绘制水墨效果

2. 打开素材文件夹中的文件“古城墙 .jpg”，使用“移动工具”将“古城墙”拖入“房地产 DM 宣传单 .psd”窗口中，在“图层”面板中生成“图层 3”，如图 4–2–15 所示。按“Ctrl+T”组合键，“古城墙”图案四周出现变形框，拖动变形框角端的控制点，调整好图像的大小和位置，按“Enter”键确定。按住“Alt”键，在图层 2 与图层 3 之间单击，直接创建剪贴蒙版，或在“图层 3”图层空白位置单击鼠标右键，在快捷菜单中选择“创建剪贴蒙版”命令，如图 4–2–16 所示，关闭“古城墙 .jpg”文件窗口。

三、绘制山峰装饰效果

1. 在“图层”面板中单击底部的“创建新图层”按钮，创建“图层 4”，在工具箱中选择“钢笔工具”，在属性栏中选择工具模式为“路径”，如图 4–2–17 所示。用“钢笔工具”在文件空白处绘制山峰形状，闭合路径后，按“Ctrl+Enter”组合键将路径转换为选区，按“X”键切换前景色和背景色，在工具箱中选择“渐变工具”，在属性栏中选择渐变类型为“线性渐变”，然后单击左侧的渐变条，弹出“渐变编辑器”对话框。在“渐变编辑器”对话框中选择“前景色到透明渐变”，如图 4–2–18 所示，单击“确定”按钮确认操作，然后用鼠标在选区内自上而下拖动，填充渐变色，效果如图 4–2–19 所示。

2. 填充完成后，按“Ctrl+D”组合键取消选区，使用“移动工具”将“山峰”拖动到合适的位置，效果如图 4–2–20 所示。

图 4-2-15　将“古城墙”图案拖入“房地产 DM 宣传单”

图 4-2-16　创建剪贴蒙版

图 4-2-17　选择工具模式“路径”

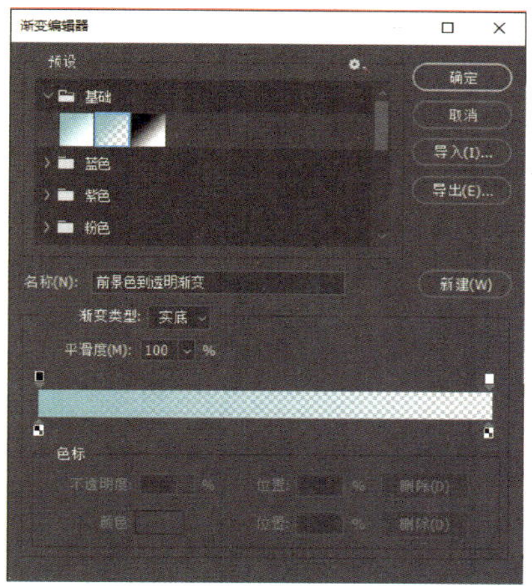

图 4-2-18　设置渐变颜色

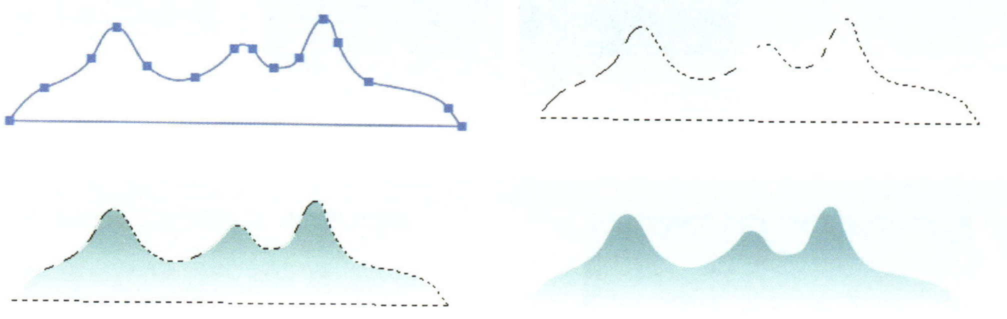

图 4-2-19　使用“钢笔工具”绘制山峰

图 4-2-20　制作山峰效果

四、添加文字信息

1. 设置前景色为蓝色（C：88，M：60，Y：44，K：2），如图 4–2–21 所示，选择工具箱中的“横排文字工具”，输入文字“襄水河畔　诗意生活”，设置字体为“李旭科书法 v1.4”，大小为“90 点”，调整好字符间距和位置，如图 4–2–22 所示。再使用“横排文字工具”，输入文字“襄水河畔　50 万方诗意画境住宅区”，设置字体为“迷你简准圆”，大小为“21 点”，调整好字符间距和位置，如图 4–2–23 所示。

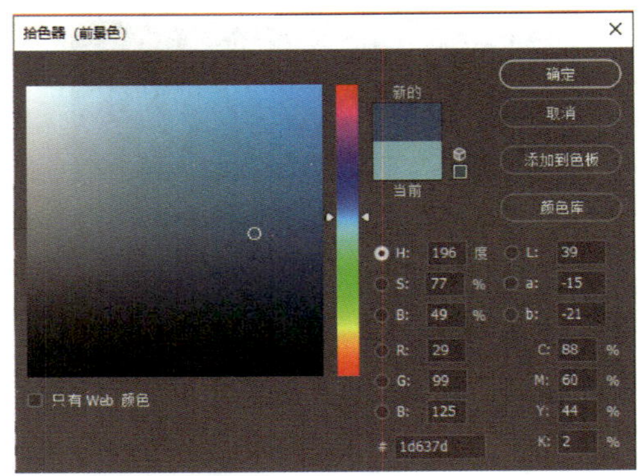

图 4–2–21　设置前景色

图 4–2–22　输入标题文字

图 4–2–23　输入卖点文字

2. 选择工具箱中的“矩形工具”，在属性栏中选择工具模式为“形状”，填充颜色为“无”，描边颜色为蓝色（C：88，M：60，Y：44，K：2），描边宽度为“1 点”，如图 4–2–24 所示，在卖点文字处绘制一个矩形，如图 4–2–25 所示，选择工具箱中的“圆角矩形工具”，在属性栏中选择工具模式为“形状”，填充颜色为“无”，描边颜色为蓝色（C：88，M：60，Y：44，K：2），描边宽度为“1 点”，在矩形两侧绘制卷轴，如

图 4–2–26 所示。

图 4-2-24　设置矩形属性

图 4-2-25　绘制矩形框

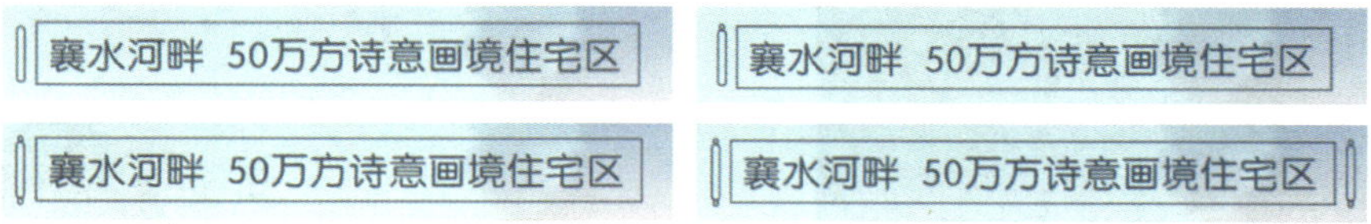

图 4-2-26　绘制卷轴

3. 按“X”键切换前景色和背景色，选择工具箱中的“横排文字工具”，输入文字“1 月 28 日盛大开盘”，设置字体为“潮字社曾玉波手书简”，大小为“60 点”，调整好字符间距和位置，如图 4–2–27 所示，双击文字图层，添加投影样式，如图 4–2–28 所示。

图 4-2-27　输入文字

图 4-2-28　添加投影样式

五、制作古诗文书法效果

操作演示

1. 设置前景色为黑色，选择工具箱中的“直排文字工具”，在文件窗口按下鼠标左键拖动建立文本框。打开素材文件夹中的“满江红·千古襄阳”文本文件，复制文字，在 Photoshop 中粘贴到文本框内，设置字体为“潮字社曾玉波手书简”，大小为“30 点”，调整好字符间距和位置，在图层面板中新创建的文字图层空白位置单击鼠标右键，在快捷菜单中选择“栅格化文字”命令，按“Ctrl+T”组合键，文字图案四周出现变形框，拖动变形框角端的控制点，调整好图像的大小和位置，按“Enter”键确定，在图层面板中设置图层填充值为“17%”，在图层面板中单击底部的“添加矢量蒙版”按钮，创建图层蒙版，如图 4–2–29 所示。在工具箱中选择“渐变工具”，在属性栏中选择渐变类型为“线性渐变”，然后单击左侧的渐变条，弹出“渐变编辑器”对话框。在“渐变编辑器”对话框中选择“前景色到透明渐变”，单击“确定”按钮确认操作，然后用鼠标在选区内自下而上拖动，效果如图 4–2–30 所示。

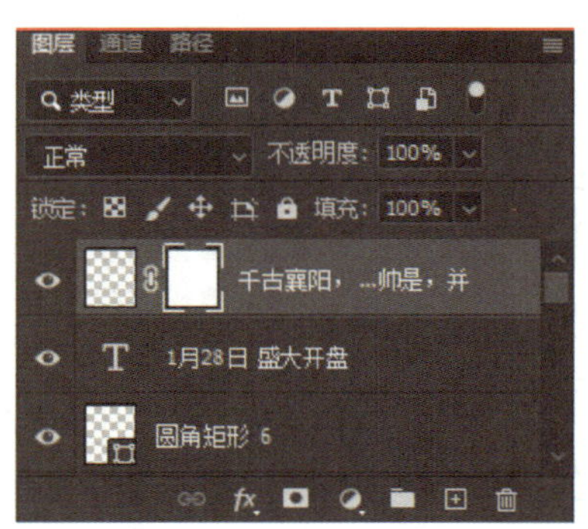

图 4–2–29 添加图层蒙版

图 4–2–30 绘制渐变色

2. 在图层面板中单击底部的“创建新图层”按钮，创建“图层 5”，设置前景色为黑色，在工具箱中选择“画笔工具”，在属性栏中单击打开“画笔预设”选取器，选择湿介质画笔下的“Kyle 的墨水盒 – 传统漫画家”笔刷，设置画笔大小为“306 点”，然后使用鼠标绘制水墨效果，在图层面板中设置图层填充值为 25%，效果如图 4–2–31 所示。

3. 设置前景色为蓝色（C：88，M：60，Y：44，K：2），选择工具箱中的“横排文字工具”，输入文字“80 ~ 145 m^2 江景高层 / 小高层 / 滨水别墅”，设置字体为“黑体”，大小为“23 点”，选中数字“80 ~ 145”，设置字体为“方正粗黑宋简体”，大小为“26 点”，调整好字符间距和位置，如图 4–2–32 所示。

图 4-2-31 绘制水墨效果

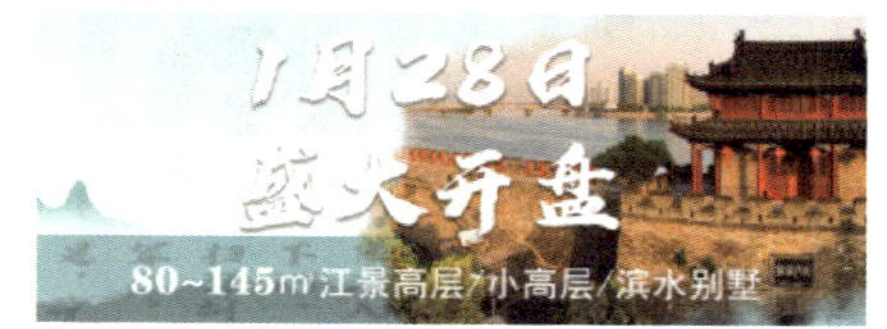

图 4-2-32 输入信息文字

4. 单击“文件”菜单，执行“置入嵌入对象”命令，在弹出的“置入嵌入的对象”对话框中选择素材文件夹中的文件“毛笔.tif”，单击“置入”按钮，调整素材大小，摆放到合适位置，按“Enter”键确定，如图 4-2-33 所示。

图 4-2-33 调整毛笔素材

六、添加项目地址和联系方式等文字信息

1. 在图层面板中单击底部的“创建新图层”按钮，创建“图层 6”，在工具箱中选择“矩形选框工具”，建立一个矩形选区，按“Ctrl+Enter”组合键填充白色背景色，填充完成后，按“Ctrl+D”组合键取消选区，如图 4-2-34 所示。

2. 选择工具箱中的“矩形工具”，在属性栏中选择工具模式为“形状”，填充颜色为“无”，描边颜色为蓝色（C：88，M：60，Y：44，K：2），描边宽度为“2 点”，绘制一个矩形，选择工具箱中的“横排文字工具”，输入文字“VIP 0710”，设置字体为“方正粗黑宋简体”，大小为“19 点”，调整好字符间距和位置。使用“横排文字工具”，输入文字“6788123”，设置字体为“方正粗黑宋简体”，大小为“68 点”，调整好字符间距和位置。使用“横排文字工具”，输入文字“项目地址：滨江南路与人民路交会处”，设置字体为“方正粗黑宋简体”，大小为“21 点”，调整好字符间距和位置。完成的效果如图 4–2–35 所示。

图 4–2–34　填充背景色

图 4–2–35　输入文字信息

3. 单击“文件”菜单，执行“置入嵌入对象”命令，在弹出的“置入嵌入的对象”对话框中选择素材文件夹中的文件“小程序二维码 .jpg”，单击“置入”按钮，调整素材大小，摆放到合适位置，按“Enter”键确定，最终效果如图 4–2–1 所示。

1. 用“钢笔工具”绘制路径可控性极强，非常适合绘制精细且复杂的路径。如果要终止路径的绘制，可以在使用“钢笔工具”的状态下按“ESC”键。单击工具箱中的其他任意一个工具，也可以终止路径的绘制。

2. 在使用“钢笔工具”状态下，按住“Ctrl”键可以快速切换为“直接选择工具”。

任务 3　技能节活动海报设计

1. 能分析活动海报的设计风格和特点。
2. 能利用“图层蒙版”控制图层内容的显示进而合成图像。
3. 能利用“剪贴蒙版”控制上下图层的显示进而合成图像。
4. 能利用“镜头光晕”表现光照效果。
5. 能使用“旋转扭曲”命令来表现图像扭曲的效果。

海报是发布或张贴在公共场所用以吸引人们注意的一种广告形式，也称招贴，具有发布时间短、成本低、时效强、制作精美、视觉冲击力强等特点，常见的海报可分为公益海报、商业海报、文化海报、电影海报和活动海报等。通过运用图像、文字、色彩、版式等元素组合，可以设计出风格多样的海报。

学院宣传部要求根据所给素材，制作以“飞扬年华　技能筑梦”为主题的技能节活动海报，用于宣传第十届技能节活动，效果如图 4-3-1 所示。海报设计首先用“渐变工具”制作蓝色渐变背景，然后使用“镜头光晕”“铬黄渐变”“旋转扭曲”等滤镜制作科技光圈效果，将图片素材使用“多边形工具”和剪贴蒙版进行处理后有机排列在一起，再使用文字路径制作“飞扬年华　技能筑梦”的艺术字效果，最后使用白色倒三角形状进行连接，使整个海报画面浑然一体。

图 4-3-1　技能节宣传海报效果图

一、图层蒙版

Photoshop 中的蒙版功能主要用于画面的修饰与图像的合成，图层蒙版通过黑、白、灰来控制图像的显示和隐藏，即不透明度遵循“白显黑遮灰透明”的规律。图层蒙版是设计制作中经常使用的功能，下面结合实例，说明其用法。

1. 添加图层蒙版

打开素材文件夹中的文件“蒙版素材 .jpg”，单击图层面板下方的“添加蒙版”按钮，为该图层添加图层蒙版，如图 4-3-2 所示。

图 4-3-2 图层面板示意图

2. 应用蒙版实现可还原性擦除

将前景色设置为“黑色”，单击“画笔工具”，在画笔工具属性栏设置画笔属性为“柔边缘”，设置合适的大小和不透明度，在画布内进行涂抹，这时，被涂抹的部分变为透明，效果如图 4-3-3 所示。

在“图层 0”下方新建图层，设置前景色为“#feface”，观察使用图层蒙版后的效果。

要注意的是，在涂抹之前，应确认选中的是蒙版而不是图层，如图 4-3-4 所示，否则原图层上会被涂抹上黑色。如果涂抹多了，可以将前景色设置为“白色”，在多涂的地方再次涂抹，被涂过的地方会恢复原样。要想图像合成效果较为自然或制作特殊笔刷效果，则需要调整笔刷和不透明度等画笔属性。

图 4-3-3 图层蒙版效果图

图 4-3-4 图层蒙版选中状态示意图

3. 应用蒙版实现可选区域调整

若要调整图层的色相、明度、饱和度，除可以通过“图像”菜单中的“调整”命令外，还可以使用图层面板中的“创建新的填充或调整图层”实现，如图 4-3-5 所示。与“调整”命令相比，它的优点是可以反复调整参数。若只需对一部分图像调整效果，则需与蒙版工具综合使用。

（1）在图层面板底部单击“创建新的填充或调整图层”按钮，在弹出的对话框中选择“黑白”命令，如图 4-3-6 所示。

图 4-3-5　图层蒙版选中状态示意图

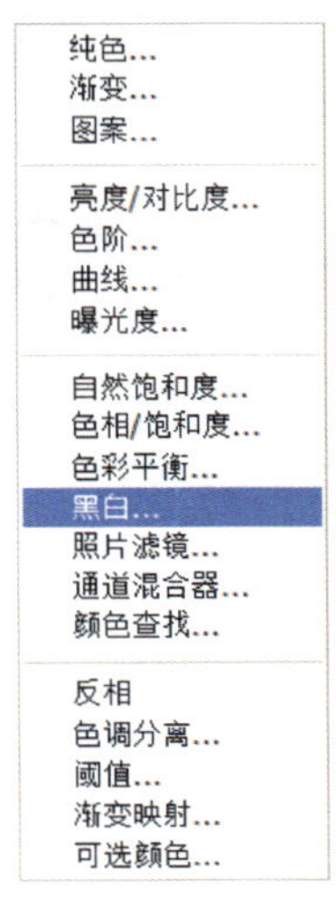

图 4-3-6　“创建新的填充或调整图层”列表

（2）此时在图层面板生成带有图层蒙版的调整图层，如图 4-3-7 所示，画面全部变为黑白色，效果如图 4-3-8 所示。要注意的是，调整图层对下方所有图层均有效。

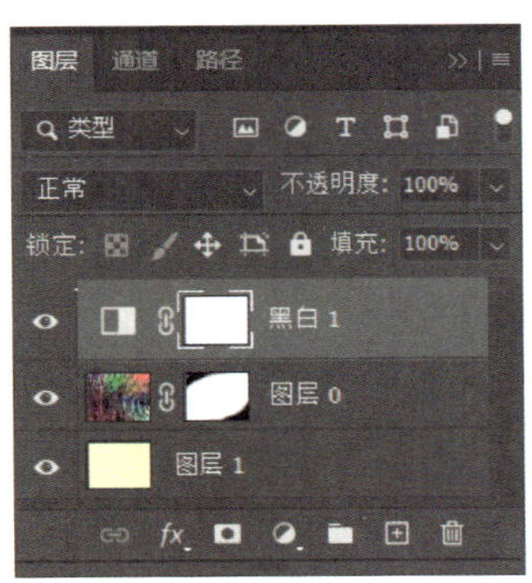

图 4-3-7　图层面板示意图

图 4-3-8　添加黑白调整图层后的效果图

（3）将前景色设置为“黑色”，选择“画笔工具”进行涂抹，画笔涂抹的部分则不显示调整效果，如图 4–3–9 所示。

图 4–3–9　添加调整图层蒙版后的效果图

4. 编辑蒙版

右键单击蒙版缩览图，弹出蒙版编辑快捷菜单，可以对蒙版进行编辑，如图 4–3–10 所示。

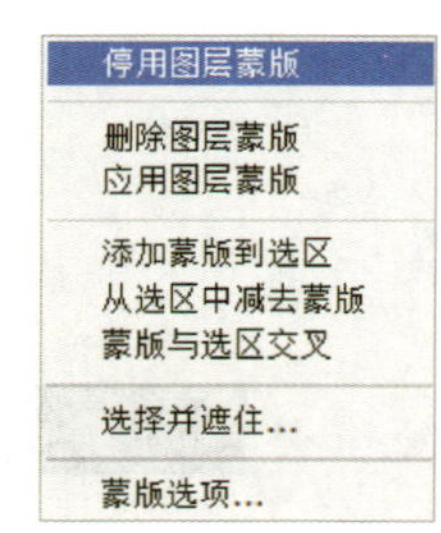

图 4–3–10　“图层蒙版”快捷菜单

（1）停用图层蒙版后，可观察原图像对比效果，再次右键单击蒙版缩览图，可启用图层蒙版。

（2）删除图层蒙版后，回到原图像效果，如要恢复蒙版效果，只能从历史记录里恢复。

（3）应用图层蒙版，是将蒙版效果应用于原图层，并且删除图层蒙版，图像中，与蒙版中白色区域对应的部分保留下来，与黑色区域对应的部分删除，与灰色区域对应的部分则呈半透明效果。

（4）选区操作是以蒙版白色部分载入选区，进行加、减和交叉。将鼠标指针置于图层蒙版缩览图上，按住“Ctrl”键，同时单击图层蒙版缩览图，可以将蒙版转化为选区。此时，处于白色蒙版区域的图像部分会处于被选中的状态，边缘会出现蚂蚁纹。

二、旋转扭曲

“旋转扭曲”滤镜可以围绕图像的中心将图像进行顺时针或逆时针的扭曲。打开图片文件后，执行“滤镜”→“扭曲”→“旋转扭曲”命令，在弹出的“旋转扭曲”对话框中调整角度选项，角度为正值时，画面按顺时针方向扭曲；角度为负值时，画面按逆时针方向扭曲，效果如图 4–3–11 所示。

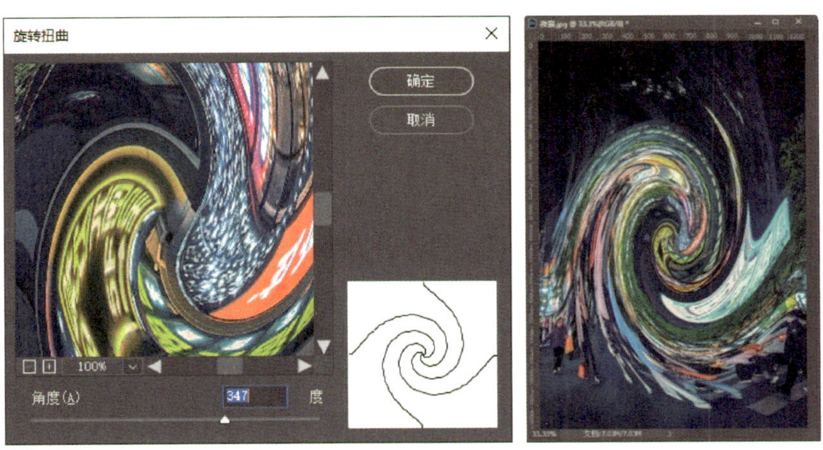

图 4-3-11　执行“滤镜”→“扭曲”→“旋转扭曲”命令

三、镜头光晕

“镜头光晕”滤镜是模拟光线射到相机镜头里所产生的折射效果。通过添加镜头光晕滤镜，可以增加照片氛围感，使画面效果更加丰富。

打开图片文件，执行“滤镜”→“渲染”→“镜头光晕”命令，在弹出的“镜头光晕”对话框中，设置亮度和镜头类型，效果如图 4-3-12 所示。

图 4-3-12　执行“滤镜”→“渲染”→“镜头光晕”命令

四、创建文字路径

想要获取文字对象的路径，可以在图层面板中选中文字图层并单击鼠标右键，在弹出的快捷菜单中选择“创建工作路径”命令，如图 4–3–13 所示，效果如图 4–3–14 所示。得到文字路径后，可以对路径进行描边、填充或创建矢量蒙版等操作。

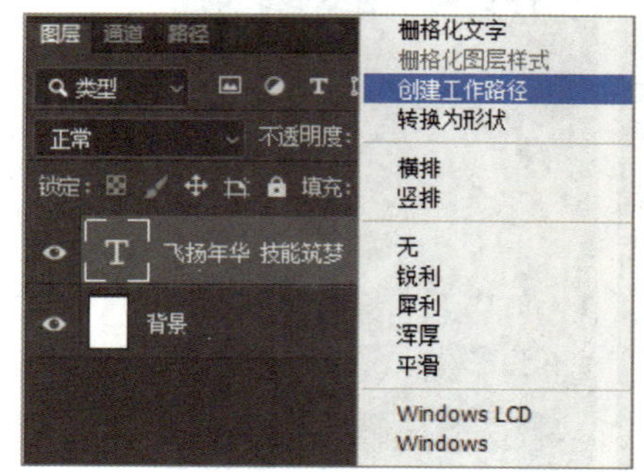

图 4–3–13 创建工作路径

图 4–3–14 文字路径

使用“直接选择工具”调整锚点位置，或者使用“钢笔工具”组中的工具在形状上添加锚点并调整锚点形态（与矢量制图的方法相同），可制作出形态各异的艺术字效果，如图 4–3–15 所示。

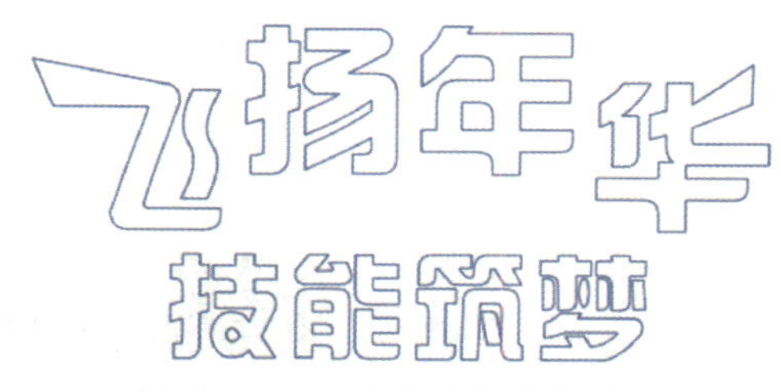

图 4–3–15 文字路径编辑效果

一、新建图像文件并为背景填充渐变色

1. 新建文档并命名为“技能节宣传海报”，设宽度为 5.7 厘米，高度为 8.4 厘米，分辨率为 300 像素 / 英寸，颜色模式为“RGB 颜色、8 位”，背景为“白色”，设置好参数后，单击“确定”按钮。

2. 选择工具箱中的“渐变工具”，在属性栏中选择渐变类型为“径向渐变”，然后单击左侧渐变条，打开“渐变编辑器”对话框，选择“预设”中的“蓝色 _22”，如图 4–3–16 所示，单击“确定”按钮，在背景图层上由中心沿对角线向下拖动鼠标填充渐变色，效果如图 4–3–17 所示。

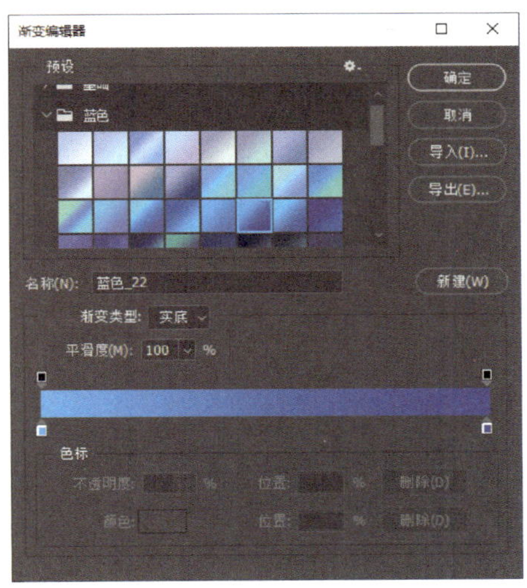

图 4-3-16　设置渐变颜色

图 4-3-17　填充渐变色

二、制作科技光圈效果

操作演示

1. 按“Ctrl+N”组合键新建空白文档，设置文档宽度为 5.7 厘米，高度为 5.7 厘米，分辨率为 300 像素 / 英寸，颜色模式为“RGB 颜色、8 位”，背景为“黑色”，单击“确定”按钮。

2. 执行“滤镜”菜单中的“渲染”→“镜头光晕”命令，在弹出的“镜头光晕”对话框中，将光源移动到中心位置，设置亮度为“128%”，如图 4-3-18 所示，单击“确定”按钮。

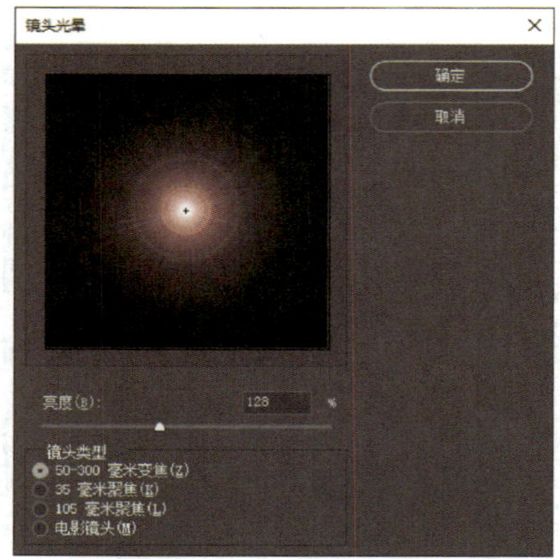

图 4-3-18 设置“镜头光晕”效果

3. 选择“滤镜”菜单中的“滤镜库”，选择“素描”滤镜下的“铬黄渐变”，设置细节为“0”，平滑度为“10”，如图 4-3-19 所示，单击“确定”按钮。

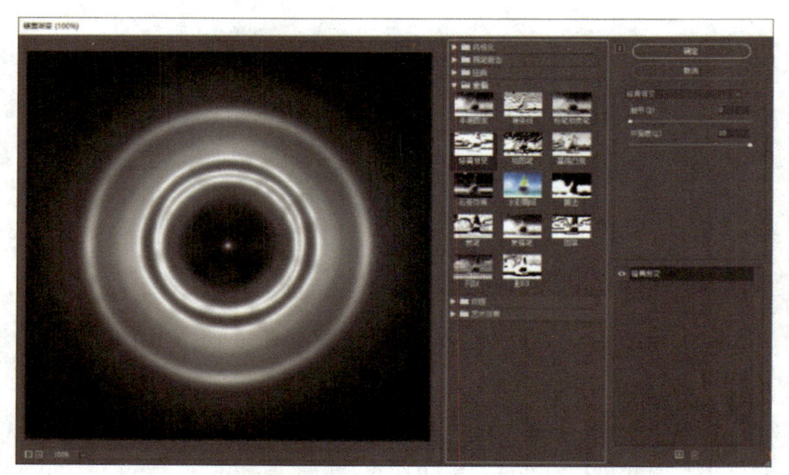

图 4-3-19 执行“铬黄渐变”命令

4. 执行“滤镜”菜单中的“扭曲”→“旋转扭曲”命令，在弹出的“旋转扭曲”对话框中设置角度为“999 度”，如图 4-3-20 所示，单击“确定”按钮。

5. 按“Ctrl+U”组合键，弹出“色相 / 饱和度”对话框，勾选“着色”，设置色相为“57”，饱和度为“33”，如图 4-3-21 所示，单击“确定”按钮。

6. 将制作好的科技光圈效果拖入“技能节海报”文件窗口中，生成“图层 1”，修改名称为“光圈”，按“Ctrl+T”组合键，调整光圈大小并移到合适位置，设置图层混合模式为“颜色减淡”，填充为“76%”。单击图层调板底部的“添加蒙版”按钮，为光圈图层添加图层蒙版，选择“画笔工具”，在属性栏中设置画笔为“178”大小的柔

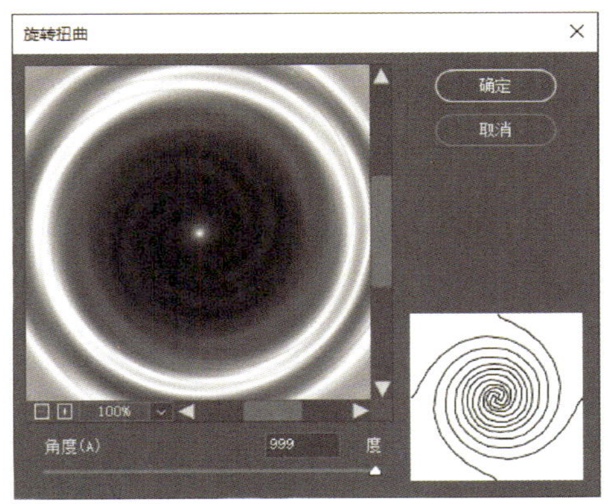

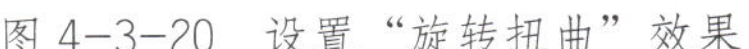
图 4-3-20　设置“旋转扭曲”效果

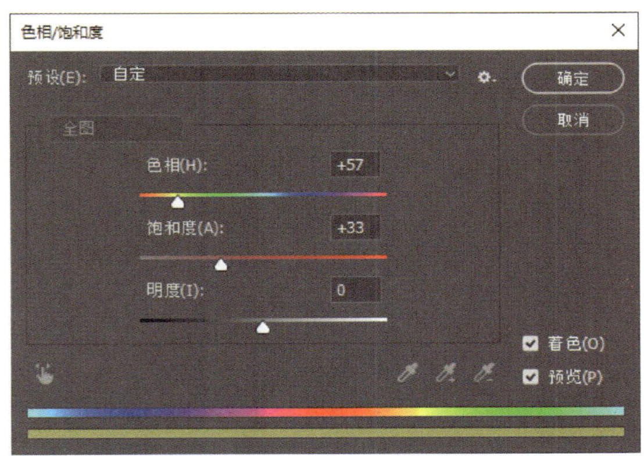

图 4-3-21　着色并调整色相饱和度

边缘笔刷，然后在光圈边缘处进行涂抹，隐藏边缘，效果如图 4-3-22 所示。

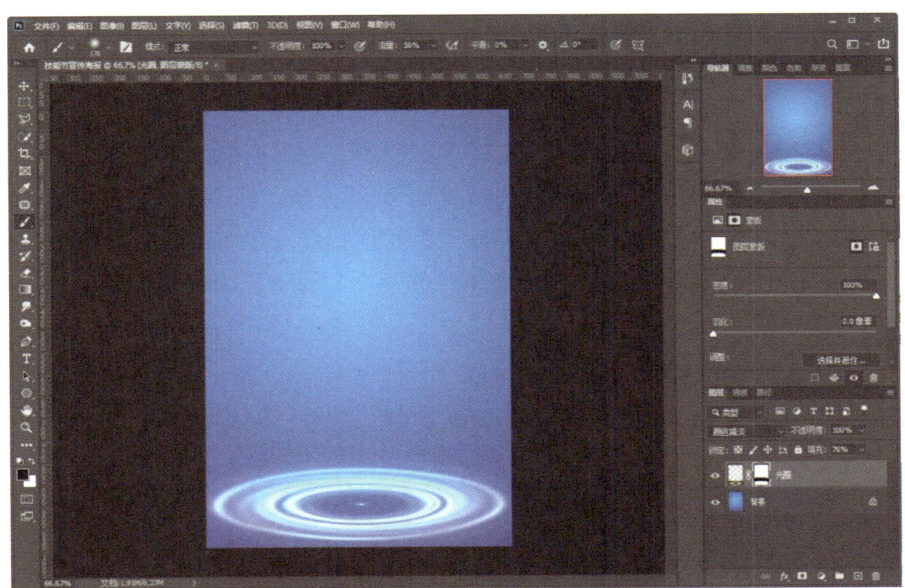

图 4-3-22　编辑光圈

三、制作多边形图像效果

1. 选择“多边形工具”，在属性栏中设置工具模式为“形状”，填充为“白色”，无描边，边数为“6”，如图 4-3-23 所示，在画面中依次绘制不同大小、颜色和描边的多边形，如图 4-3-24 所示。

图 4-3-23　设置工具属性

图 4-3-24　绘制多边形

2. 打开素材文件“技能节 1.jpg”，将“技能节 1”图像拖入“技能节海报”文件窗口中，生成“图层 1”，将名称修改为“技能节 1”。按“Ctrl+T”组合键，调整图像大小到合适位置，将“技能节 1”图层置于多边形上方，在图层面板中右键单击“技能节 1”图层，在弹出的快捷菜单中选择“创建剪贴蒙版”命令，效果如图 4-3-25 所示。

3. 参照上述步骤，依次打开素材文件“技能节 2.jpg”至“技能节 8.jpg”，并拖入“技能节海报”文件窗口中，执行“创建剪贴蒙版”命令，效果如图 4-3-26 所示。

图 4-3-25　创建剪贴蒙版

图 4-3-26　制作多边形图像效果

4. 在图层面板中选择所有的多边形图像效果图层，单击面板底部的“创建新组”按钮，并将组名改为“多边形图像”，如图 4-3-27 所示。

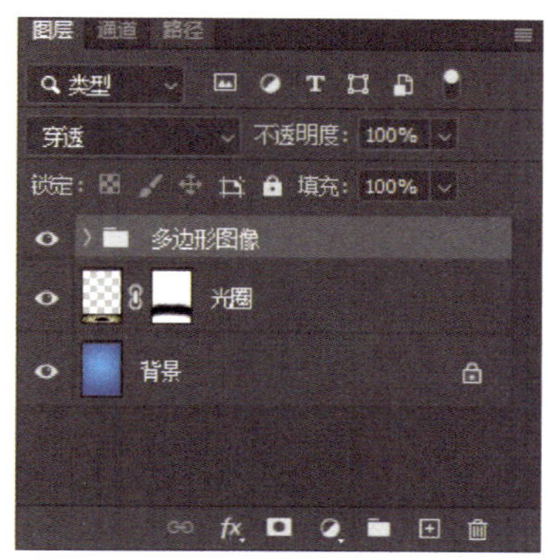

图 4-3-27　创建“多边形图像”组

四、制作“飞扬年华　技能筑梦”艺术字

操作演示

1. 选择工具箱中的“横排文字工具”，在选项栏中设置字体为“方正汉真广标简体”，字体大小为“25 点”，字形为“浑厚”，对齐方式为“左对齐”，颜色为“白色”，如图 4-3-28 所示，输入文字“飞扬年华　技能筑梦”。

图 4-3-28　设置文字属性

2. 右键单击文字图层，在弹出的快捷菜单中选择“创建工作路径”，删除文字图层，使用工具箱的“直接选择工具”制作文字效果，效果如图 4-3-29 所示。

3. 将编辑好的文字路径转换为选区，新建图层，将名称为“文字基底”，将选区填充为白色。如图 4-3-30 所示，按“Ctrl+D”组合键取消选区。

图 4-3-29　文字路径编辑效果

图 4-3-30　填充文字选区

4. 打开素材文件“颜色 .png”，将其拖入“技能节海报”文件窗口中，修改图层名称为“颜色内容”，按“Ctrl+T”组合键，调整图像大小到合适位置，将“颜色内容”图层置于“文字基底”图层上方，在图层面板中右键单击“颜色内容”图层，在弹出

的快捷菜单中选择“创建剪贴蒙版”命令，效果如图 4–3–31 所示。

图 4–3–31　创建文字填充效果

5. 双击“文字基底”图层，打开“图层样式”对话框，为图层添加“描边”样式，参数设置如图 4–3–32 所示，单击“确定”按钮，效果如图 4–3–33 所示。新建“图层 1”，选择“矩形选框工具”，绘制一个矩形选区，将其填充为白色，按“Ctrl+D”组合键取消选区，将“图层 1”置于“文字基底”图层的下方，效果如图 4–3–34 所示。

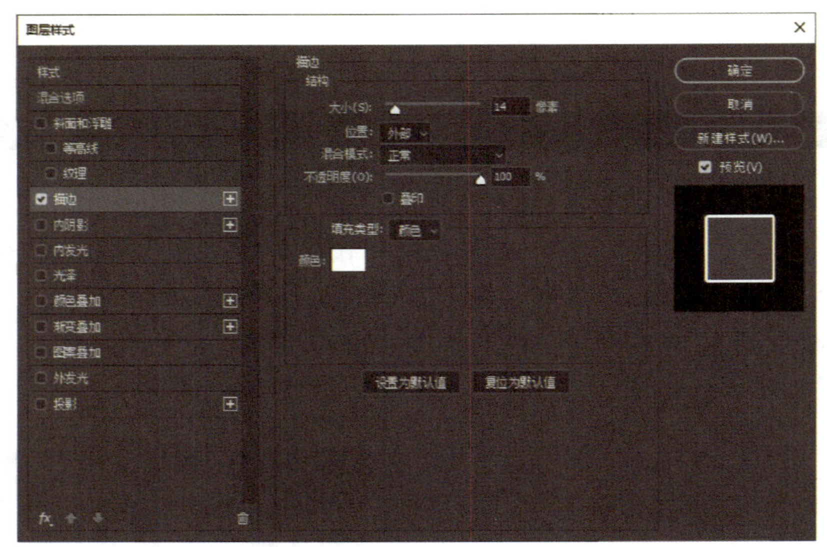

图 4–3–32　设置描边样式

图 4–3–33　描边效果

图 4–3–34　绘制并填充矩形选区

6. 选择工具箱中的“横排文字工具”，在选项栏中设置字体为“方正汉真广标简体”，字体大小为“8 点”，字形为“浑厚”，对齐方式为“左对齐”，颜色为蓝色（R：47，G：130，B：245），输入文字“第十届技能节”，效果如图 4–3–35 所示。

图 4–3–35　输入标题文字

五、绘制装饰形状

1. 选择“多边形工具”，在属性栏中设置工具模式为“形状”，无填充，描边为“白色”，描边宽度为“3 点”，边数为“3”，如图 4–3–36 所示，在画面中依次绘制 3 个三角形，并调整三角形大小，如图 4–3–37 所示。

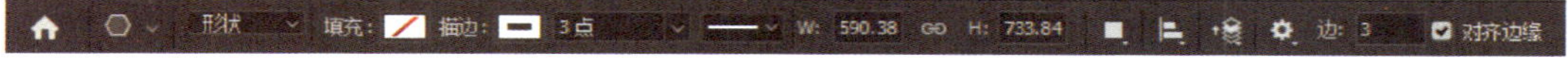

图 4–3–36　设置多边形属性

2. 同时选中 3 个多边形图层，按“Ctrl+E”组合键合并图层，修改图层名称为“三角形”，选择“矩形选框工具”，绘制一个矩形选区，在图层面板中单击“三角形”图层，按“Delete”键删除选区内图形，按“Ctrl+D”组合键取消选区，如图 4–3–38 所示。

图 4–3–37　绘制多边形

图 4–3–38　创建矩形选区

六、输入其他文字信息

选择工具箱中的“横排文字工具”，在选项栏中设置字体为“方正汉真广标简体”，字体大小为“5 点”，字形为“浑厚”，对齐方式为“左对齐”，颜色为“白色”，依次输入活动时间和主办单位信息，并添加投影图层样式，效果如图 4-3-1 所示，最后保存图像文件。

1. 在调整文字路径时，如果想改变路径的尺寸，可以按“Ctrl+T”组合键执行自由变换。

2. 蒙版可以使图层区域内部分内容隐藏或显示。更改蒙版可以对图层应用各种效果，不会影响该图层上的图像。

任务 4　火龙果直通车广告设计

1. 能分析卖家需求及产品卖点，制订电商平台直通车推广图的设计方案。
2. 能使用图层样式、调整图层、图层蒙版等工具处理产品图片。
3. 能使用绘图工具、图层样式等完成标签元素效果的制作。
4. 能使用剪贴蒙版、文字工具等完成电商平台直通车推广图排版。

一张好的电商平台直通车推广图不仅可以快速引起买家的关注，还可有效提高商品的点击率。某地区种植的火龙果产量高、品质好，为了进一步拓宽销路，计划开通网店，

进行线上销售，现需要制作如图 4–4–1 所示的电商平台“爱心助农”火龙果直通车广告推广图，吸引买家。

图 4–4–1　“爱心助农”火龙果直通车广告推广图

本任务需要设计师通过分析产品卖点来明确设计方向，并确定文案及设计元素，制定电商平台直通车推广图方案，综合运用图层样式、调整图层、图层蒙版处理图片，使用“剪贴蒙版”“文字工具”等工具进行排版，使用“矩形工具”“钢笔工具”等绘图工具完成标签等元素的绘制，设计制作火龙果直通车推广图。

一、电商平台直通车推广图

1. 电商平台直通车推广图的概念

电商平台直通车推广图是针对直通车的投放位置而制作的广告图片，与产品主图类似，但可增加一些促销性质的文案以吸引买家。

2. 电商平台直通车推广图设计规范

一张标准的电商平台直通车推广图由品牌标识、主标题、副标题、价格（优惠）、卖点等元素组成，通常为正方形、无水印、无细节图、主题居中，标准尺寸为 800 像素 × 800 像素，即 1∶1 的比例。如若使用主图作为直通车推广图，也可沿用 400 像素 × 400 像素的主图图片。除此之外，也可采用 2∶3 的比例（800 像素 ×1 200 像素）或 3∶4 的比例（750 像素 ×1 000 像素）。边框、标签可以搭配使用，水滴形标签、圆形标签或脚形标签都可以用，但是不能过度设计。

3. 电商平台直通车推广图设计要点

（1）一图一产品

只有精准的图片才能吸引目标客户，因此一张图片中尽量只放一个商品。

（2）突出产品主体

产品主体需充满整个图片区域，主题明确，陪衬物品不能掩盖主题。让产品主体在整个图片区域中最大，否则看不清楚是什么商品，影响点击量。

（3）慎放细节图

电商平台直通车推广图在使用过程中，平台有时会自动缩放，缩小后可能细节难以看清，甚至会影响产品展示效果，可通过改变不透明度和模糊等处理将其作为背景装饰图使用。

（4）简化背景图

背景复杂会使得图片产品主体不突出，最好将背景虚化，且图案尽量单一，避免干扰产品主体。

（5）弱化水印

出于对图片版权的保护，可选择添加水印，但要确保不影响产品的展示。

（6）突出卖点信息

在遵守平台规定的前提下，突出产品卖点信息，文案要简洁，有组织，排版美观。

（7）色彩要呼应

同类色配色可通过饱和度、明度的变化增加层次感，过于相似会导致背景和产品粘连。巧用对比色也会达到很好的效果。

（8）借用品牌影响力

当电商平台直通车推广图上出现较为知名的产品品牌或店铺品牌时，会吸引客户浏览。

二、渐变叠加

1. 渐变叠加的特点

渐变工具是一种填充工具，使用后图层以像素的属性固定，无底图；图层样式的渐变叠加是根据填充区域演算生成的图层，并随着填充区域的变化，根据参数设计生成新的渐变图层，有底图。

渐变叠加工具的优点有：生成渐变图层，无失真；容易调整和重新使用；配合矢量形状使用，变形不失真；与图层一样具备混合模式和 Alpha 通道。

渐变叠加工具的缺点有：渐变范围的调整有限，径向渐变不直观也不易调整；同一图层存在多个样式，其 *Z* 轴顺序是固定的，例如同时应用颜色叠加、渐变叠加、图案叠加，生成图层效果顺序是根据菜单次序来排列的，且无法调整，如若要调整，需要拆分为多个图层。

2. 使用方法

下面以一幅火龙果图片为例，说明渐变叠加的使用方法。

（1）打开素材文件“火龙果 3.jpg”，复制背景图层得到图层“背景　拷贝”。

（2）选中图层“背景　拷贝”，单击图层面板下方的“添加图层样式”按钮，选择“渐变叠加”，在右侧设置渐变混合模式为“正片叠底”，设置渐变色为“粉色 _07”，如图 4-4-2 所示，得到如图 4-4-3 所示效果。

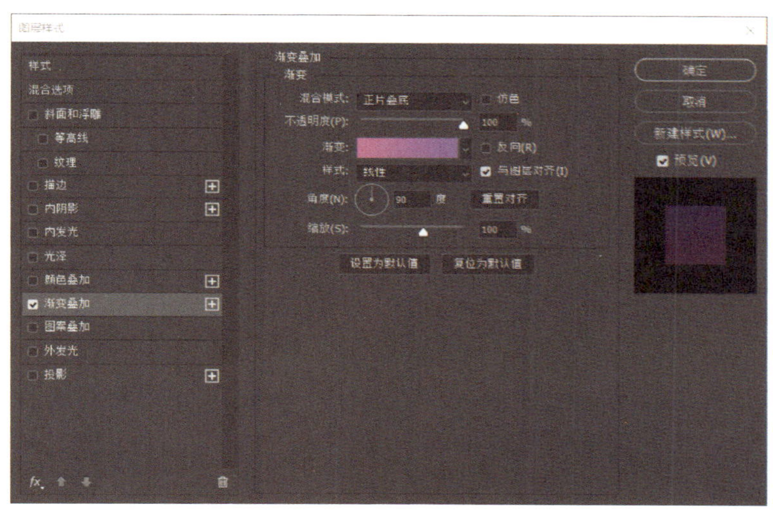

图 4-4-2　“渐变叠加”参数设置

图 4-4-3　渐变叠加前后效果对比图

一、新建图片文件

新建宽度为 800 像素、高度为 800 像素、分辨率为 72 像素 / 英寸的图片文件，命名为“火龙果直通车推广图”。

二、制作背景

1. 在图层面板下方单击新建组，命名为“背景”，使用“油漆桶工具”将背景色填充为米白色（R：255，G：250，B：247），将图层名称命名为“背景 1”。

2. 新建图层“背景 2”，使用“钢笔工具”，绘制如图 4-4-4 所示的梯形，在工具属性栏中将其填充色设置为粉色（R：252，G：178，B：195）。

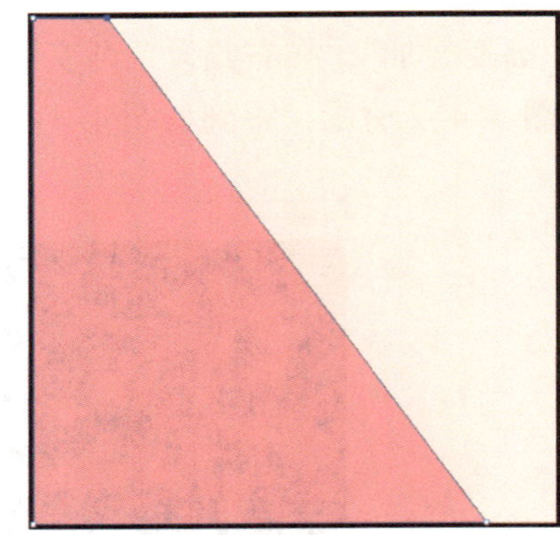
图 4-4-4　背景效果图

三、产品图像处理

1. 新建“产品图片”图层组，导入素材图片“火龙果 1.jpg”，调整其大小和位置。

2. 由于背景色大部分为纯白色，可使用“魔棒工具”，并在工具属性栏中选择“添加到选区”，然后单击图层白色区域，形成选区。为防止边缘有锯齿，在菜单栏执行“选择”→“修改”→“羽化”命令，设置羽化值为“1 像素”，同时按下“Ctrl+Shift+I”组合键反选，在图层面板底部单击“添加蒙版”按钮。如有未遮掉的部分，可将前景色设置为黑色，使用“画笔工具”在蒙版中涂抹。

3. 单击图层面板下方“添加图层样式”按钮，选择“投影”，在右侧设置混合模式为“正片叠底”，不透明度为“23%”，角度为“115 度”，距离为“4 像素”，扩展为“29%”，大小为“9 像素”，如图 4-4-5 所示。

4. 使用“图章工具”，对产品表面的污点略微修饰。

5. 单击图层面板下方“创建新的填充或调整图层”按钮，选择“亮度 / 对比度”，设置其亮度为“8”，对比度为“48”。

6. 单击图层面板下方“创建新的填充或调整图层”按钮，选择“色相 / 饱和度”，设置其饱和度为“+23”。得到如图 4-4-6 所示的效果。

四、标题设计

1. 使用“矩形工具”，绘制宽度为 624 像素、高度为 144 像素的矩形。设置其描边

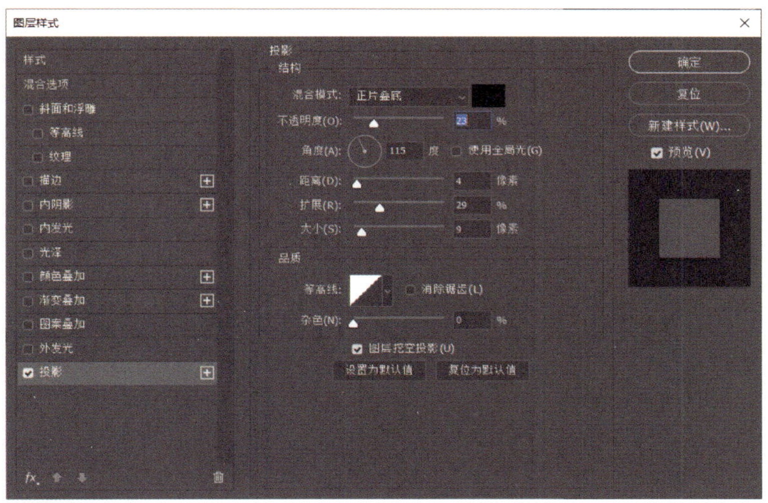

图 4-4-5　图层样式设置对话框

颜色为紫红色（R：144，G：3，B：60），粗细为“1 像素”，不填充颜色。将图层命名为“标题边框”。

2. 使用“文字工具”，输入“健康生活每一天”，设置其字体为“幼圆”，字号为“36 点”，颜色为红色（R：210，G：4，B：51）。

3. 为图层“标题边框”添加图层蒙版，使用“矩形选框工具”，绘制一个比“健康生活每一天”图层长的矩形，填充为黑色。

4. 使用“文字工具”，输入“爱心助农 / 火龙果”，设置字体为“字魂 35 号 – 经典雅黑”，字号为“72 点”，颜色设置为深红色（R：176，G：2，B：47），标题效果如图 4-4-7 所示。

图 4-4-6　产品图片处理效果

图 4-4-7　产品图片处理效果

五、边框绘制

1. 新建图层组，命名为“边框”。在组中新建图层“内边框”，使用“圆角矩形工具”绘制一个边长为 768 像素的正方形，设置圆角半径为“20 像素”，不填充颜色，描边为灰红色（R：224，G：118，B：88），粗细为“3 像素”。

2. 新建图层“外边框”，使用“矩形工具”绘制一个边长为 800 像素的正方形，不填充颜色，描边粗细为“10 像素”。

3. 选择“外边框”图层，为其添加图层样式“渐变叠加”。设置其渐变色块分别为酒红色（R：109，G：3，B：45）、粉红色（R：239，G：10，B：106）和酒红色（R：109，G：3，B：45）。参数设置如图 4-4-8 所示，得到如图 4-4-9 所示的效果。由于要添加渐变叠加效果，所以原填充色可以为任意颜色，不受影响，最终被渐变色覆盖。

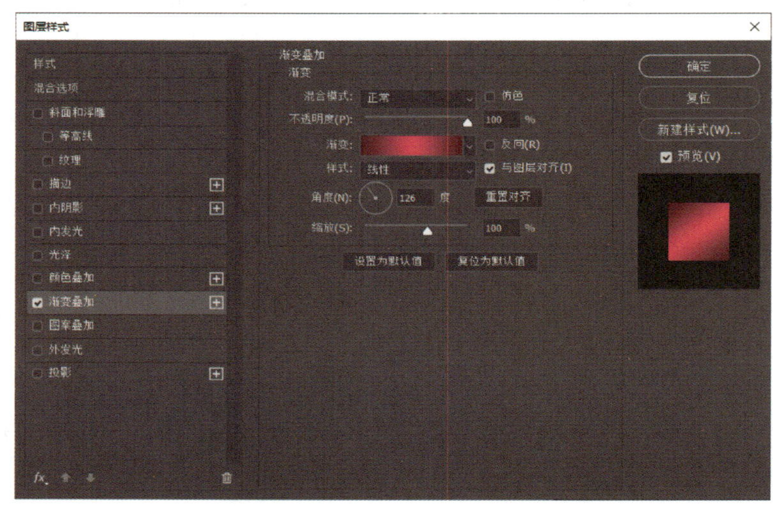

图 4-4-8　渐变叠加设置对话框

图 4-4-9　边框效果图

六、标签绘制

1. 新建图层组，命名为“标签”。在组中新建图层“标签 1”，使用“圆角矩形工具”绘制一个宽度为 298 像素、高度为 98 像素、圆角半径为 49 像素的圆角矩形，设置其颜色为深红色（R：210，G：4，B：51），无描边，并移动到左上角。

2. 使用“文字工具”输入文字“每日尝新”，设置字体为“Adobe 黑体 Std”，字号为“32 点”，颜色为“白色”，移动到恰当位置，如图 4-4-10 所示。

图 4-4-10　“标签 1”效果图

3. 新建图层“标签 2”，在画布右下角，使用“矩形工具”绘制一个宽度为 580 像素、高度为 90 像素的矩形。为其添加图形样式“渐变叠加”，设置其渐变色分别为酒红色（R：109，G：3，B：45）、粉红色（R：239，G：10，B：106）和酒红色（R：109，G：3，B：45）。

4. 使用“文字工具”输入文字“直采打包　新鲜速运”，设置字体为“Adobe 黑体 Std”，字号为“56 点”，移动到恰当位置。设置其图层样式渐变分别为米黄色（R：249，G：229，B：184）和白色（R：255，G：255，B：255），线性为“90 度”。设置投影混合模式为“正片叠底”、不透明度为“75%”，角度为“90 度”。其他参数如图 4-4-11 所示。

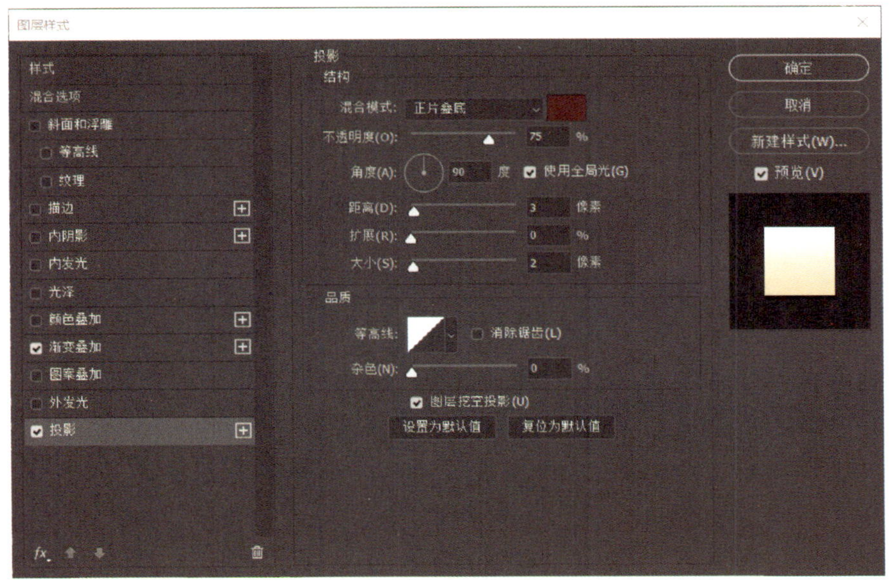

图 4-4-11　投影设置对话框

5. 新建图层“标签 3”，使用“矩形工具”绘制一个宽度为 580 像素、高度为 70 像素的矩形，移动到“标签 2”上方。为其添加图形样式“渐变叠加”，设置其渐变色为三种不同的黄色（R：243，G：212，B：146）（R：255，G：248，B：226）和（R：243，G：212，B：146），位置分别为“10%”“50%”和“90%”。设置其渐变方式为线性“0 度”。

6. 使用“文字工具”输入文字“全场 5 折特价　新鲜水果等你购”，设置字体为“Adobe 黑体 Std”，字号为“40 点”，移动到恰当位置。设置其填充色为酒红色（R：109，G：3，B：45）。设置其图层样式中投影混合模式为“滤色”、颜色为土黄色（R：243，G：212，B：146），不透明度为“88%”，角度为“90 度”。其他参数如图 4-4-12 所示。“标签 2”和“标签 3”效果如图 4-4-13 所示。

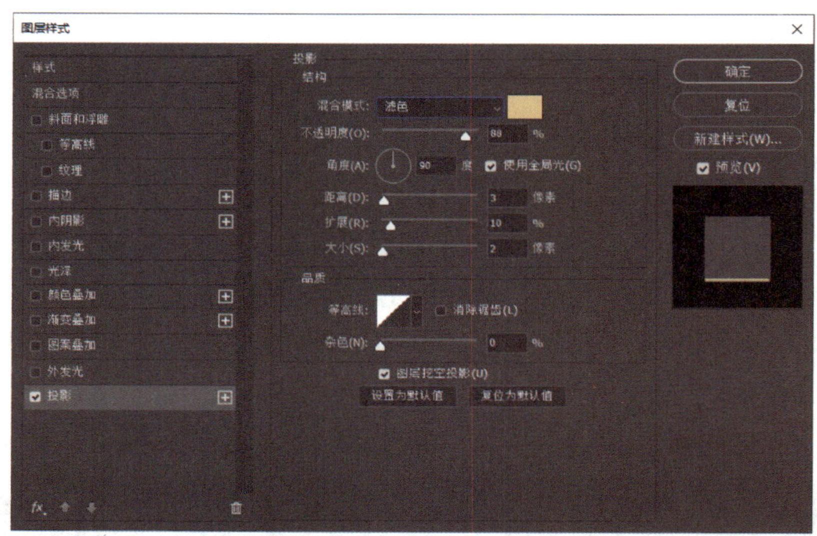

图 4-4-12　投影设置对话框

图 4-4-13　“标签 2”和“标签 3”效果图

7. 新建图层“标签 4”，使用“钢笔工具”在画布左下角绘制如图 4-4-13 所示的形状。为其添加图形样式“渐变叠加”，设置其渐变色分别为酒红色（R：109，G：3，B：45）、粉红色（R：239，G：10，B：106）和酒红色（R：109，G：3，B：45），设置其渐变方式为线性“-12 度”。为其添加图层样式“斜面和浮雕”，参数设置如图 4-4-14 所示。为其添加图层样式“投影”，参数设置如图 4-4-15 所示，效果如图 4-4-16 所示。

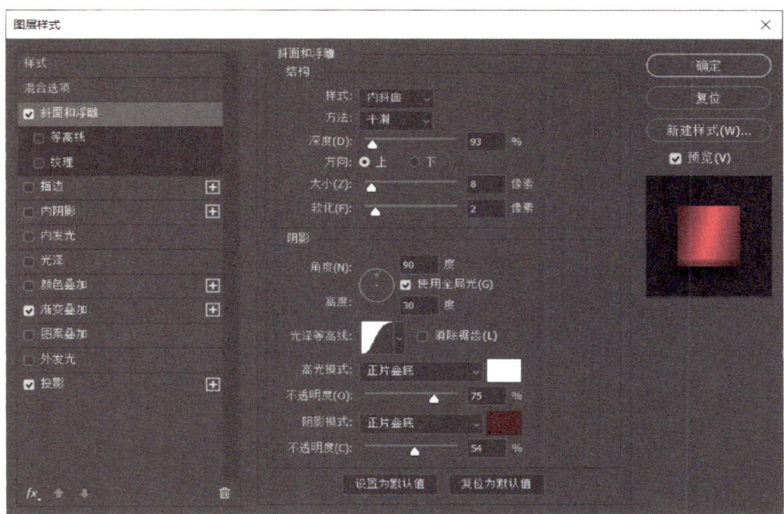

图 4-4-14 “斜面和浮雕”对话框

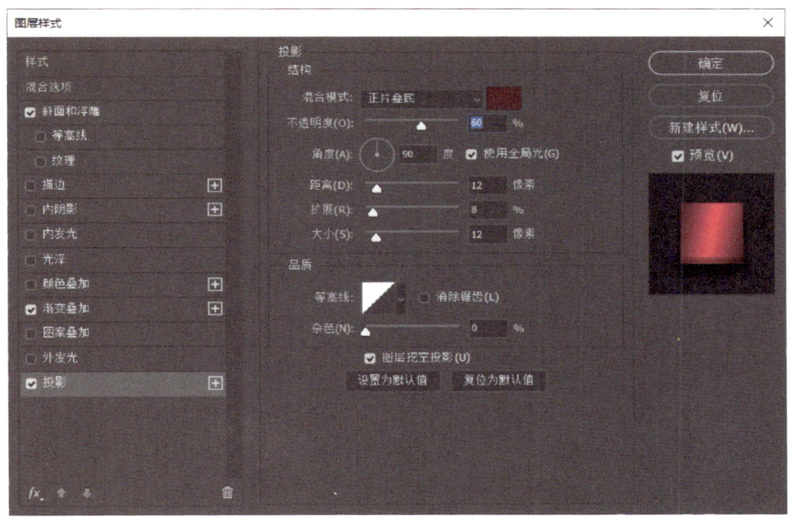

图 4-4-15 “投影”对话框

图 4-4-16 “标签 4”图层效果图

8. 复制图层“标签 4”，右键单击该图层，在弹出的快捷菜单中选择“清除图层样式”命令。为其添加图层样式“渐变叠加”，设置渐变色分别为紫色（R：182，G：53，B：156）和粉红色（R：239，G：10，B：106），渐变样式为“线性”、角度为“59 度”。将该图层往左水平移动，形成层次感。

9. 使用“文字工具”分别输入文字“产地直供:”“￥”“19”和“.9”，设置字体为“Adobe 黑体 Std”，字号分别为“40 点”“48 点”“118 点”和“78 点”。分别为其添加图层样式“渐变叠加”，设置其渐变色分别为米黄色（R：249，G：229，B：184）和白色（R：255，G：255，B：255），渐变样式为“线性”，角度为“90 度”。为其添加图层样式中的投影，混合模式为“正片叠底”、颜色为灰黑色（R：40，G：28，B：2），不透明度为“75%”，角度为“90 度”。其他参数参照图 4-4-17 所示，标签最终效果如图 4-4-18 所示。

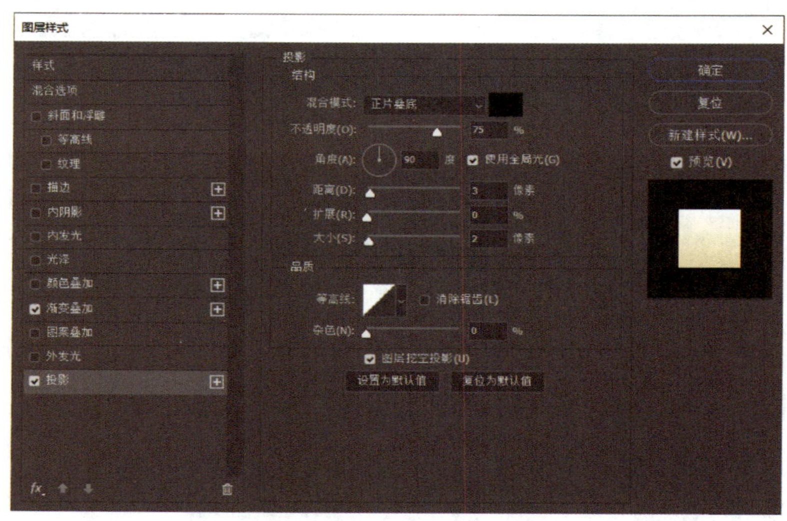

图 4-4-17 投影对话框

图 4-4-18 标签组效果

七、光效绘制

1. 新建图层组，命名为“光效”。新建图层“光效 1”，选择“椭圆工具”，设置羽化值为“1 像素”，单击“添加到选区”按钮。在图层“光效 1”中绘制如图 4–4–19 所示的椭圆选区。

图 4–4–19　椭圆选区

2. 使用“渐变工具”，设置渐变色为从不透明度为“100%”的浅黄色（R：255，G：248，B：213）到不透明度为“100%”的白色，设置渐变方式为“径向渐变”，进行填充，得到如图 4–4–20 所示效果，按“Ctrl+D”组合键取消选区。

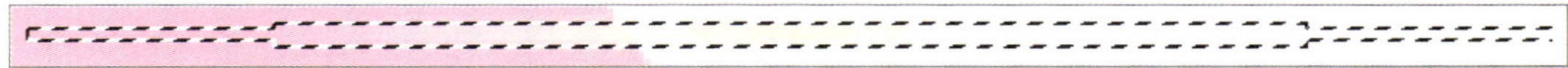

图 4–4–20　添加到选区后的椭圆选区

3. 复制“光效 1”得到新图层，按“Ctrl+T”组合键，使椭圆变高变窄。同时选中两个图层，单击鼠标右键，在弹出的快捷菜单中选择“合并图层”命令，得到图层“光效 1 拷贝”。复制“光效 1 拷贝”，得到“光效 1 拷贝 1”“光效 1 拷贝 2”“光效 1 拷贝 3”“光效 1 拷贝 4”“光效 1 拷贝 5”5 个图层，调整大小，移动到恰当位置进行装饰，效果如图 4–4–21 所示。

4. 在制作“标签 4”的光效时，在“光效 1 拷贝 5”的基础上，再复制出“光效 1 拷贝 6”，按“Ctrl+T”组合键自由变换，同时选中两个图层，单击鼠标右键，在弹出的快捷菜单中选择“合并图层”命令。选中合并后的图层，执行“编辑”→“变换”→“变形”命令，对该图层进行调整，效果如图 4–4–22 所示。对该图层添加图层蒙版，涂抹掉多余部分，调整位置，得到最终效果，如图 4–4–1 所示。

图 4–4–21　光效位置参考

图 4–4–22　光效变形调整前后参考

1. 若要制作带有透明效果的渐变色，可以单击渐变条上的色标，然后在“不透明度”数值框内设置适当的参数。

2. 图层样式中“投影”样式与“内阴影”样式比较相似，其区别是“投影”样式主要是通过设置参数来增强某部分层次感和立体感。

项目五
包装设计

任务 1 酸奶包装瓶贴和封口纸设计

1. 能说明不同瓶子包装的设计风格和结构特点。
2. 能区分不同产品内包装和外包装的表现形式与材料异同。
3. 能利用“对象管理器”面板对图层进行管理。
4. 能使用“调整图层”对图层进行调整。
5. 能使用“变形”命令编辑对象。

为了提高商品的核心竞争力，不仅要不断提高产品的质量，更要重视其包装设计。塑料瓶包装是常见的商品包装之一，塑料瓶包装的设计不但要符合相关的设计规则，还要体现一定的审美价值，并适应消费者的需求，达到提升产品销量的目的。

本任务要求为某酸奶厂家制作酸奶包装瓶贴和封口纸，立体效果如图 5-1-1 所示。在酸奶塑料瓶包装设计过程中，巧妙运用图形、文字、颜色等元素，使整个包装设计具有创意性。在制作立体效果之前，需要先进行平面图部分的设计，然后使用“变形”命令制作包装立体效果图。

图 5-1-1 “酸奶塑料瓶”包装效果

一、对象选择工具

Photoshop 2020 中新增了“对象选择工具”，可以通过识别主体物与环境的颜色值，在对象周围绘制矩形选框或套索，自动识别物体边缘从而生成对象的选区。

1. 选择模式

对象选择工具有两种选择模式：矩形或套索。矩形模式中，拖动指针可定义对象周围的矩形区域。套索模式中，可在对象的边界外绘制粗略的套索。

2. 添加或减去选区

在属性选项栏中，可单击“新建”“添加到”“删减”或“与选区交叉”等选项对选区进行添加或减去等操作。其中，“新建”是在未选择任何选区的情况下的默认选项，创建初始选区后，该选项将自动更改为“添加到”。

3. 应用实例

下面结合实例说明对象选择工具的用法，需注意的是，操作中按住“Shift”键可以快速添加选区。

（1）打开素材文件夹中的文件“橙子.jpg”，“对象选择工具”的模式为默认的“矩形”，按住鼠标左键不放拖动，用矩形框框选橙子主体，此时可以看到橙子周围出现选区，如图 5-1-2 所示。

图 5-1-2　创建橙子选区

（2）打开素材文件夹中的文件“茶艺 .jpg”，“对象选择工具”的模式为默认的“矩形”，按住鼠标左键不放拖动，用矩形框框选人物主体，此时可以看到人物周围出现选区，如图 5-1-3 所示。通过观察可以发现，茶杯和人物手臂处的选区还需要调整，在属性栏中将模式切换为“套索”，选择“添加到选区”命令，或者按住“Shift”键，将全部茶杯添加到选区内，如图 5-1-4 所示。保持“套索”模式不变，选择“从选区中减去”命令，或者按住“Alt”键，将人物手臂处多出来的选区删除，如图 5-1-5 所示。

图 5-1-3　创建人物选区

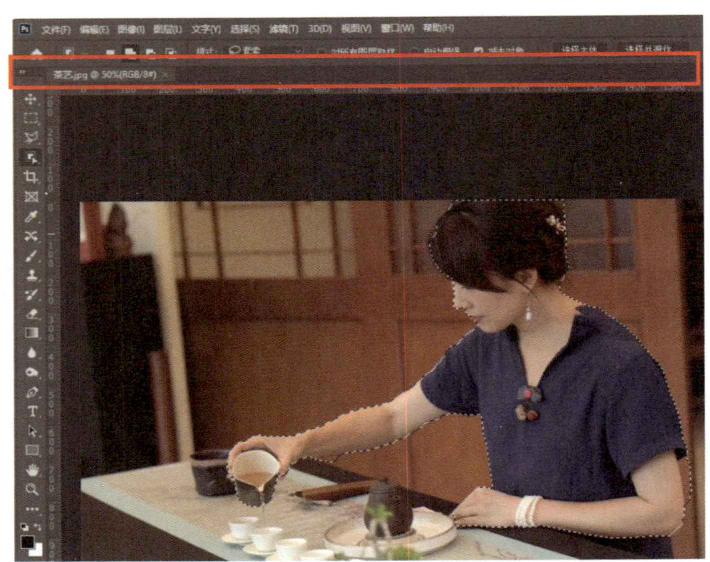

图 5-1-4　添加选区

图 5-1-5　删除选区

二、快速导出为 PNG 格式

执行“文件”→“导出”→“快速导出为 PNG”命令，或者在图层面板中选择要导出的图层，单击鼠标右键，从弹出的快捷菜单中选择“快速导出为 PNG”，可以将当前文件导出为 PNG 格式。执行“文件”→“导出”→“导出首选项”命令，在弹出的“首选项”窗口中可以设置快速导出的格式，在下拉列表中还可以选择“JPG”“GIF”或“SVG”格式，如图 5-1-6 所示。选择不同的格式，在右侧可以进行相应参数的设置，如设置为“JPG”后，在“文件”→“导出”菜单下就会出现“快速导出为 JPG”命令。

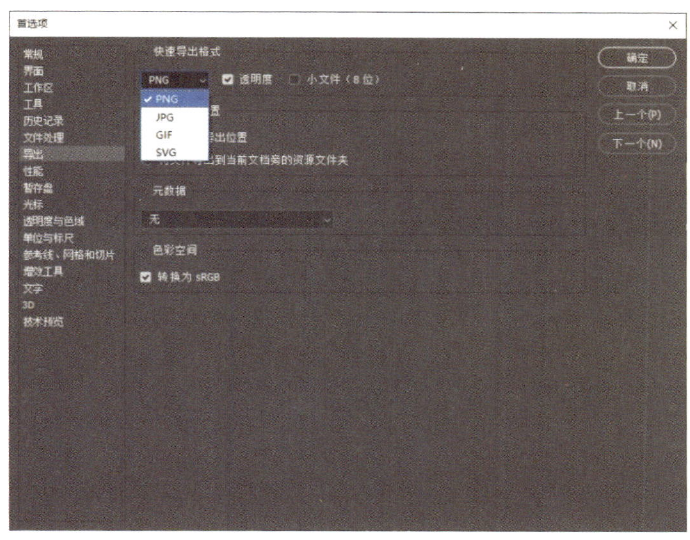

图 5-1-6　设置导出首选项

三、变形命令

在自由变换状态下，单击鼠标右键，在弹出的快捷菜单中选择“变形”命令，通过拖动网格线或控制点可进行变形操作。在选项栏中，可使用“拆分”命令来创建变形网格线，有“交叉拆分变形”⊞、“垂直拆分变形”◫和“水平拆分变形”⊟ 3 种方式。选择“交叉拆分变形”，在变形框内单击鼠标左键，可同时创建水平和垂直方向的变形网格线，如图 5-1-7 所示。接着拖动控制点即可进行变形操作，如图 5-1-8 所示。

图 5-1-7　交叉拆分变形命令

图 5-1-8　变形操作

在选项栏中单击“网格”按钮，在下拉菜单中可以选择网格的数量，如图 5–1–9 所示，还可以通过“自定”设置网格的数量。

在选项栏中单击“变形”按钮，在下拉菜单中有多种预设的变形方式，如图 5–1–10 所示。单击选择其中一种，通过设置变形的参数达到想要的效果。

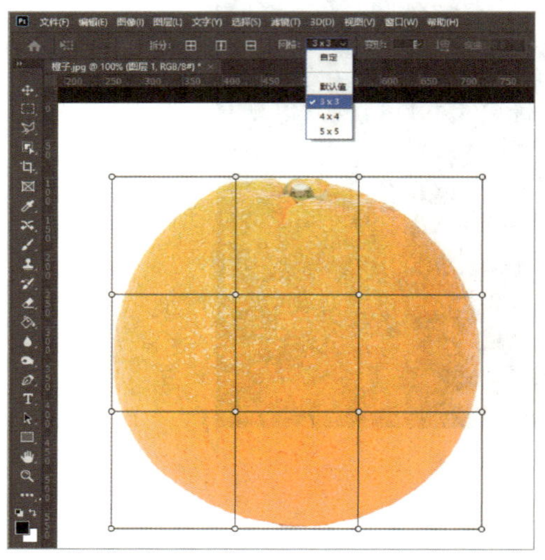

图 5–1–9　设置网格

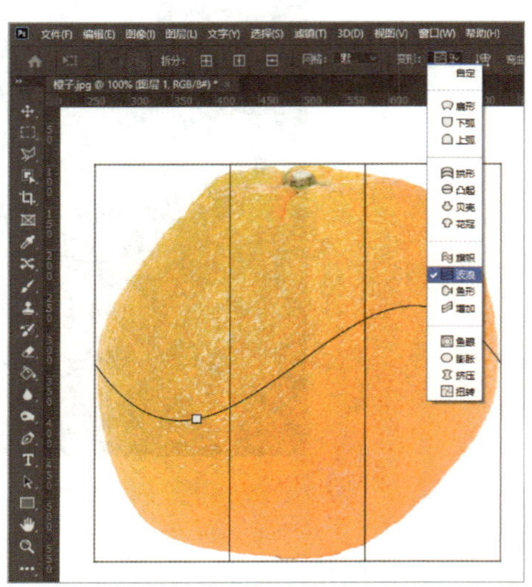

图 5–1–10　选择变形预设效果

一、新建文档并设置参考线

1. 新建文档并命名为“包装瓶贴”，设宽度为 216 毫米，高度为 79 毫米，分辨率为 300 像素 / 英寸，其他选项使用默认值，然后单击“创建”按钮。

2. 执行“视图”菜单中的“新建参考线版面”命令，如图 5–1–11 所示。在弹出的“新建参考线版面”对话框中勾选“列”，设置数字为“3”，装订线为“0 像素”，如图 5–1–12 所示。然后单击“确定”按钮，效果如图 5–1–13 所示。

二、制作酸奶包装瓶贴

1. 打开素材文件夹中的文件“橙子 .jpg”，用 Photoshop 2020 新增的“对象选择工具”框选橙子主体，如图 5–1–14 所示。将其复制并粘贴到“包装瓶贴”文件窗口中，生成“图层 1”，修改图层名称为“橙子”，按“Ctrl+T”组合键，调整橙子大小到合适位置，如图 5–1–15 所示。关闭“橙子 .jpg”文件窗口。

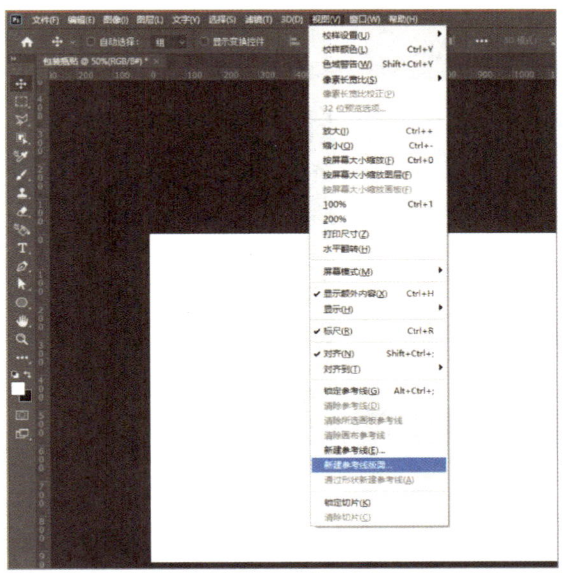

图 5-1-11 新建参考线版面

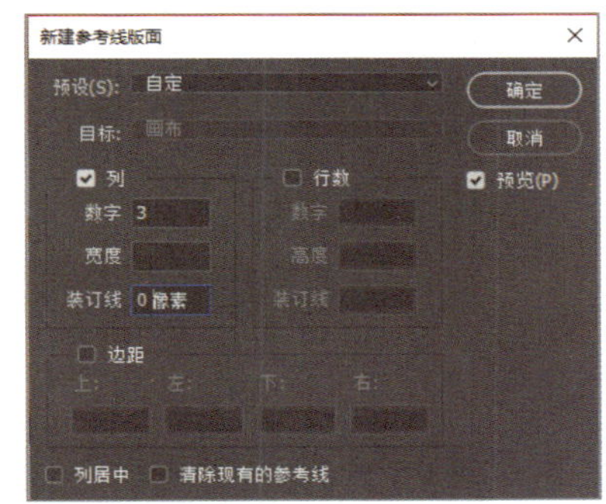

图 5-1-12 设置参考线版面参数

图 5-1-13 创建参考线

2. 在图层面板中单击“创建新的填充或调整图层”按钮，选择“亮度 / 对比度”，新建“亮度 / 对比度”调整图层，在属性面板中调整亮度为“–50”，对比度为“33”，按住“Alt”键，在调整图层与橙子图层之间单击，创建剪贴蒙版，如图 5–1–16 所示。

3. 选择“钢笔工具”，在属性栏中设置模式为“形状”，填充为“白色”，无描边，如图 5–1–17 所示。沿橙子边缘绘制“形状 1”，如图 5–1–18 所示。双击“形状 1”图层，打开“图层样式”对话框，添加“斜面和浮雕”样式，参数如图 5–1–19 所示。添加“投影”样式，参数如图 5–1–20 所示。设置好参数后，单击“确定”按钮，效果如图 5–1–21 所示。

图 5-1-14　框选橙子主体

图 5-1-15　调整橙子大小和位置

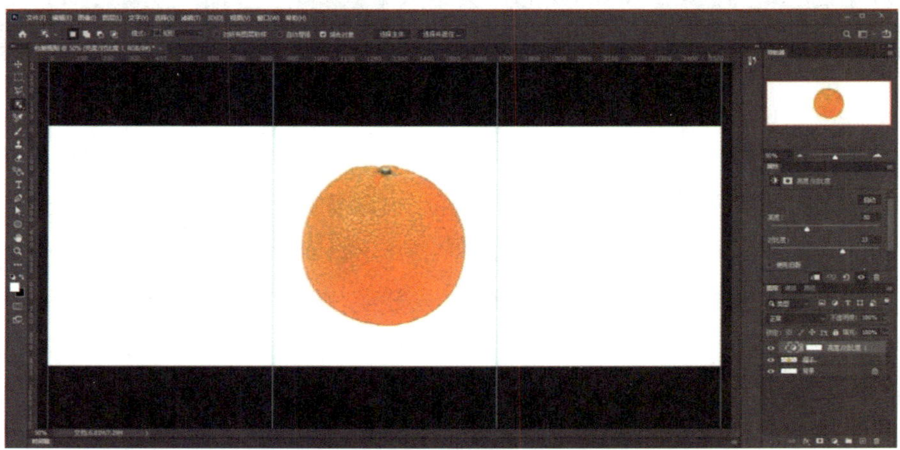

图 5-1-16　创建调整图层

图 5-1-17　设置钢笔属性

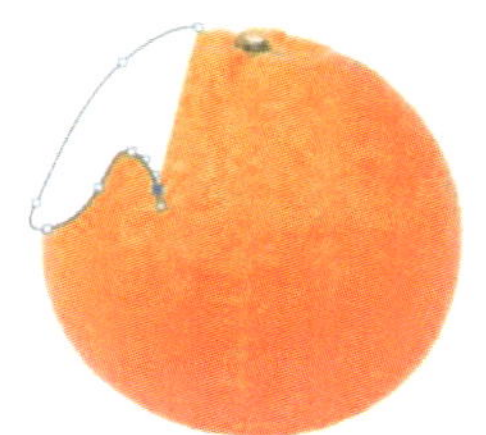

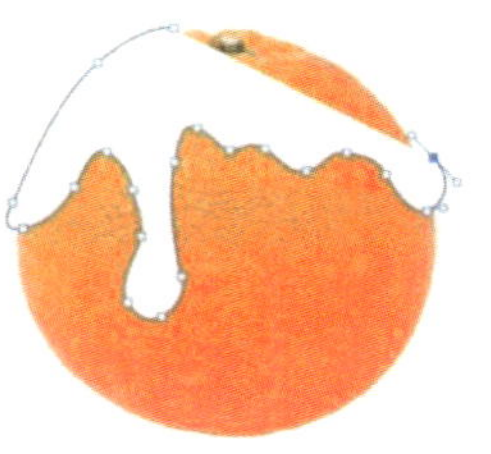
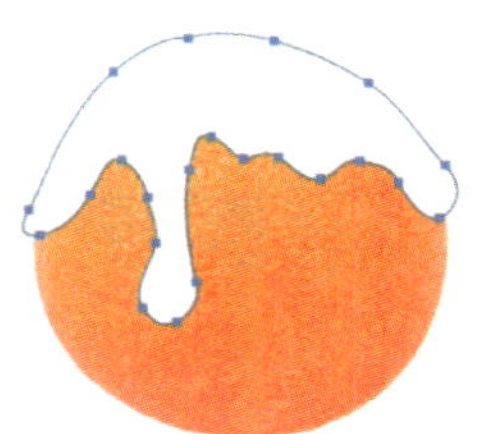

图 5-1-18　绘制“形状 1”

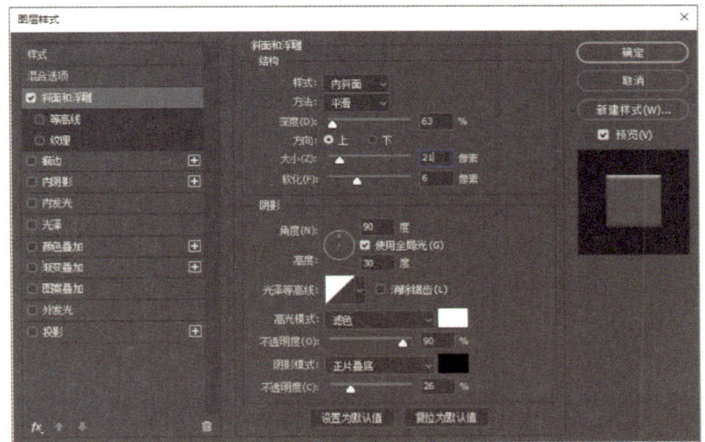

图 5-1-19　添加“斜面和浮雕”图层样式

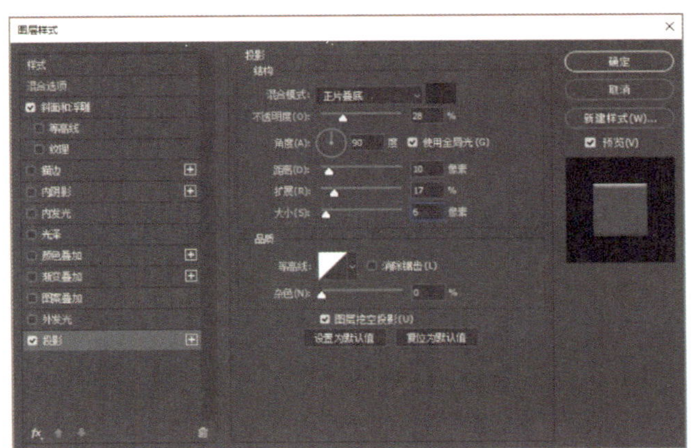

图 5-1-20　添加“投影”图层样式

图 5-1-21　为“形状 1”图层添加图层样式

4. 按照上述步骤绘制“形状 2”和“形状 3”，如图 5–1–22 和图 5–1–23 所示。双击“形状 2”图层，打开“图层样式”对话框，添加“斜面和浮雕”样式，参数如图 5–1–24 所示。添加“投影”样式，参数如图 5–1–25 所示。设置好参数后，单击“确定”按钮，右键单击“形状 2”图层，选择“拷贝图层样式”命令，右键单击“形状 3”图层，选择“粘贴图层样式”命令，效果如图 5–1–26 所示。

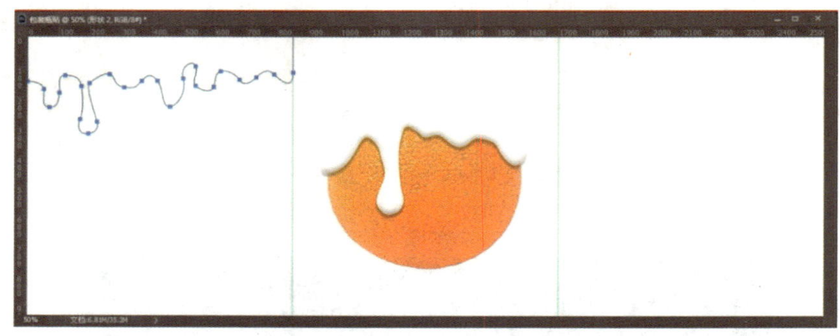

图 5–1–22 绘制“形状 2”

图 5–1–23 绘制“形状 3”

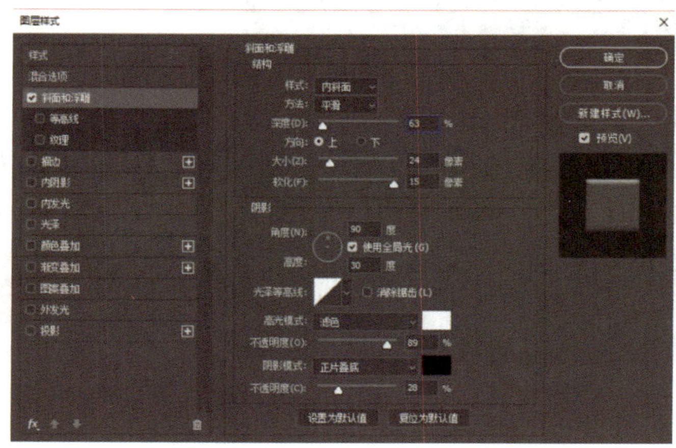

图 5–1–24 添加“斜面和浮雕”样式

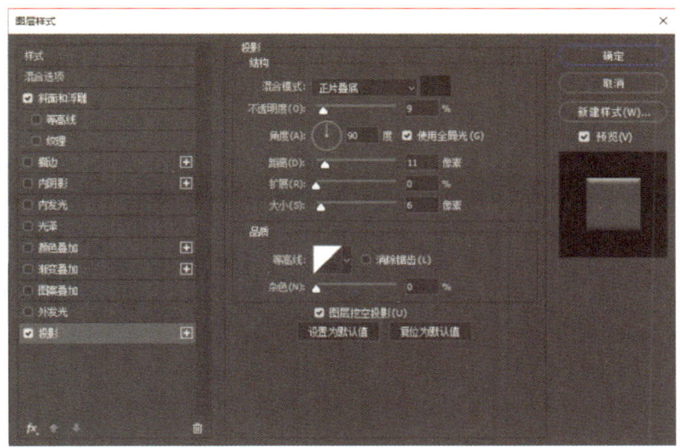

图 5-1-25　添加“投影”样式

图 5-1-26　添加图层样式效果

5. 按照上述步骤绘制“形状 4”，如图 5-1-27 所示。在属性栏中设置填充为橙黄色（R：255，G：180，B：99），如图 5-1-28 所示。复制“形状 4”图层，得到“形状 4 拷贝”图层，按“Ctrl+T”组合键，按住“Shift”键拖动变形框的控制点，调整好图像的大小，在属性栏中设置填充色为“白色”；再次复制“形状 4 拷贝”图层，得到“形状 4 拷贝 2”图层，按“Ctrl+T”组合键，按住“Shift”键拖动变形框的控制点，

图 5-1-27　绘制“形状 4”

调整好图像的大小，在属性栏中设置填充色为橙黄色（R：255，G：180，B：99），如图 5-1-29 所示。在“图层”面板中选择所有形状图层，单击面板底部的“创建新组”按钮，并将组名改为“形状”，如图 5-1-30 所示。

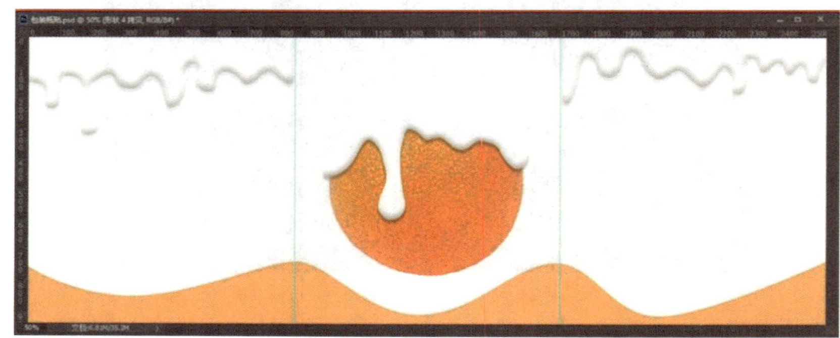

图 5-1-28　设置填充颜色

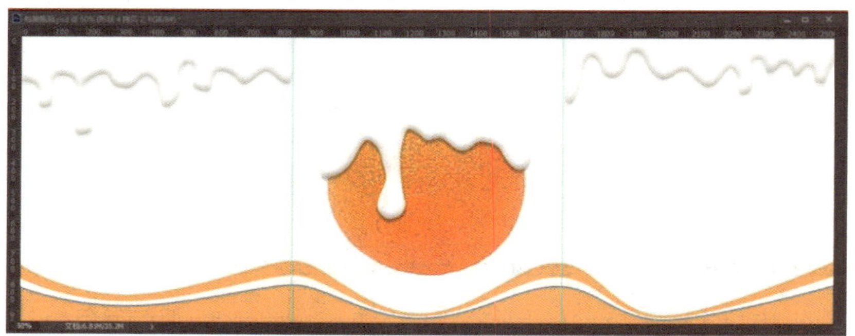

图 5-1-29　复制图层并填充颜色

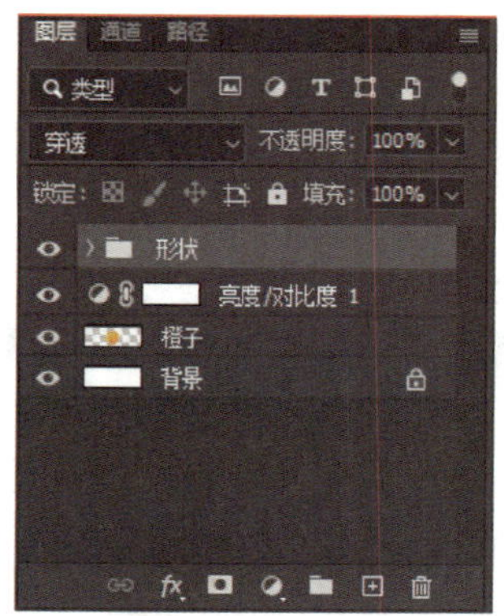

图 5-1-30　创建组“形状”

三、制作酸奶商标

操作演示

1. 要先新建图层，命名为“圆角矩形 1”。选择“圆角矩形工具”，在属性栏中设置工具模式为“形状”，填充色为“黑色”，无描边，如图 5–1–31 所示。在橙子左上方绘制一个宽为 239 像素、高为 141 像素的圆角矩形，如图 5–1–32 所示。设置前景色为“白色”，选择工具箱中的“文字工具”，输入产品中文名称“橙子味酸奶”，设置字体为“迷你简准圆”，大小为“9 点”，调整好字符间距和位置。

图 5–1–31 设置图形属性

图 5–1–32 绘制圆角矩形

2. 使用“文字工具”，输入酸奶的英文“YOGURT”，设置字体为“Arial Black”，大小为“9 点”，调整好字符间距和位置，如图 5–1–33 所示。

图 5–1–33 添加产品名称

3. 先新建图层，命名为“圆角矩形 2”，再次选择“圆角矩形工具”，在黑色背景上绘制一些小的圆角矩形做点缀，表现奶制品属性，按“Ctrl+T”组合键，调整好大小和位置，如图 5–1–34 所示。按住“Ctrl”键不放，单击“圆角矩形 1”图层缩览图，将“圆角矩形 1”载入选区，如图 5–1–35 所示，单击选择“圆角矩形 2”图层，创建图层蒙版，如图 5–1–36 所示，在图层面板中选择该步骤的所有图层，单击面板底部的“创建新组”按钮，并将组名改为“LOGO”，如图 5–1–37 所示。

图 5–1–34 绘制圆角矩形

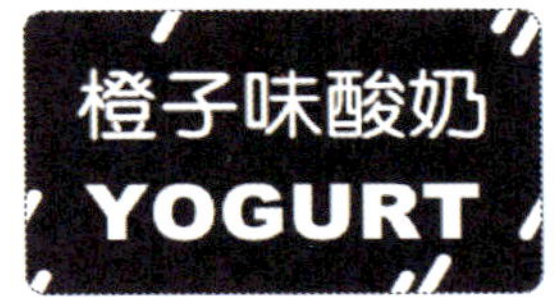

图 5–1–35 将“圆角矩形 1”载入选区

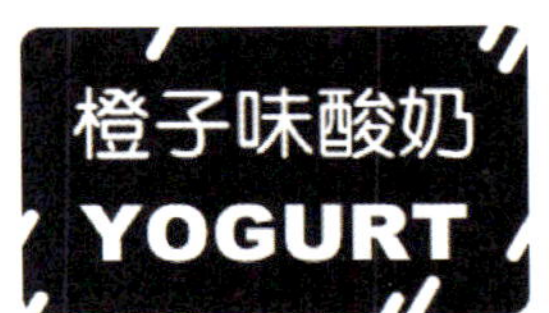

图 5–1–36 创建图层蒙版

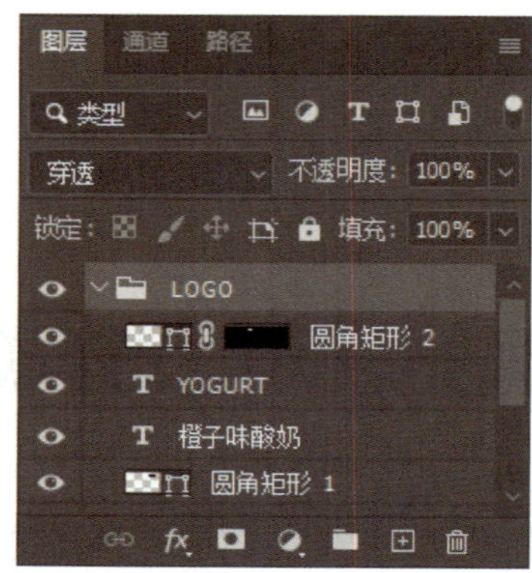

图 5-1-37 创建图层组“LOGO”

四、添加产品说明文字及条形码等

1. 选择“钢笔工具”，在属性栏中选择“路径”模式，如图 5-1-38 所示，沿橙子底部绘制一条曲线路径，如图 5-1-39 所示，选择“文字工具”，在刚绘制的曲线路径上单击，输入产品卖点文字“0% 蔗糖 · 0% 添加剂 · 0% 防腐剂”，设置字体为“迷你简准圆”，大小为“12 点”，调整好字符间距和位置，选中其中三处文字“0%”，设置字体为“Arial Black”，大小为“12 点”，颜色为橙黄色（R：255，G：180，B：99），调整好字符间距和位置，如图 5-1-40 所示。

图 5-1-38 设置路径模式

图 5-1-39 绘制曲线路径

2. 设置前景色为“黑色”，再次选择“文字工具”，在文件窗口右侧单击并拖动，建立新文本框，打开素材文件夹中的“标签”文本文件并复制文字，粘贴到 Photoshop 软件的文本框内，设置字体为“黑体”，大小为“8 点”，调整好字符间距和位置，如图 5-1-41 所示，打开素材文件夹中的文件“条形码 .png”，使用“移动工具”将其

图 5-1-40　添加卖点文案

中的条形码拖动到包装设计文件的底盖区域，调整图像大小，摆放到合适位置，关闭“条形码 .png”文件窗口。打开素材文件夹中的文件“生产许可 .jpg”，使用“移动工具”将其拖动到条形码旁边，调整图像大小，摆放到合适位置，效果如图 5-1-42 所示，关闭“生产许可 .jpg”文件窗口。在图层面板中选择本步骤的所有图层，单击面板底部的“创建新组”按钮，并将组名改为“右标签”，如图 5-1-43 所示。

图 5-1-41　添加文字标签

图 5-1-42　添加条形码和生产许可

3. 选择“圆角矩形工具”，在属性栏中设置工具模式为“形状”，填充为“白色”，描边为“黑色”，描边宽度为“1 点”，描边类型为“实线”，如图 5–1–44 所示。在画面左侧绘制一个圆角矩形，如图 5–1–45 所示，选择“直线工具”，在属性栏中设置工具模式为“形状”，无填充颜色，描边为“黑色”，描边宽度为“1 点”，描边类型为“实线”，如图 5–1–46 所示。按住“Shift”键的同时按住鼠标左键拖动，在圆角矩形框中从左往右绘制一条直线，如图 5–1–47 所示。设置前景色为“黑色”，选择“文字工具”，输入文字“项目”“每 100 克”“营养参考素值 %”等字样，设置字体为“黑体”，大小为“7 点”，调整好字符间距和位置，如图 5–1–48 所示。再次选择“文字工具”，在圆角矩形上方输入文字“营养成分表”，设置字体为“黑体”，大小为“10 点”，调整好字符间距和位置，如图 5–1–49 所示。

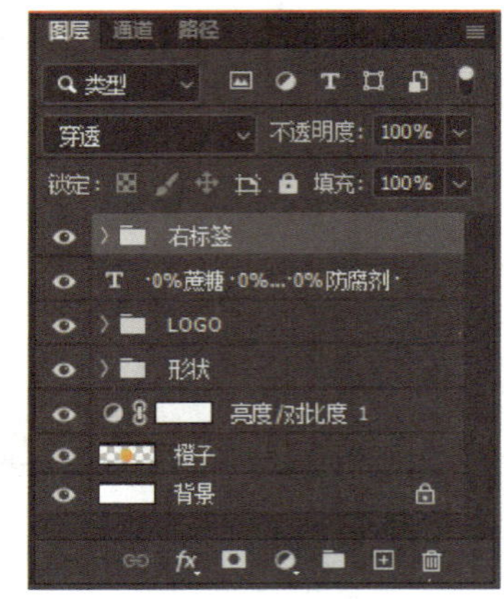

图 5–1–43 创建图层组“右标签”

图 5–1–44 设置图形属性

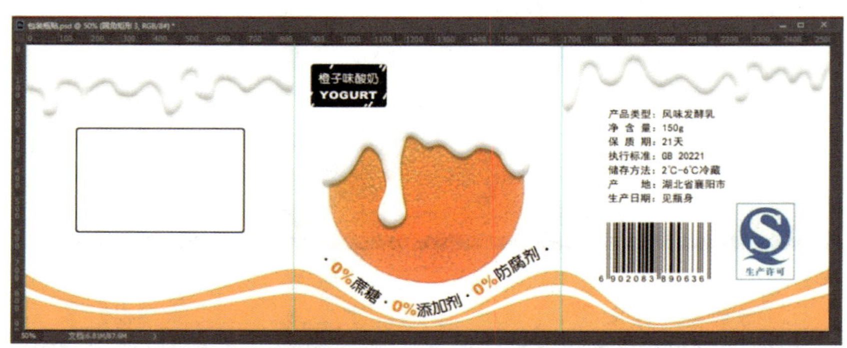

图 5–1–45 绘制圆角矩形

图 5–1–46 设置直线属性

4. 打开素材文件夹中的文件“环保标识 1.png”和“环保标识 2.png”，使用“移动工具”将其拖动到包装设计文件的“营养成分表”的下方，调整图像大小，摆放到合适位置，效果如图 5–1–50 所示，关闭“环保标识 1.png”和“环保标识 2.png”文件窗口。

5. 在图层面板中选择步骤 3 和步骤 4 建立的所有图层，单击面板底部的“创建新组”按钮，并将组名改为“左标签”，如图 5–1–51 所示。

图 5-1-47　绘制直线

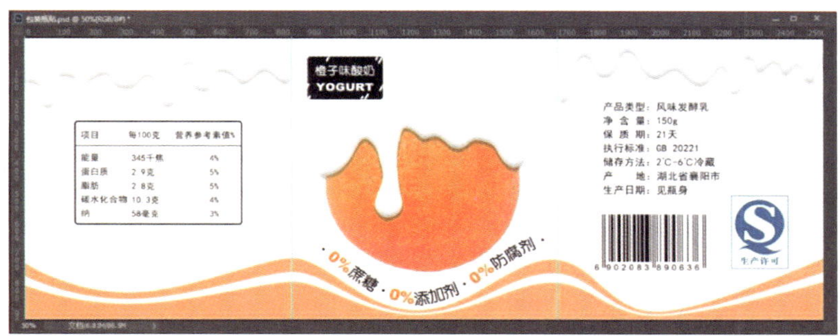

图 5-1-48　制作营养成分表

图 5-1-49　输入标题文字

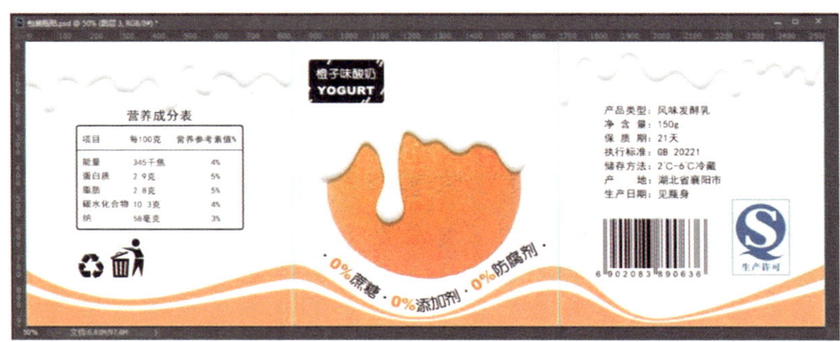

图 5-1-50　添加环保标识

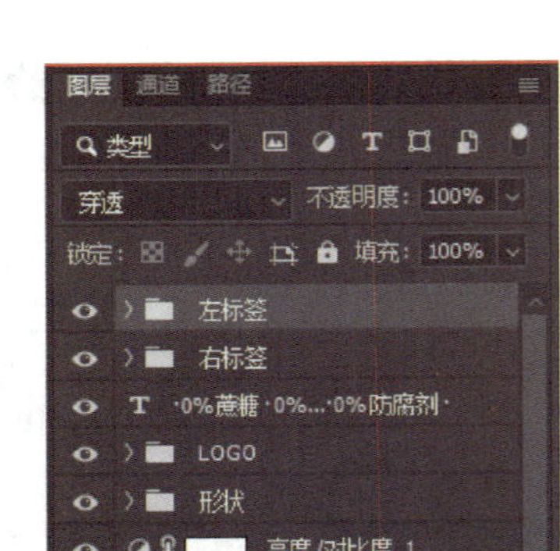

图 5-1-51　创建图层组“左标签”

6. 选择“椭圆工具”，在属性栏中设置工具模式为“形状”，填充为“白色”，无描边，如图 5-1-52 所示。按住“Shift”键不放，在页面空白处绘制多个大小不一的正圆形，绘制完成后，选中所有的椭圆图层，右键单击，在弹出的快捷菜单中选择“合并形状”命令，得到“椭圆 9”图层，如图 5-1-53 所示。双击“椭圆 9”图层名称，修改为“椭圆”，双击“椭圆”图层，打开“图层样式”对话框，添加“斜面和浮雕”样式，参数如图 5-1-54 所示。设置好参数后，单击“确定”按钮，效果如图 5-1-55 所示。

图 5-1-52　设置椭圆属性

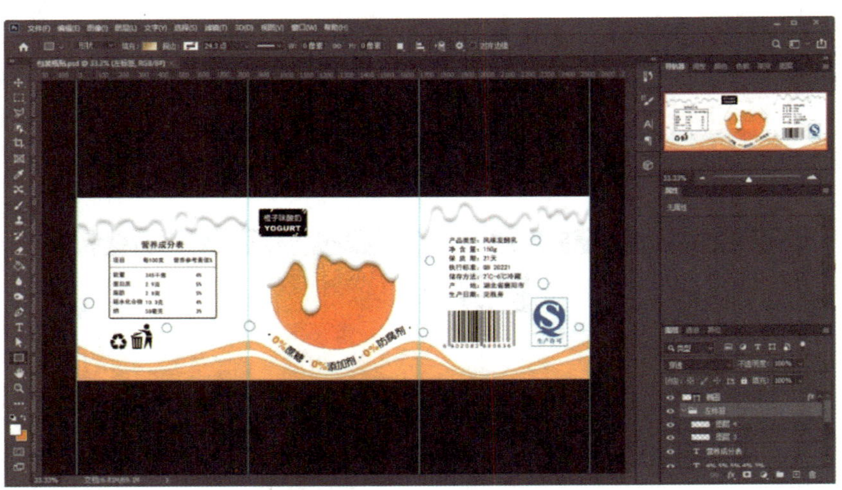

图 5-1-53　合并椭圆图层

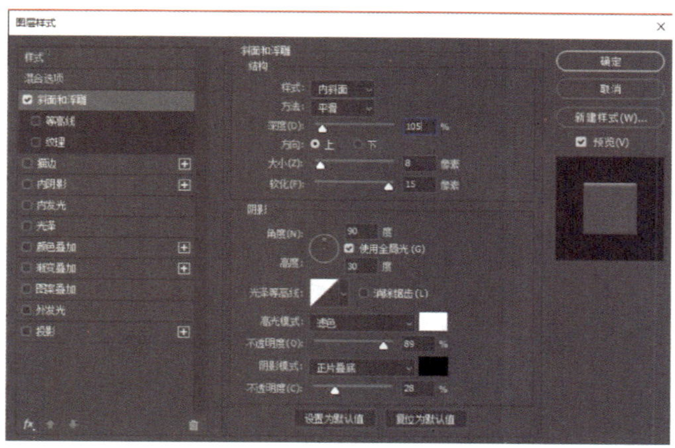

图 5-1-54　“斜面和浮雕”样式参数

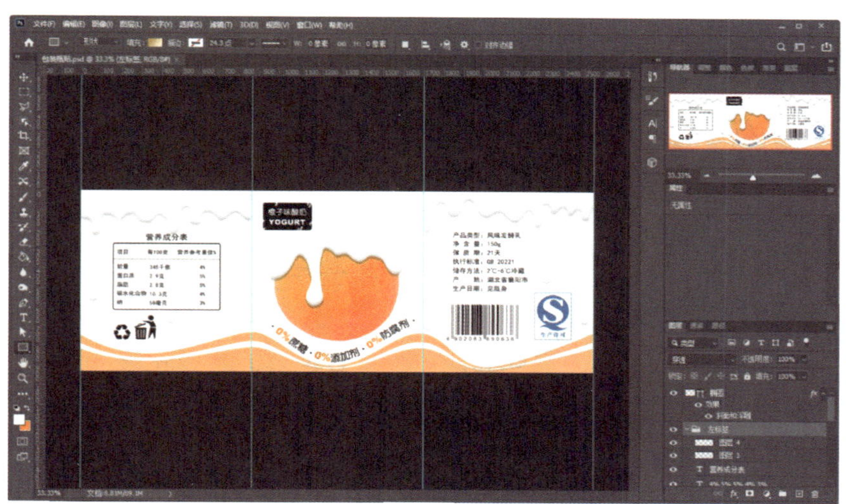

图 5-1-55　添加“斜面和浮雕”样式

五、制作包装封口

1. 创建新文档并命名为“包装效果图”，设宽度为 70 毫米，高度为 70 毫米，分辨率为 300 像素 / 英寸，其他选项使用默认值，然后单击“创建”按钮。

2. 选择“椭圆工具”，在属性栏中设置工具模式为“形状”，填充为“黑色”，无描边，按住“Shift”键在页面空白处绘制一个宽为 660 像素、高为 660 像素的正圆形，如图 5-1-56 所示。复制“正圆 1”图层，得到“正圆 1 拷贝”图层，按“Ctrl+T”组合键，拖动变形框的控制点，调整好图像的大小，在属性栏中设置填充色为“白色”，如图 5-1-57 所示。再次复制“正圆 1 拷贝”图层，得到“正圆 1 拷贝 2”图层，按“Ctrl+T”组合键，拖动变形框的控制点，调整好图像的大小，在属性栏中设置填充色为黑色，如图 5-1-58 所示。

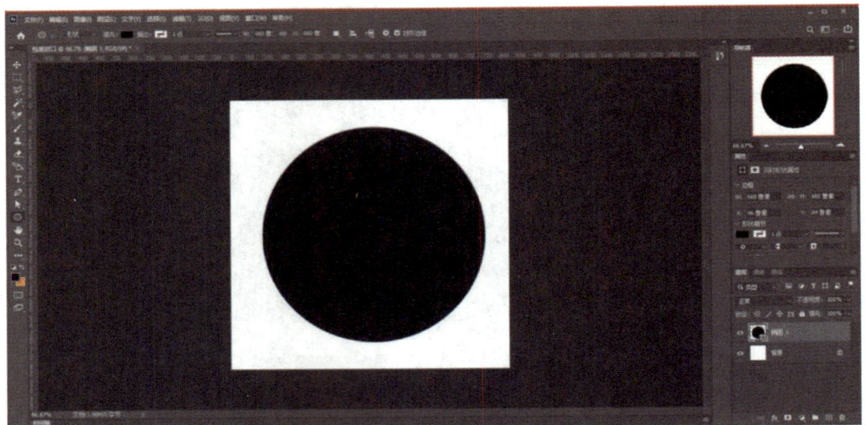

图 5-1-56 绘制正圆形

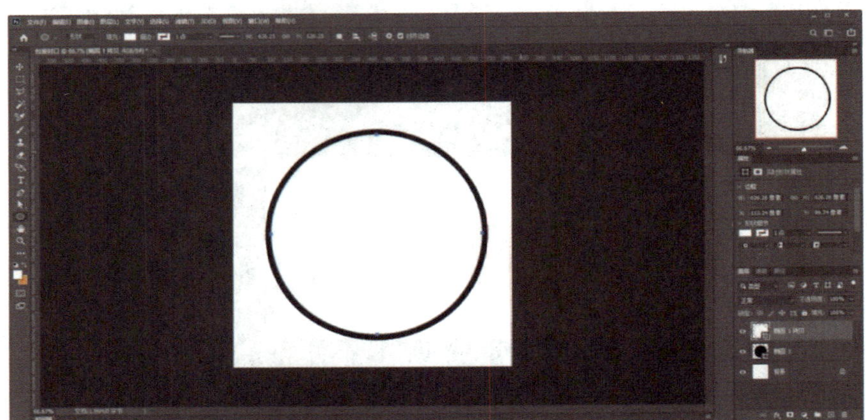

图 5-1-57 复制“正圆 1”图层

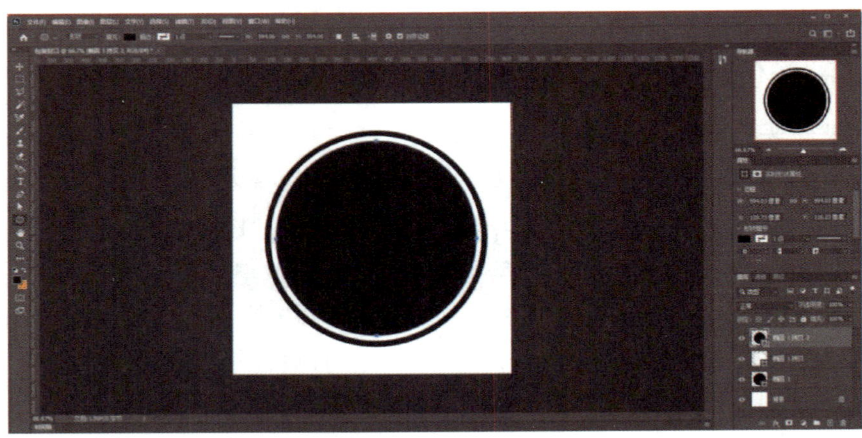

图 5-1-58 复制“正圆 1 拷贝”图层

3. 选择工具箱中的“文字工具”，将字体颜色设置为“白色”，输入产品中文名称“橙子味酸奶”，设置字体为“迷你简准圆”，大小为“18 点”，调整好字符间距和位置，再使用“文字工具”，输入酸奶的英文“YOGURT”，设置字体为“Arial Black”，大小为“19 点”，调整好字符间距和位置，如图 5-1-59 所示。在图层面板中选中除背景图层外所有图层，单击面板底部的“创建新组”按钮，并将组名改为“包装封口”，如图 5-1-60 所示。右键单击“包装封口”组，选择“快速导出为 PNG”命令，如图 5-1-61 所示，将文件导出到素材文件夹中。

图 5-1-59　输入产品名

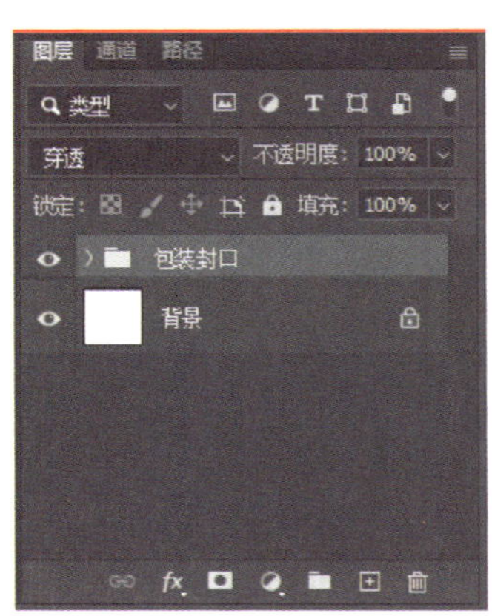

图 5-1-60　创建图层组“包装封口”

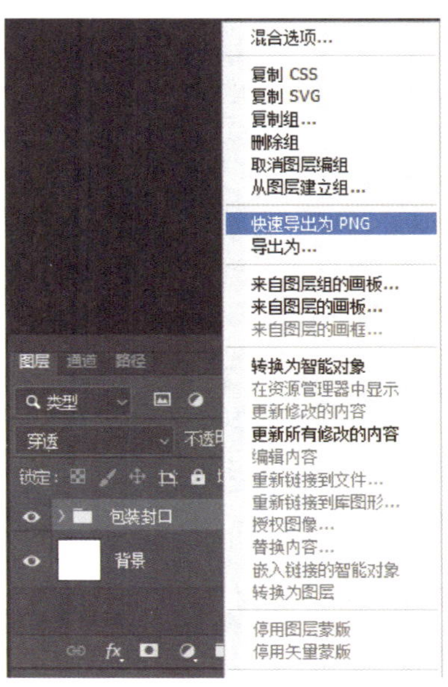

图 5-1-61　“快速导出为 PNG”命令

六、制作包装立体效果图

操作演示

1. 打开素材文件夹中的文件“酸奶塑料瓶 .jpg”，打开前面制作的文件“包装瓶贴 .psd”，使用“矩形选框工具”在包装盒正面区域建立一个矩形选区，如图 5–1–62 所示，执行“编辑”菜单中的“合并拷贝”命令，如图 5–1–63 所示。或按“Ctrl+Shift+C”组合键，合并复制选区内的图像，然后返回“酸奶塑料瓶”文档窗口，按“Ctrl+V”组合键，将刚复制的包装盒正面图像粘贴到当前窗口，在图层面板中生成一个新图层“图层 1”，修改图层名称为“包装瓶贴”，如图 5–1–64 所示。

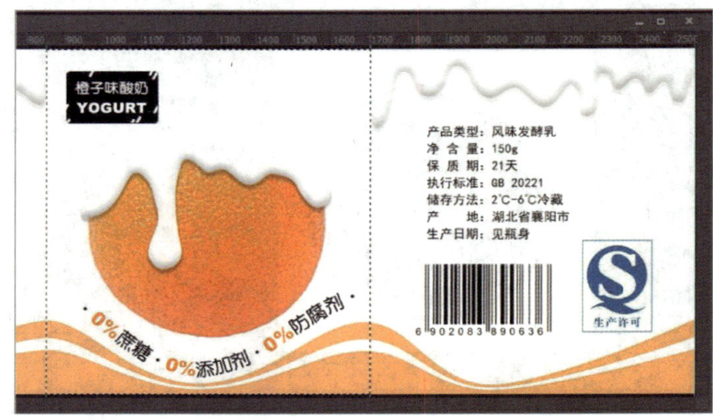

图 5–1–62　在包装瓶贴选择矩形区域

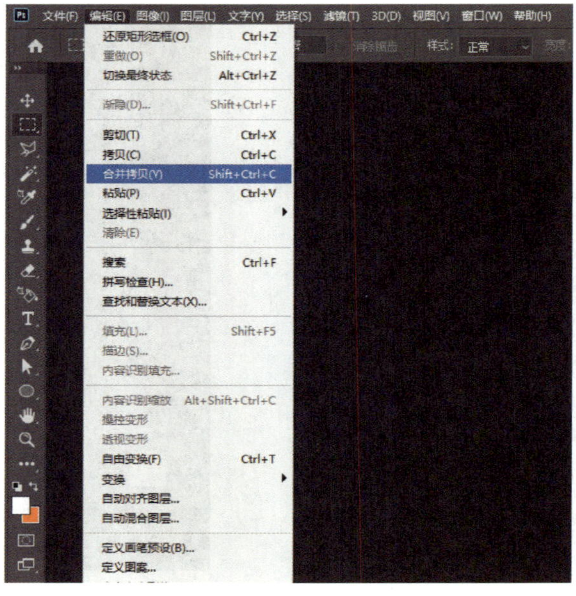

图 5–1–63　执行“合并拷贝”命令

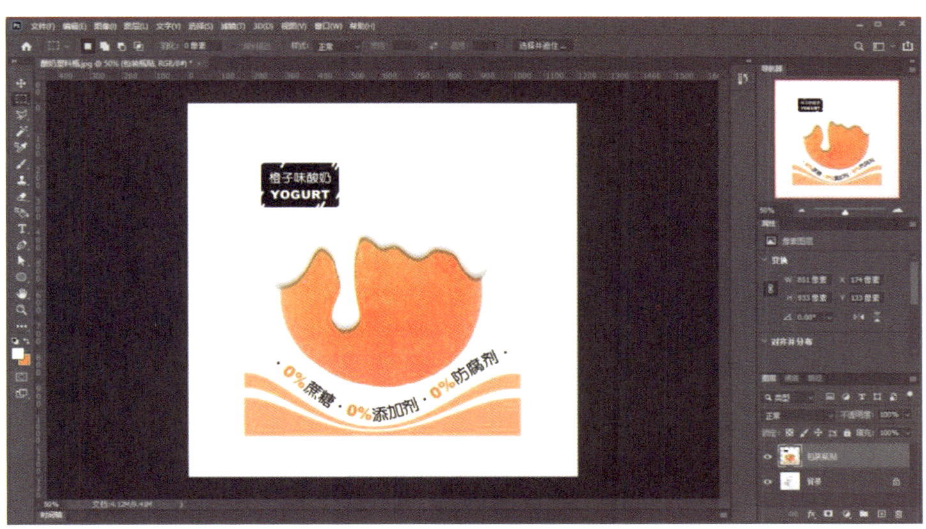

图 5-1-64　将瓶贴复制到酸奶塑料瓶

2. 在图层面板中选择“包装瓶贴”为当前图层，为方便观察图像，可在图层面板中将图层填充修改为“30%”，按“Ctrl+T”组合键，调整瓶贴大小并放至瓶身适当位置，按“Enter”键确定，如图 5-1-65 所示。再按“Ctrl+T”组合键，单击鼠标右键，选择“变形”命令，如图 5-1-66 所示。拖动锚点和控制柄，将瓶贴贴合瓶身，如图 5-1-67 所示，按“Enter”键确定。将“包装瓶贴”图层填充修改为“100%”，将图层混合模式设置为“正片叠底”，效果如图 5-1-68 所示。

图 5-1-65　调整瓶贴大小和位置

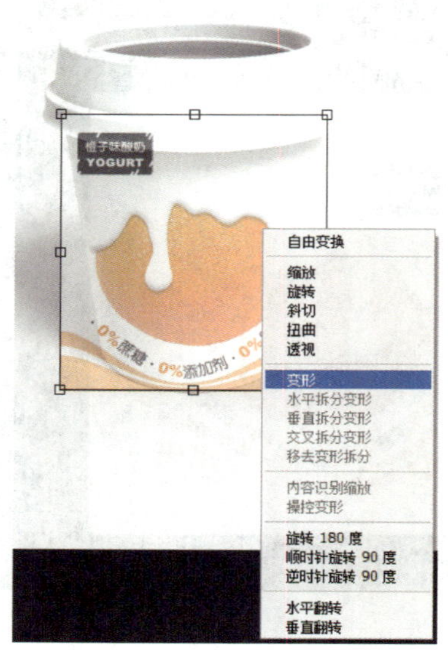

图 5-1-66　选择变形命令

图 5-1-67　将瓶贴贴合瓶身

3. 打开导出的素材文件“包装封口 .png”，使用“移动工具”将包装封口拖入“酸奶塑料瓶 .psd”窗口中，修改图层名称为“包装封口”，按“Ctrl+T”组合键后，按住“Shift”键，拖动变形框的控制点，调整好图像的大小，效果如图 5-1-69 所示。单击执行“文件”→“储存为”，或按“Shift+Ctrl+S”组合键，将文件另存为“酸奶塑料瓶包装效果图”。

图 5-1-68　调整混合模式

图 5-1-69　添加封口

注意事项

1. 在进行瓶型设计之前，设计师应该注意加强市场调研，明确客户要求，确立所设计产品的初步概念。

2. 包装外观设计要注意符合市场定位，符合使用场景，贴近消费者，突出实用价值和审美价值。

3. “对象选择工具”通过自动识别主体物与环境之间的颜色、虚实而获取选区，在使用过程中，注意体会其与“快速选择工具”“磁性套索工具”“魔棒工具”“背景橡皮擦工具”“魔术橡皮擦工具”及“色彩范围”等基于颜色差异进行抠图的工具在使用中的异同。

任务 2 茶叶纸盒包装设计

1. 能分析不同茶叶包装的设计风格和结构特点。
2. 能说明不同产品内包装和外包装的表现形式和材料的异同。
3. 能利用“对象管理器”面板对图层进行管理。
4. 能使用“高斯模糊”表现物体全景虚幻。
5. 能利用“移轴模糊”表现光照效果。
6. 能使用“变形复制”命令复制并表现一系列平均分布的物体。

包装是产品与消费者建立沟通的重要桥梁，与商品密不可分，已成为企业助推销售、提高市场竞争力的重要战略手段。在进行包装设计时，要运用一定的工艺手段，选取合适的包装材料，有的放矢地进行设计。

本任务中的茶叶包装是常态纸盒，其平面展开图和立体图效果如图 5–2–1 所示。在设计中可以将纸盒外形、形状作为第一思考要素，将包装图像中的内容作为第二思考要素，将图像的布局作为第三思考要素。根据以上三个要素，结合茶叶本身特点，确定包装纸盒配色为高级、典雅的绿色和金色搭配，将传统法帖文化元素引入到现代包装设计中来增加产品的文化特色，塑造品牌形象，提升品牌价值，结合文案突出产品的卖点，突出采摘环境与产品特写，体现茶叶新鲜、优质的特点。

a）平面展开图

b）立体图效果

图 5-2-1　茶叶纸盒包装

“滤镜”中的“模糊画廊”命令可以通过设置对图像快速创建模糊效果。“模糊画廊”下的每个模糊工具都有各自相对应的图像控件来设置和调控模糊效果。完成模糊调整后，还可以使用散景控件来调控整体模糊效果。

一、场景模糊

“场景模糊”通过设置不同位置的模糊点来创建模糊效果。使用时，将多个模糊图钉添加到图像，每个模糊图钉相当于一个模糊点，设置每个模糊点的模糊像素值，最终的效果是合并图像上所有模糊图钉的效果。

下面结合实例说明其用法。

首先打开素材文件夹中的文件“茶香.jpg”，如图 5-2-2 所示，执行“滤镜”→“模糊画廊”→“场景模糊”命令，如图 5-2-3 所示。

图 5-2-2　打开“茶香 .jpg”素材图

图 5-2-3　“场景模糊”窗口

然后在图像上不同位置依次单击放置场景模糊图钉，如图 5-2-4 所示，单击场景模糊图钉以选中该图钉，将人物面部和手部的模糊设置为“0 像素”，其他环境部位设置为“50 像素”，此时可以看到人物主体更加突出，周围环境呈现虚化效果，减少了杂乱感，如图 5-2-5 所示。

在操作中，可以通过拖动模糊句柄以增加或减少模糊像素值，如图 5-2-6 所示（左边的是未经选择的图钉，右边的是选中的图钉），也可以使用“模糊工具”面板指定模糊像素值，如图 5-2-7 所示；单击选中模糊图钉后，按住不放拖动，可以将其移动到新位置；若需删除图钉，可单击选中图钉后按“Delete”键。

二、光圈模糊

使用“光圈模糊”可以对图片模拟浅景深效果，如图 5-2-8 所示，单击图像可以添加其他模糊图钉，同一张图片可以定义多个焦点。下面结合实例说明其用法。

图 5-2-4　添加“场景模糊”图钉

图 5-2-5　设置“场景模糊”图钉模糊值

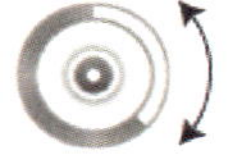

图 5-2-6　场景模糊图钉

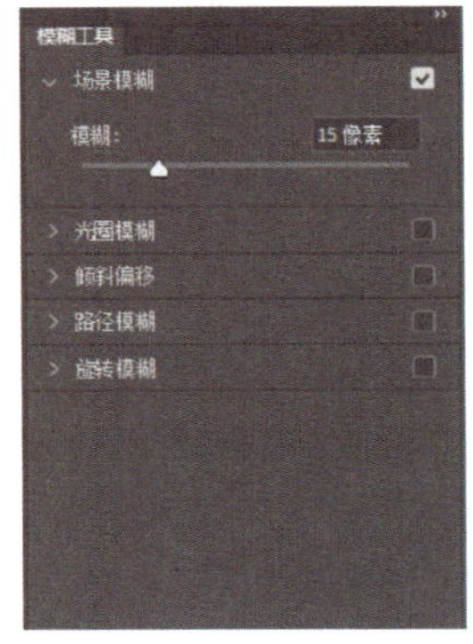

图 5-2-7　“模糊工具”面板指定模糊值

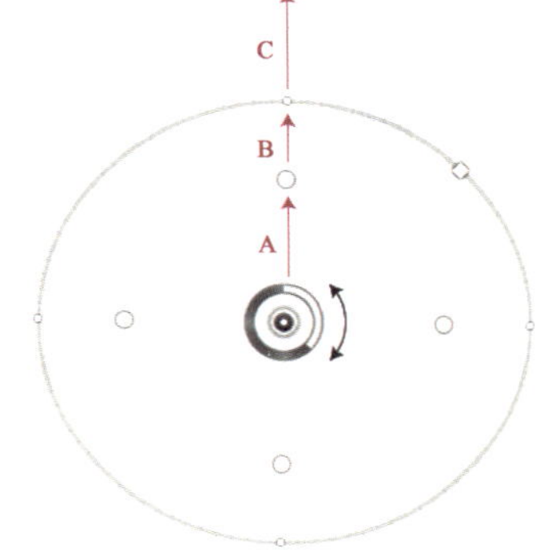

图 5-2-8　“光圈模糊”示意图

A—锐化区域　B—渐隐区域　C—模糊区域

1. 打开素材文件夹中的文件“茶香.jpg”，执行“滤镜”→“模糊画廊”→“光圈模糊”命令，如图 5-2-9 所示，图像上默认放置的是光圈模糊图钉，圈内是清晰的，圈外是模糊的。

图 5-2-9 “光圈模糊”窗口

2. 用鼠标拖动圆圈上的锚点，可以对光圈进行移动、缩放和旋转等操作，光圈上较大的锚点可以改变圆圈的形态，如图 5-2-10 所示。拖动模糊句柄增加或减少模糊像素值，也可以使用“模糊工具”面板设置模糊像素值，单击“确定”保存设置并退出当前窗口，单击“取消”不保存设置并退出当前窗口。

图 5-2-10 设置“光圈模糊”效果

三、移轴模糊

“移轴模糊”也称“倾斜偏移”，使用“移轴模糊”可以对一个水平或纵向的区域内的画面添加特殊模糊效果。此模糊效果会定义锐化区域，然后在锐化边缘处使画面逐渐变得模糊，如图 5–2–11 所示，单击图像可以添加其他模糊图钉。下面结合实例说明其用法。

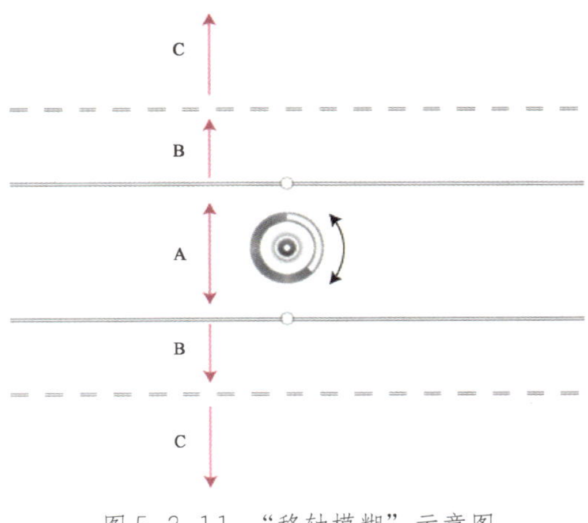

图 5–2–11　“移轴模糊”示意图
A—锐化区域　B—渐隐区域　C—模糊区域

1. 打开素材文件夹中的文件“茶韵 .jpg”，执行“滤镜”→“模糊画廊”→“移轴模糊”命令，如图 5–2–12 所示，图像上默认放置的是移轴模糊图钉，右边模糊工具显示“倾斜偏移”。

图 5–2–12　“移轴模糊”窗口

2. 通过拖动横轴位置调整定义模糊区域，横轴上的锚点控制旋转，拖动模糊句柄增加或减少模糊像素值，也可以使用“模糊工具”面板设置模糊像素值，如图 5–2–13 所示。

图 5-2-13　设置“移轴模糊”效果

四、路径模糊

使用“路径模糊”可以沿路径创建运动模糊效果，通过控制形状和模糊像素值，Photoshop 软件可自动合成应用于图像的多路径模糊效果。下面结合实例说明其用法。

1. 打开素材文件夹中的文件“茶韵 .jpg”，执行“滤镜”→“模糊画廊”→“路径模糊”命令，图像上默认放置的路径模糊，如图 5–2–14 所示。

图 5-2-14　“路径模糊”窗口

2. 拖动路径锚点可以改变路径形状，模糊效果与路径变形的方向一致，如图 5–2–15 所示。

3. 调整“模糊工具”面板中的速度值，速度值越大模糊程度越大，如图 5–2–16 所示。

图 5-2-15　调整路径

图 5-2-16　调整模糊

4. 勾选“模糊工具”面板中“编辑模糊形状”，此时会在锚点位置出现红色的线，可以拖动并调整模糊方向，如图 5-2-17 所示。

五、旋转模糊

使用“旋转模糊”可以在一个或多个点设置旋转和模糊图像。下面结合实例说明其用法。

1. 打开素材文件夹中的文件“风车 .jpg”，执行“滤镜”→“模糊画廊”→“旋转模糊”命令，如图 5-2-18 所示。

2. 在图片中将中心位置和模糊范围调整好，拖动中心句柄来调整模糊角度，也可以使用“模糊工具”面板调整模糊角度值，如图 5-2-19 所示。

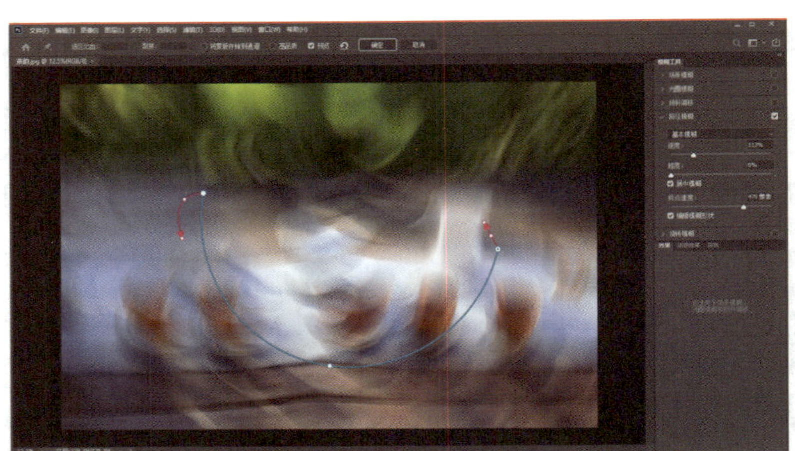

图 5-2-17 “编辑模糊形状”

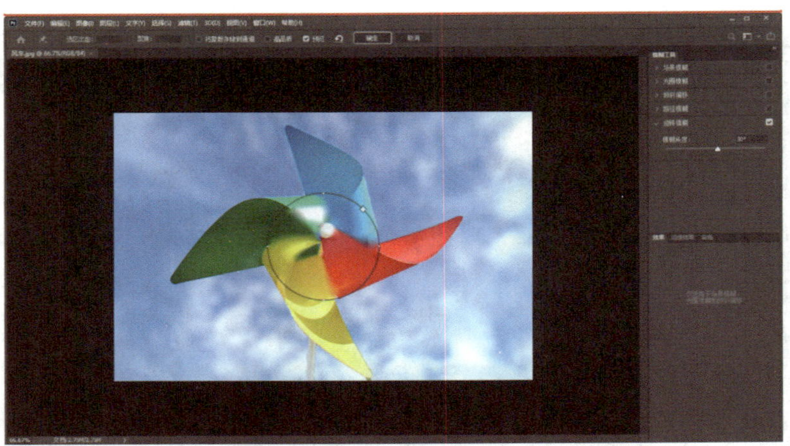

图 5-2-18 “旋转模糊”窗口

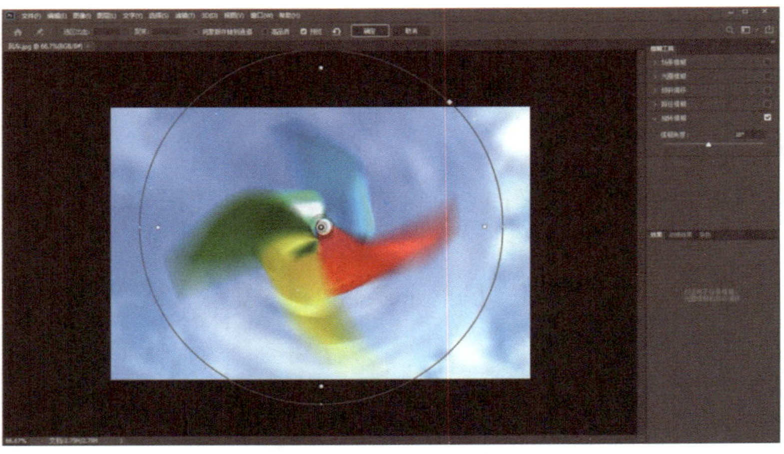

图 5-2-19 调整模糊区域

一、添加参考线

1. 打开素材文件夹中的文件“包装盒型图 .jpg”，将文件另存为“包装盒平面展开图 .psd”。

2. 执行“视图”菜单中的“标尺”命令，或按“Ctrl+R”组合键显示标尺，分别从水平和垂直标尺任意刻度上拖出多条参考线，放置在包装盒的折线位置，效果如图 5-2-20 所示。

图 5-2-20　创建参考线

二、制作平面包装正面

操作演示

1. 用“魔棒工具”在包装盒型上单击，选择包装盒型，并填充为绿色（C：75，M：46，Y：75，K：4），如图 5-2-21 所示。在图层面板底部单击“创建新图层”按钮，创建一个新图层“图层 1”，在工具箱中选择“矩形选框工具”，在包装主体的第二个矩形区域建立一个矩形选区，并填充为米白色（C：1，M：2，Y：7，K：1），如图 5-2-22 所示，按“Ctrl+D”组合键取消选区。

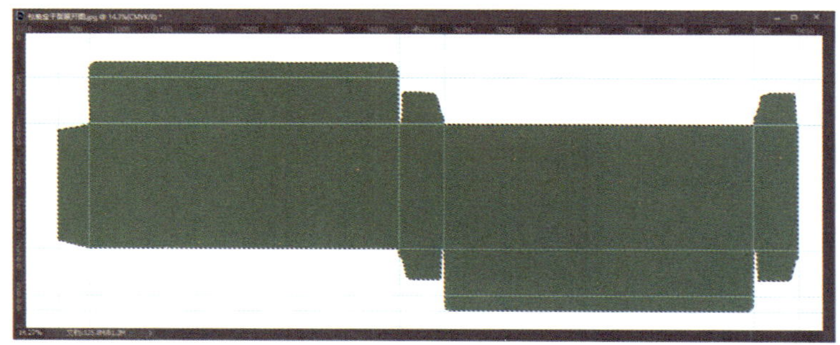

图 5-2-21　为包装盒形填充绿色

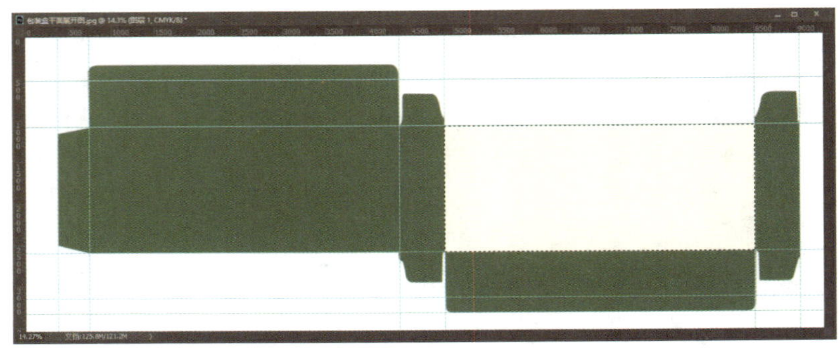

图 5-2-22　建立矩形区域

2. 打开素材文件夹中的文件“茶园 .jpg”，按“Ctrl+A”组合键全选图片，复制茶园图片并粘贴到“包装盒平面展开图”文件窗口中，生成“图层 2”，按快捷键“Ctrl+T”组合键，调整图片大小到合适位置，如图 5-2-23 所示。按住“Alt”键，在“图层 1”与“图层 2”之间单击创建剪贴蒙版，或在“图层 2”图层空白位置单击鼠标右键，在快捷菜单中选择“创建剪贴蒙版”命令，如图 5-2-24 所示，关闭“茶园 .jpg”文件窗口。

图 5-2-23　调整茶园大小

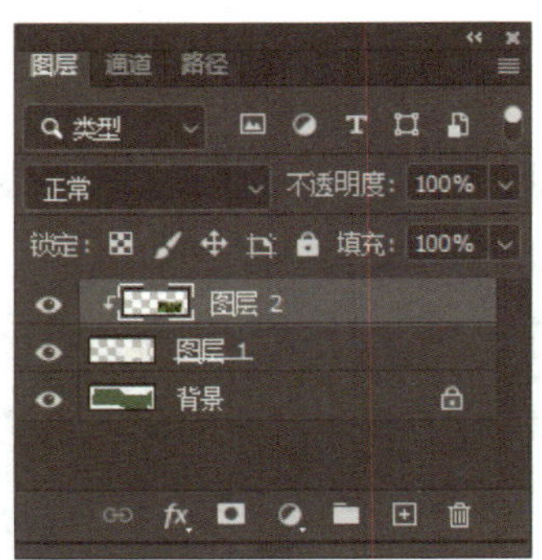

图 5-2-24　创建剪贴蒙版

3. 在图层调板中单击“添加矢量蒙版”给“图层 2”添加蒙版，在工具箱中选择“渐变工具”，在属性栏中选择“线性渐变”，如图 5-2-25 所示。然后使用鼠标在“图层 2”内由上向下拖动，使“图层 1”和“图层 2”之间过渡更加自然，效果如图 5-2-26 所示。

图 5-2-25 选择渐变类型为“线性渐变”

图 5-2-26 建立过渡效果

4. 选择“文本工具”，在文件窗口按住鼠标左键拖动，建立文本框，切换文本取向，打开素材文件夹中的“文案”文本文件并复制文字，粘贴到 Photoshop 的文本框内，设置字体为“方正小标宋简体”，大小为“19 点”，调整好字符间距和位置。按住“Ctrl”键，在图层面板中单击文本图层，将文字载入选区，效果如图 5-2-27 所示。新建“图层 3”，单击隐藏文本图层，如图 5-2-28 所示。设置前景色为棕黄色（C：32，M：39，Y：68，K：0），背景色为白色，在工具箱中选择“渐变工具”，在属性栏中选择“线性渐变”，然后按住鼠标在选区内由右向左拖动，填充渐变色，按“Ctrl+D”组合键取消选区，效果如图 5-2-29 所示。

图 5-2-27 建立文本选区

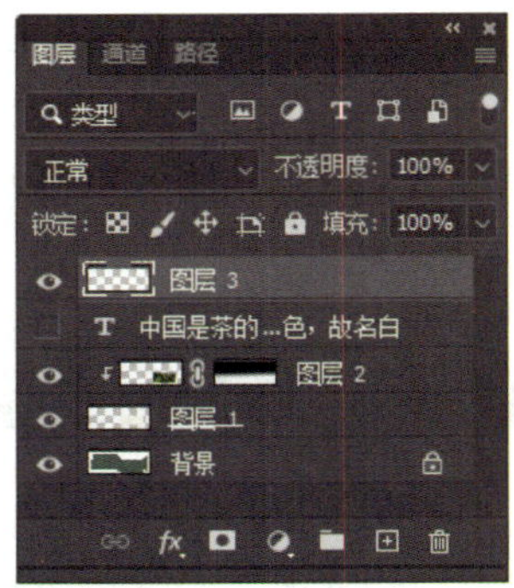

图 5-2-28　隐藏文本图层

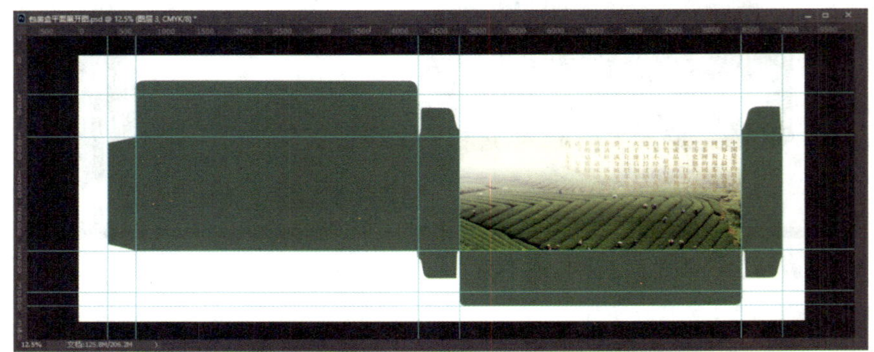

图 5-2-29　填充文本的渐变效果

5. 打开素材文件夹中的文件“茶叶.jpg”，用 Photoshop 2020 新增的“对象选择工具”框选茶叶主体，复制选取的茶叶主体并粘贴到“包装盒平面展开图”文件窗口中，生成“图层 4”，按“Ctrl+T”组合键，调整图片大小到合适位置，如图 5-2-30 所示，关闭“茶叶.jpg”文件窗口。双击“图层 4”打开“图层样式”对话框，添加“外发光”样式，参数如图 5-2-31 所示，再添加“投影”样式，参数如图 5-2-32 所示，单击“确定”按钮确认。

图 5-2-30　添加茶叶主体图

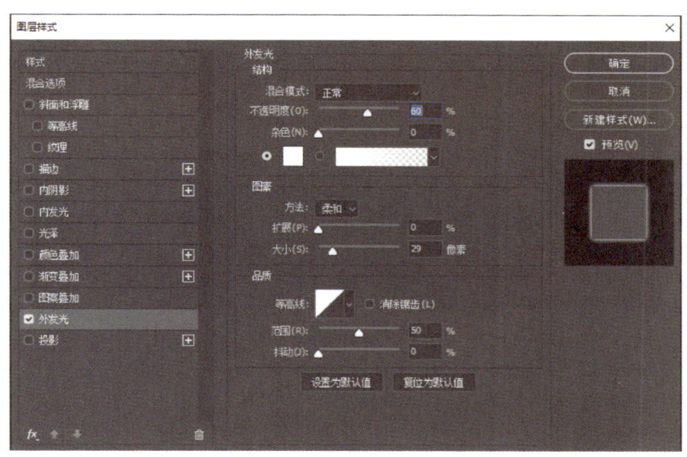

图 5-2-31　添加“外发光”图层样式

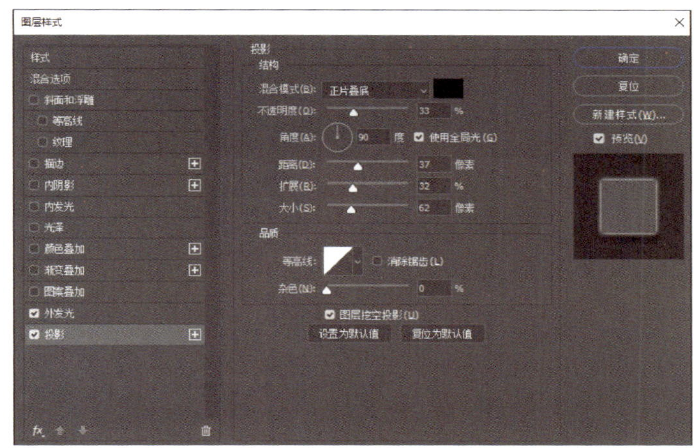

图 5-2-32　添加“投影”图层样式

6. 设置前景色为“白色”，选择工具箱中的“文字工具”，输入产品中文名称“福建白茶”，设置字体为“方正粗宋简体”，大小为“70 点”，调整好字符间距和位置。使用“文字工具”，输入茶叶卖点一“优质茶山 · 早春嫩芽”，设置字体为“黑体”，大小为“15 点”，调整好字符间距和位置，利用“矩形选框工具”创建辅助图形。再使用“文字工具”，输入茶叶卖点二“一年茶　三年药　七年宝”，设置字体为“方正小标宋简体”，大小为“27 点”，调整好字符间距和位置。设置前景色为黑色，使用“文字工具”，输入产品净含量“净含量：200 克”，设置字体为“方正粗宋简体”，大小为“16 点”，调整好字符间距和位置，如图 5-2-33 所示。

7. 打开素材文件夹中的文件“印章图标 .png”，使用“移动工具”将水印拖入“包装盒平面展开图 .psd”窗口中，按“Ctrl+T”组合键，水印四周出现变形框，拖动变形框角端的控制点，调整好图像的大小，效果如图 5-2-34 所示，按“Enter”键确定调

图 5-2-33　输入产品名称和卖点文案

图 5-2-34　添加印章图标

整，关闭“水印 .png”文件窗口。

8. 新建“图层 6”，修改图层名称为“LOGO”。选择“钢笔工具”，在属性栏中选择模式为“路径”，如图 5-2-35 所示。使用“钢笔工具”在文件空白处绘制山峰形状，闭合路径后，按“Ctrl+Enter”组合键将路径转换为选区，设置前景色为棕黄色（C：32，M：39，Y：68，K：0），在工具箱中选择“渐变工具”，在属性栏中选择“线性渐变”，然后单击左侧的渐变条，弹出“渐变编辑器”对话框。在“渐变编辑器”对话框中，选择“基础”下的“前景色到透明渐变”，如图 5-2-36 所示。单击“确定”按钮，然后使用鼠标在选区内由上至下拖动，填充渐变色，按“Ctrl+D”组合键取消选区，效果如图 5-2-37 所示。参照上述步骤，依次绘制几处山峰并填充渐变色。

选择“椭圆选框工具”绘制一轮太阳，按住“Shift”键不放，在山峰上绘制一个圆形选区，并填充渐变色，按“Ctrl+D”组合键取消选区。选择工具箱中的“文字工具”，输入产品中文名称“福建白茶”，设置字体为“李旭科书法”，大小为“30 点”，调整好字符间距和位置。再使用“文字工具”，输入拼音“FUJIAN BAICHA”，设置字体为“Times New Roman”，大小为“13 点”，调整好字符间距和位置，效果如图 5-2-38 所示。

路径　建立：　选区...　蒙版　形状　自动添加/删除　对齐边缘

图 5-2-35　选择模式“路径”

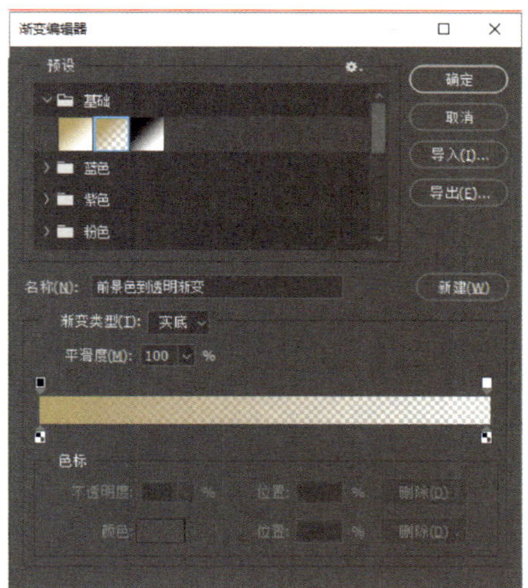

图 5-2-36　设置渐变效果

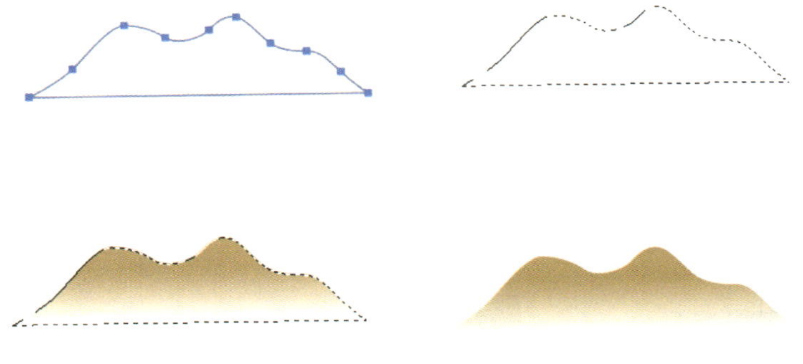

图 5-2-37　使用“钢笔工具”绘制商标

图 5-2-38　制作商标

9. 在图层面板中选择除“背景”图层外的所有图层，单击面板底部的“创建新组”按钮，将图层组名改为“包装正面”，如图 5–2–39 所示。

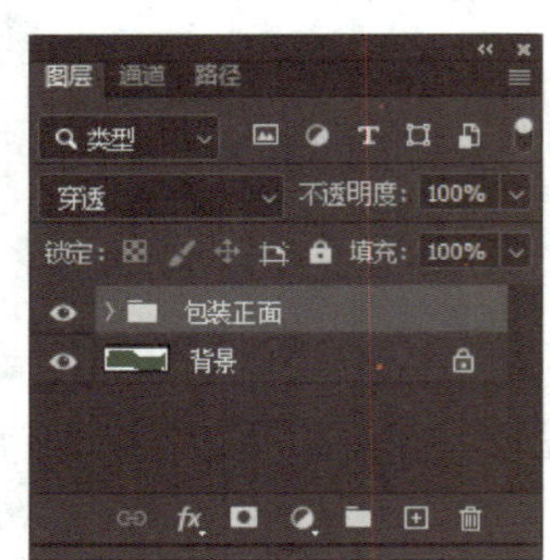

图 5–2–39　更改图层组名为“包装正面”

三、制作平面包装侧面

1. 打开素材文件夹中的文件“传统花纹 .png”，使用“移动工具”将花纹拖入“包装盒平面展开图 .psd”窗口中，修改图层名称为“传统花纹”，如图 5–2–40 所示。按“Ctrl+T”组合键，水印四周出现变形框，拖动变形框角端的控制点，调整好图像的大小和位置。在图层调板中单击选择背景图层，用“魔棒工具”单击绿色的包装盒型，再按“Ctrl+J”组合键快速复制包装盒型图层，按“Ctrl+D”组合键取消选区，再按住“Alt”键不放，单击“传统文案”图层，创建剪贴蒙版，效果如图 5–2–41 所示。

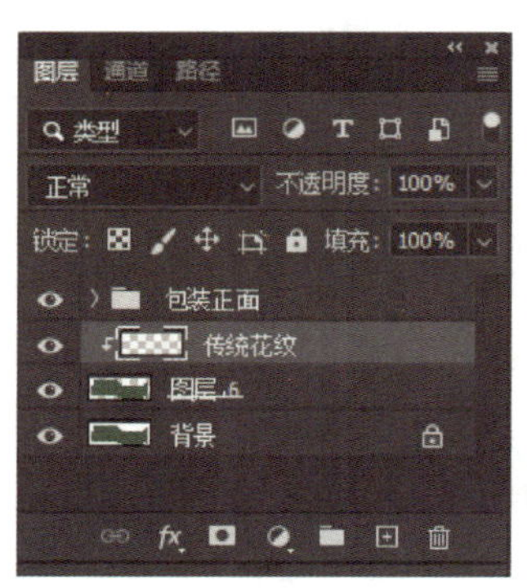

图 5–2–40　添加传统花纹

图 5–2–41　添加传统花纹效果

2. 在工具箱中选择“文字工具”，在包装侧面拖动出一个矩形区域，创建一个段落文本框，输入文字“品名：福建白茶”“产地：福建”“等级：一级”“净含量：200 克”“保质期：18 个月”，设置字体为“黑体”，大小为“11 点”，调整好字符间距、行间距和位置，设置段落对齐方式为“左对齐”，效果如图 5–2–42 所示。

3. 打开素材文件夹中的文件“条形码 .png”，使用“移动工具”将素材文件“条形

码 .png”中的条形码拖动到包装的底盖区域，调整图像大小并摆放到合适位置，效果如图 5-2-43 所示。

图 5-2-42　输入侧面文字

图 5-2-43　添加条形码

4. 在图层面板中选择包装侧面的所有图层，单击面板底部的“创建新组”按钮，并将组名改为“包装左侧面”，如图 5-2-44 所示。

5. 在图层面板中复制“包装左侧面”组，将组名改为“包装右侧面”，如图 5-2-45 所示，选中“包装右侧面”组，使用“移动工具”将图案移动至包装平面图最右侧的矩形区域，如图 5-2-46 所示。

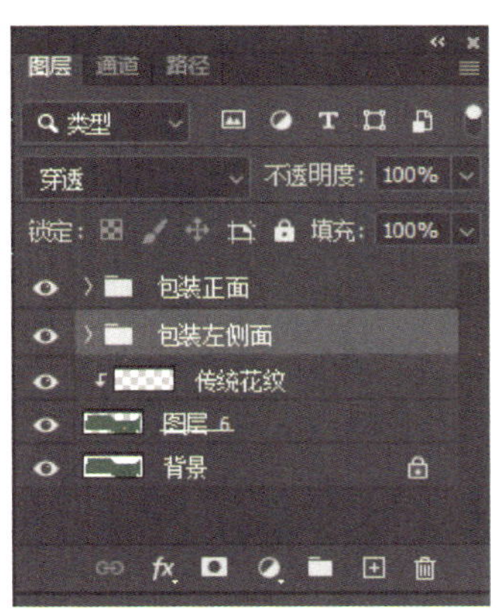

图 5-2-44　创建图层组“包装左侧面”

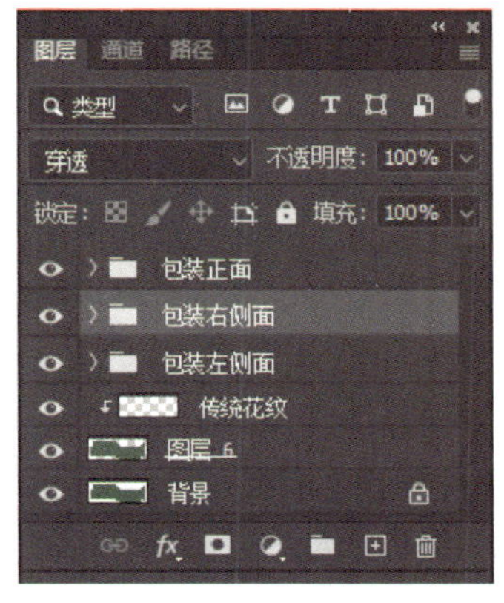

图 5-2-45　复制出图层组“包装右侧面”

6. 在图层面板中复制“包装正面”组，将组名改为“包装反面”，如图 5-2-47 所示。使用“移动工具”将图案移动至包装平面图两个侧面之间的矩形区域，效果如图 5-2-48 所示。

四、制作包装效果图

操作演示

1. 新建图片文件并命名为“包装效果图”，设宽度为 450 毫米，高度为 260 毫米，分辨率为 300 像素 / 英寸，其他选项使用默认值，然后单击

图 5-2-46　移动“包装右侧面”图案至包装最右侧

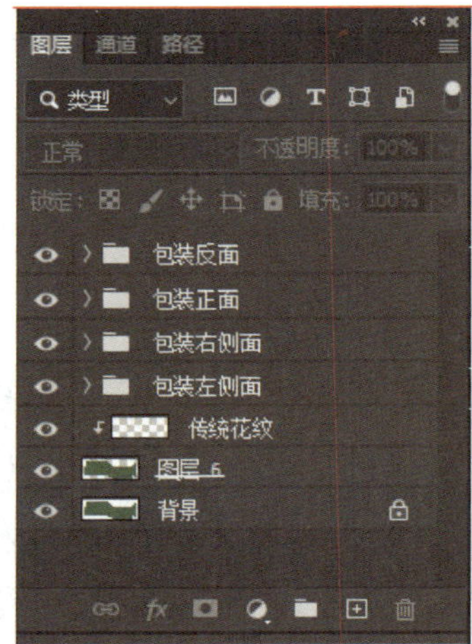

图 5-2-47　复制出图层组“包装反面”

图 5-2-48　包装平面展开图

“创建”按钮。

2. 选择工具箱中的“渐变工具”，在属性栏中选择“线性渐变”，然后单击左侧渐变条，设置渐变色为由灰（R：180，G：180，B：180）向白（R：255，G：255，B：255）的渐变，然后在背景图层中由上向下拖动鼠标进行渐变色填充，效果如图 5-2-49 所示。

图 5-2-49　填充背景

3. 打开前面制作的文件“包装盒平面展开图 .psd”，使用“矩形选框工具”在包装盒正面区域建立一个矩形选区，如图 5-2-50 所示。执行“编辑”菜单中的“合并拷贝”命令，如图 5-2-51 所示。或按“Ctrl+Shift+C”组合键，合并复制选区内的图像，然后返回“包装效果图”文档窗口，按“Ctrl+V”组合键粘贴复制的图像，将包装盒正面图像粘贴到当前窗口，在图层面板中生成一个新图层“图层 1”，如图 5-2-52 所示。

图 5-2-50　在包装正面选择矩形区域

4. 使用同样的方法，从“包装盒平面展开图 .psd”中将包装盒的右侧面区域也合并复制并粘贴到“包装效果图”文档窗口中，在图层面板中生成“图层 2”，将两个面的图层图像调整到合适位置，如图 5-2-53 所示。

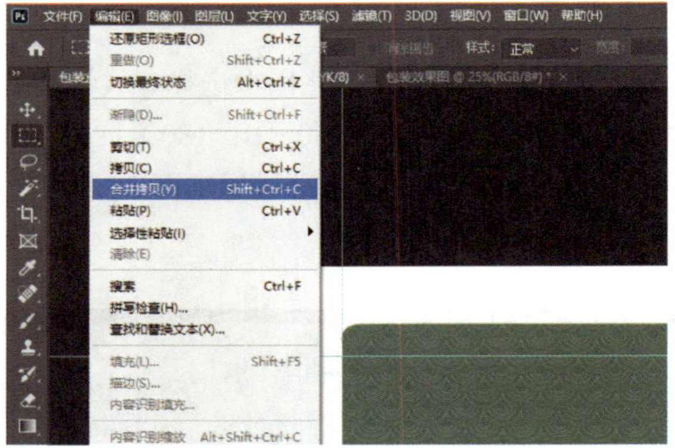

图 5-2-51　执行“合并拷贝”命令

图 5-2-52　将包装正面复制到包装效果图

图 5-2-53　将包装侧面复制到包装效果图

5. 在图层面板中选择“图层 1”，为方便观察图像，可在调整前将其他图层暂时隐藏。按“Ctrl+T”组合键，按住“Ctrl”键的同时使用鼠标将左侧中间的控制点向上拖动，再将左侧下边的控制点略向上拖动，按“Enter”键确定，效果如图 5-2-54 所示。

图 5-2-54　调整包装正面变形

6. 在图层面板中选择“图层 2”，先将包装侧面图像放置在正面右侧合适位置，按“Ctrl+T”组合键，按住“Ctrl”键的同时，使用鼠标将左侧中间的控制点向上拖动，再将左侧下边的控制点略向上拖动，按“Enter”键确定，效果如图 5-2-55 所示。

图 5-2-55　对包装侧面变形

7. 在图层面板中选中“图层 2”，单击面板底部的“创建新的填充或调整图层”按钮，类型选择为“纯色”，如图 5-2-56 所示。在弹出的“拾色器”中设置颜色为“黑色”，单击“确定”按钮，可以看到在“图层 2”上方出现黑色的“颜色填充 1”调整层，将该层的“不透明度”设置为“50%”，效果如图 5-2-57 所示。可以看到“图层 1”和“图层 2”都受到了黑色调整图层的影响，为了使调整图层只对“图层 2”起作用，按“Ctrl+Alt+G”组合键创建剪贴蒙版，效果如图 5-2-58 所示。选择“颜色填充 1”调整图层的蒙版，在工具箱选择“渐变工具”，在属性栏上选择渐变类型为“线性渐变”，选择渐变颜色为“黑，白渐变”，如图 5-2-59 所示。使用鼠标左键在包装侧面区域由左下角向右上角拖动，制作包装侧面的暗部区域，如图 5-2-60 所示。

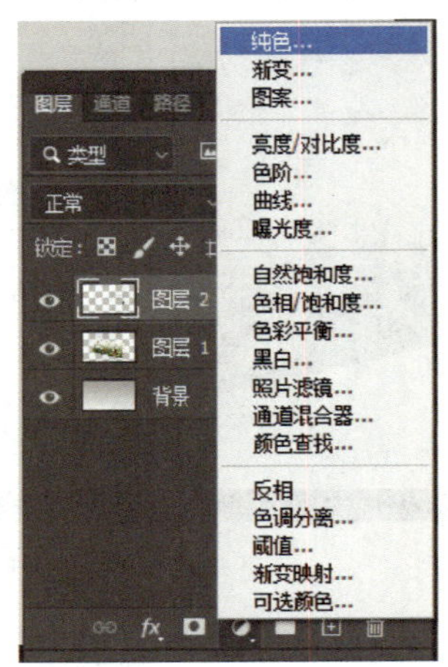

图 5-2-56 选择添加“纯色”调整图层

图 5-2-57 设置调整图层透明度

8. 设置前景色为深绿色（R：86，G：101，B：96），用“钢笔工具”绘制墙面背景，如图 5-2-61 所示。双击“形状 1”图层，打开“图层样式”对话框，为图层添加“投影”样式，调整参数如图 5-2-62 所示，单击“确定”按钮。按“Ctrl+Enter”组合键创建选区，按“Ctrl+Shift+I”组合键反选，新建“图层 3”，按“Alt+Delete”组合键

图 5-2-58　创建剪贴蒙版

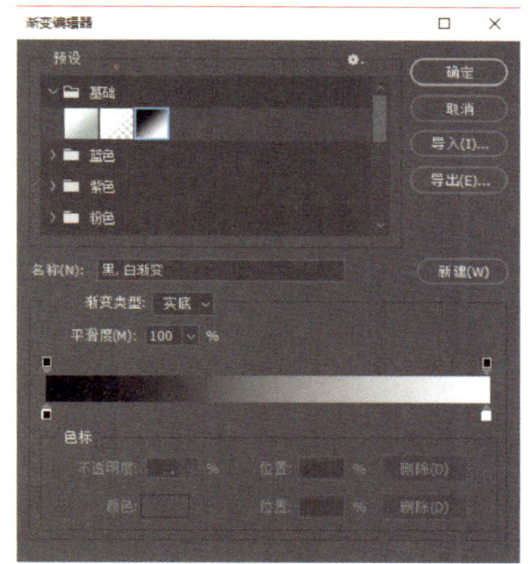

图 5-2-59　设置渐变为“黑，白渐变”

图 5-2-60　为侧面制作暗部效果

图 5-2-61　制作墙面背景

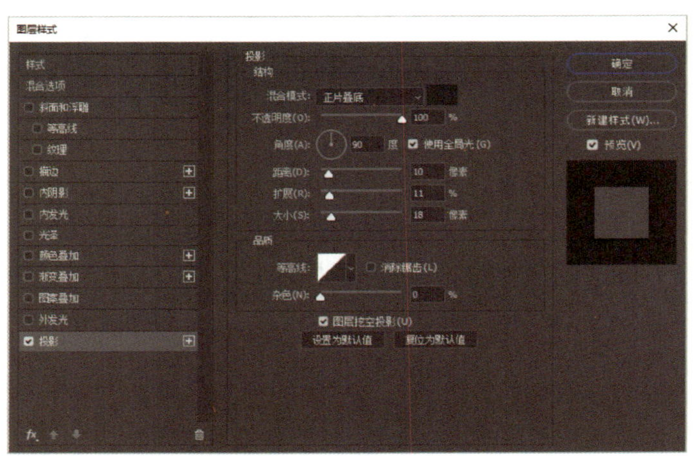
图 5-2-62　添加投影样式

填充前景色，按“Ctrl+D”组合键取消选区，并调整“图层 3”和“形状 1”图层的顺序，同时选中“图层 3”和“形状 1”，按“Ctrl+E”组合键合并图层，修改图层名称为“墙面背景”，如图 5–2–63 所示。

9. 在图层面板中单击“新建图层”按钮，修改图层名称为“投影 1”，选择“多边形套索工具”绘制“投影 1”的选区，如图 5–2–64 所示。选择工具箱中的“渐变工具”，在属性栏中选择渐变类型为“线性渐变”，然后单击左侧渐变条，设置渐变色为由墨绿色（R：41，G：50，B：47）向透明渐变，在选区内拖动鼠标进行渐变填充，按“Ctrl+D”组合键取消选区，效果如图 5–2–65 所示。执行“滤镜”菜单中的“模糊”→“高斯模糊”命令，在弹出的“高斯模糊”对话框中，设置半径为“21 像素”，如图 5–2–66 所示。单击“确定”按钮，效果如图 5–2–67 所示。

图 5-2-63　墙面背景效果

图 5-2-64　绘制投影 1

图 5-2-65　渐变填充“投影 1”

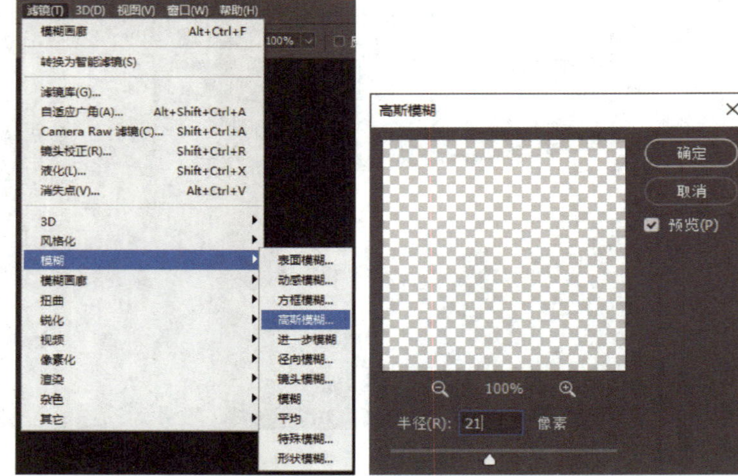

图 5-2-66 执行“高斯模糊”命令

图 5-2-67 “投影 1”效果图

10. 参照上述步骤制作“投影 2”。在图层面板中单击“新建图层”按钮，修改图层名称为“投影 2”，选择“多边形套索工具”绘制“投影 2”的选区，如图 5-2-68 所示。选择工具箱中的“渐变工具”，在属性栏中选择“线性渐变”，然后单击左侧渐变条，设置渐变色为由墨绿色（R：41，G：50，B：47）向透明渐变，在选区内拖动鼠标进行渐变填充，按“Ctrl+D”组合键取消选区，效果如图 5-2-69 所示。执行“滤镜”菜单中的“模糊”→“高斯模糊”命令，在弹出的“高斯模糊”对话框中，设置半径为“38 像素”，如图 5-2-70 所示。单击“确定”按钮，效果如图 5-2-71 所示。

图 5-2-68　绘制“投影 2”

图 5-2-69　渐变填充“投影 2”

图 5-2-70　执行“高斯模糊”命令

图 5-2-71 “投影 2”效果图

五、制作光束

1. 在图层面板中单击“新建图层”按钮，修改图层名称为“光束”，选择“多边形套索工具”绘制“光束”的选区，如图 5-2-72 所示，填充为白色（R：255，G：255，B：255），按“Ctrl+D”组合键取消选区，如图 5-2-73 所示，将“光束”图层的混合模式调整为“叠加”，效果如图 5-2-74 所示。

图 5-2-72 绘制光束

2. 执行“滤镜”菜单中的“模糊画廊”→“移轴模糊”命令，如图 5-2-75 所示，在弹出的“移轴模糊”对话框中，设置模糊为“360 像素”，调整轴线的位移，如图 5-2-76 所示，单击“确定”按钮，效果如图 5-2-77 所示。

图 5-2-73　填充白色

图 5-2-74　调整混合模式

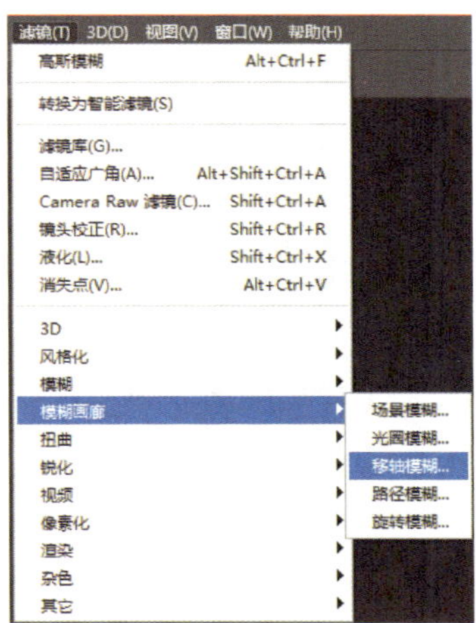

图 5-2-75　执行“移轴模糊”命令

图 5-2-76　设置“移轴模糊”参数

图 5-2-77　光束效果图

1. 包装设计时要注意文字字体的统一性，同时应用避免使用三种以上的色彩组合。对于同一系列的产品，在包装设计中，应采用相同的颜色、字体或图案，给人以统一的印象，让消费者通过包装就能知道该产品属于哪个品牌哪个系列的产品。

2. 包装设计时用文字直接表示食品的属性，特别是对于新型食品，要注意注明“产品以实物为准”等字样。

3. 纸盒包装设计要遵循社会公共价值观，不能有虚假宣传信息或庸俗、媚俗的内容。

项目六
网站设计

任务1　书法文化网站主页效果图设计

1. 能通过与客户沟通、资料搜集，分析整理设计需求。
2. 能根据需求分析制订主页设计方案。
3. 能使用 Photoshop 完成网站主页设计。

中国书法历史悠久、传播广泛、同民族文化紧密相连，与绘画同为中国美术之首。某书法文化协会为了吸引更多年轻人关注书法文化，让更多外国友人了解中国书法文化，需要设计制作一个书法文化网站主页用于宣传推广，要求页面风格大气、庄重、统一而又富有变化，结构清晰明确（包含“常识”“鉴赏”“工具”“收藏”“行情”五个部分）、有利于信息的获取，对浏览者有较强的吸引力，书法文化网站主页需求分析见表 6–1–1。

表 6–1–1　书法文化网站主页需求分析

需求项目	具体内容
建站目的	宣传推广书法文化
网站标志设计	无，可自行设计标题字

续表

需求项目	具体内容
网站功能	宣传介绍
网站风格	大气、庄重、统一而又富有变化
网站色调	中国风、水墨风
网站栏目内容	结构清晰，按照“常识”“鉴赏”“工具”“收藏”“行情”等栏目进行划分

本任务需要网页美工通过分析整理设计需求，明确设计方向，制定网页设计方案，综合运用图层蒙版、图层样式等工具进行图像处理，使用“矩形工具”“钢笔工具”等绘图工具完成图标等元素的绘制，书法文化网站主页效果图如图 6-1-1 所示。

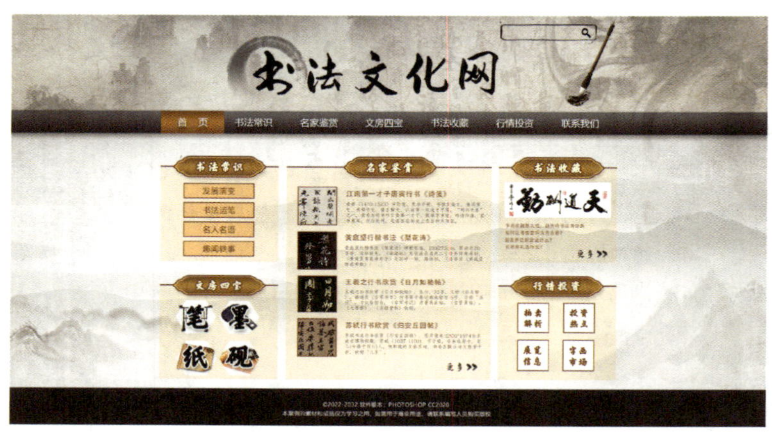

图 6-1-1　书法文化网站主页效果图

一、网页版式

1. 页面整体分辨率和尺寸

当前网页最流行的分辨率是 1 920 像素 ×1 080 像素，网页前端开发人员会自行适配其他分辨率。在该分辨率下，页面中心区域高度在 1 200 像素以内均可，建议设为 1 000~1 200 像素。

其他分辨率情况下的尺寸如下：800 像素 ×600 像素下，网页宽度保持在 778 像素以内；1 024 像素 ×768 像素下，网页宽度保持在 1 002 像素以内。

2. 各部分区域尺寸

如在 1 920 像素 ×1 080 像素分辨率下，顶部 Banner 高度建议设为 500 像素以内，最顶部信息栏与导航栏建议高度分别设为 40 像素以内、126 像素以内。

3. 字体属性

网页中字体也是有使用规范的，合适的字体大小才能展现出最完美的效果，表 6-1-2 列出了在 1 920 像素 ×1 080 像素分辨率下阅读较为舒适的文字属性。

表 6-1-2　字体属性参考设置

文字位置	文字大小	行间距
标题字	30~36 像素	48~60 像素
副标题字	18~24 像素	32~40 像素
正文内容	14~18 像素	18~24 像素
提示性文字	10~12 像素	10~20 像素

二、网页按钮

网页按钮（图标）的设计能够体现网站的类型和主题，是连接其他页面的标志。网页设计中经常使用“剪贴蒙版”来制作不同形状的图像，或给不同形状的按钮添加纹理效果。

其设计规范如下：

1. 按钮要与网站的整体风格一致，包括配色方案、应用效果等。如本任务设计中的按钮主要有两种形态，一种是延续水墨风的黑色毛笔字，一种是起强调作用的金棕色。

2. 按钮设计要突出、醒目，尤其是起导航功能时。

3. 按钮设计要简单明了，适当留白，不要有过多的装饰。

4. 文字简洁易懂，一般不超过 6 个字。

操作演示

一、设计书法文化网站主页

1. 设计风格及元素

“民族的才是世界的”，中国书法与绘画气韵相通，中国水墨元素作为中华民族特有的视觉语言，已被广泛运用到传统的艺术创作和广告设计中。网页设计中的水墨元素是传承中国传统文化的另一载体，在书法文化网站中运用水墨元素再合适不过了，既能够体现出典雅、意蕴深远的效果，同时搭配文房四宝等图片元素、水墨风按钮，还能添加文化气息。

2. 色彩搭配方案

整体色调采用水墨的白色和灰色，淡雅舒适，也可搭配淡彩来增添活力。图标可采用纯黑色，也可采用渐变金色进行强调。

3. 版式设计方案

书法文化网站风格要求大气、稳重，主页信息内容适中，要求清晰明确。因此，可采用“同”字型版式，即最上面的“页头”包含网站的标志、标题导航栏以及横幅广告条（banner），中间是网站“主体”，左右两侧分列次要内容，中间为主要部分，“页尾”是网站的基本信息、联系方式、版权声明等。页面大小采用一屏，画面内容一览无余。效果如图 6–1–2 所示。

网页的背景设计经常使用“图层蒙版工具”来处理多个图像，使图像边缘平滑过渡、融为一体。“图层蒙版工具”是高阶图像合成工具，其效果类似于橡皮擦，但可以把擦掉的地方还原，再次修改。

标志 横幅广告条		
导航栏		
书法常识	名家鉴赏	书法收藏
文房四宝		行情投资
页尾		

图 6–1–2　书法文化网站主页的版式设计方案示意图

二、制作主页背景

1. 创建新文档，类型设为“Web”下的“大尺寸”，宽度为 1 920 像素，高度为 1 080 像素，分辨率为 72 像素 / 英寸，颜色模式为 RGB 颜色、8 位，背景为白色，并命名为“书法文化网主页”。设置好参数后，单击“确定”按钮。

2. 新建图层，在新建图层导入或者直接拖入素材“水墨 1.jpg”。选中文件所在图层，按“Ctrl+T”组合键缩放图层，按住“Shift”键等比例拖动，效果如图 6–1–3 所示。

图 6-1-3　水墨 1 缩放效果图

3. 新建图层，在新建图层导入或直接拖入素材“水墨 2.jpg”，按“Ctrl+T”组合键缩放后放置在画面适当位置，并在“图层浮动面板”中设置“图层的混合模式”为“深色”。为其添加图层蒙版，设置前景色为“黑色”，画笔为“柔边缘”，涂抹“水墨 2”图层的边缘，使之平滑过渡。将其不透明度设置为“20%”。效果如图 6-1-4 所示。

图 6-1-4　水墨 2 图层混合模式及蒙版效果图

4. 新建图层，在新建图层导入或直接拖入素材“水墨 3.jpg”，缩放后放置在画面适当位置，参照步骤 2 中的方法，处理图层“水墨 3”，效果如图 6-1-5 所示。

图 6-1-5　水墨 3 图层混合模式及蒙版效果图

5. 在图层面板底部单击“创建新组”按钮，将组命名为“背景”，并将其锁定，如图 6–1–6 所示。

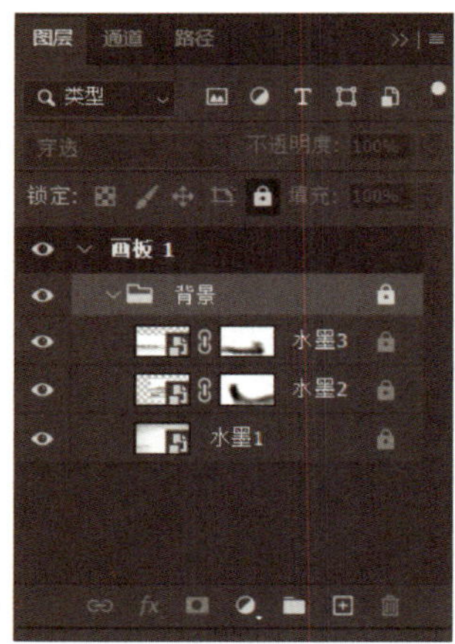

图 6–1–6　创建背景图层组

三、制作页面布局

执行“视图”→“新建参考线”命令，新建垂直辅助线，位置为“360 像素”和“1560 像素”，新建 3 条水平参考线，位置分别为“250 像素”“310 像素”“980 像素”，如图 6–1–7 所示。

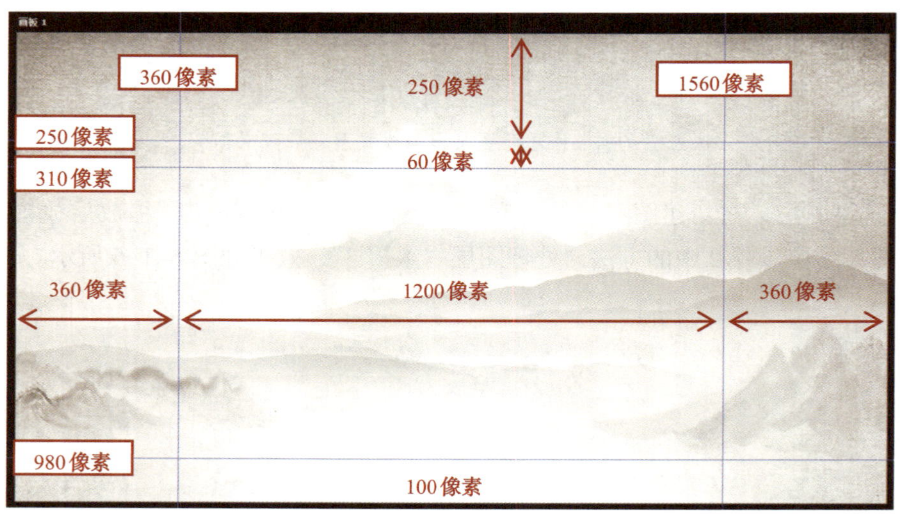

图 6–1–7　新建参考线

四、制作主页横幅广告条

1. 在图层面板底部单击“创建新组”按钮，将图层组命名为“Banner”。

2. 新建图层，在新建图层导入或直接拖入素材“水墨.png”，缩放后放置在画面适当位置，将不透明度设置为“60%”，添加“图层蒙版”，前景色设置为“黑色”，设置画笔不透明度后进行涂抹，使之融入整体画面中，效果如图 6–1–8 所示。

图 6–1–8　水墨图层蒙版效果图

3. 新建图层，在新建图层导入或直接拖入素材“纸纹理.jpg”，缩放至与画板同宽。添加“图层蒙版”，使用“渐变工具”在蒙版上添加中心为黑色、周围为白色的“径向渐变”。移动并缩放该图层，使之布满广告条区域，将不透明度设置为“60%”。效果如图 6–1–9 所示。

图 6–1–9　纸纹理图层蒙版效果图

4. 新建图层，在新建图层导入或直接拖入素材“书法字体.jpg”，对其进行缩放、旋转、移动，将“图层混合模式”设置为“变暗”，图层不透明度设置为“10%”。添加“图层蒙版”，使前景色设置为“黑色”，设置“画笔工具”的不透明度进行涂抹。效果如图 6–1–10 所示。

5. 新建图层，在新建图层导入或直接拖入素材“水墨 4.jpg”，对其进行缩放、移动，将图层不透明度设置为“30%”。添加“图层蒙版”，使前景色设置为“黑色”，设置“画笔工具”的不透明度进行涂抹。效果如图 6–1–11 所示。

图 6-1-10　纸纹理图层蒙版效果图

图 6-1-11　水墨 4 图层蒙版效果图

6. 新建图层，使用“横排文字工具”，输入“书法文化网”，将字体设置为“方正字迹—德年行书简体”，字号为“130 点”，颜色为“黑色”，效果如图 6–1–12 所示。

图 6-1-12　文字参数设置

7. 新建图层，在新建图层导入或直接拖入素材“水墨 5.jpg”，对其进行缩放、移动、旋转，放在文字“书”的位置，将图层不透明度设置为“60%”。添加“图层蒙版”，填充底部为“黑色”，顶部为白色的线性渐变。

8. 新建图层，在新建图层导入或直接拖入素材“毛笔 .png”，对其进行缩放、移动，放置于“Banner”区域合适的位置。

9. 新建图层，在新建图层导入或直接拖入素材“搜索 .png”，对其进行缩放、移动，放在“毛笔”的位置。“Banner”最终效果如图 6–1–13 所示。

10. 选中“Banner”图层组，将其锁定，在图层面板底部单击“创建新组”按钮，将组命名为“导航条”，用于存放导航条的图层。图层设置情况如图 6–1–14 所示。

图 6-1-13　“Banner”最终效果图

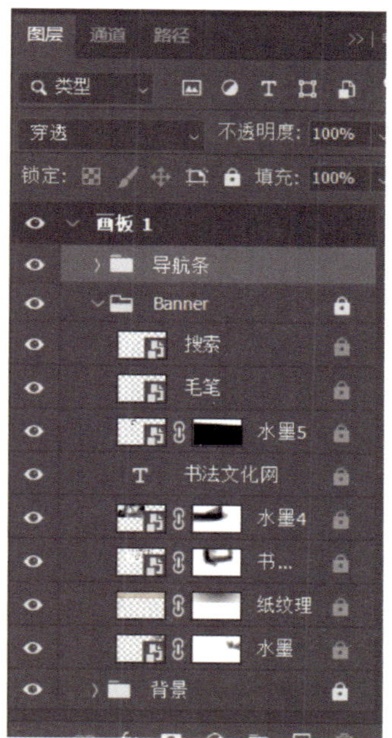

图 6-1-14　创建新图层组“导航条”

五、制作主页导航条

1. 新建图层，命名为“导航背景”，选择“矩形工具”，在工具属性栏设置为“形状”模式，单击画板，创建宽度为 1 920 像素、高度为 60 像素的矩形，如图 6-1-15 所示。

2. 将矩形的填充设置为由黑色（#000000，不透明度为 80%）到灰黑色（#242424，不透明度为 60%）的线性渐变，无描边，如图 6-1-16 所示。

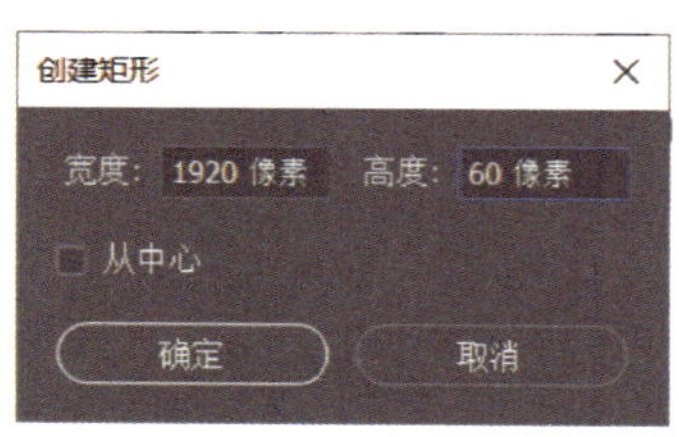

图 6-1-15　“创建矩形”对话框

图 6-1-16　矩形属性设置对话框

3. 将矩形移动到导航条位置，在图层面板单击“fx”按钮，添加图层样式“投影”，参数设置如图 6–1–17 所示，得到导航条背景效果如图 6–1–18 所示。

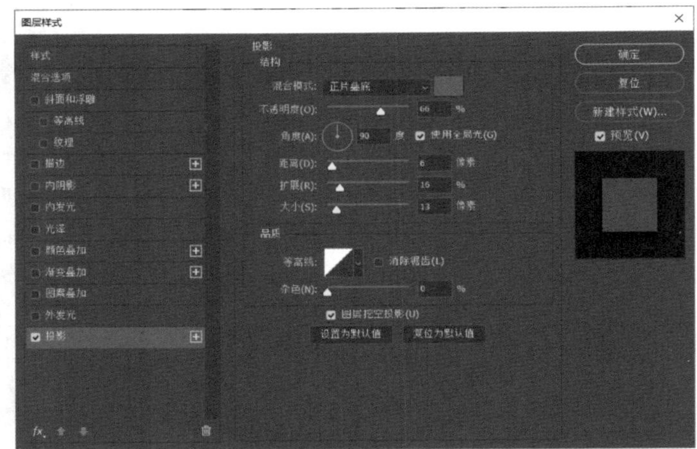

图 6–1–17　矩形属性设置对话框

图 6–1–18　导航条背景效果

4. 使用“文本工具”，输入文字“首页”，设置其字体为“微软雅黑”，字号为“24”，颜色为“白色”。为其添加图层样式“投影”，参数设置如图 6–1–19 所示。

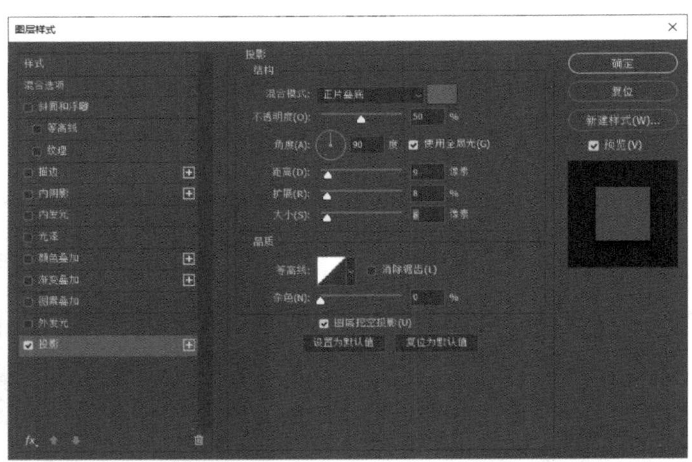

图 6–1–19　首页图层样式设置对话框

5. 选中“首页”文字图层，按住“Alt”键拖动复制该图层后依次更改文字内容，完成“书法常识”“名家鉴赏”“文房四宝”“书法收藏”“行情投资”“联系我们”按钮的制作。同时选中这几个图层，单击“垂直居中分布”“水平分布”按钮，得到如图 6–1–20 的效果。

图 6–1–20　导航条效果

6. 选择“矩形工具”，单击画板，创建宽度为 160 像素、高度为 60 像素的“矩形 1”。在工具属性栏中设置其渐变色为“#874e0e”“#c07e1a”“#874e0e”，“线性渐变”，角度为“90° ”。“矩形 1”渐变属性设置如图 6–1–21 所示。

图 6–1–21　矩形渐变设置对话框

7. 将矩形图层置于“首页”文字图层下方，得到如图 6–1–22 所示效果。

图 6–1–22　矩形渐变设置效果图

六、制作主体部分

1. 将“导航条”图层组锁定。在图层面板底部单击“创建新组”按钮，将组命名为“主体”，在组内再次创建新图层组，命名为“书法常识”，如图 6–1–23 所示。

2. 制作栏目标题

（1）新建图层，选择“圆角矩形工具”，在画板单击，创建宽度为 200 像素、高度为 50 像素、四角半径均为 300 像素的圆角矩形。参数设置如图 6–1–24 所示。

（2）设置圆角矩形的属性为渐变色“#874e0e”“#c07e1a”“#874e0e”，“线性渐变”，角度为“90° ”，描边颜色为“#f9ca7e”，粗细为“2 像素”，得到图 6–1–25 的效果。

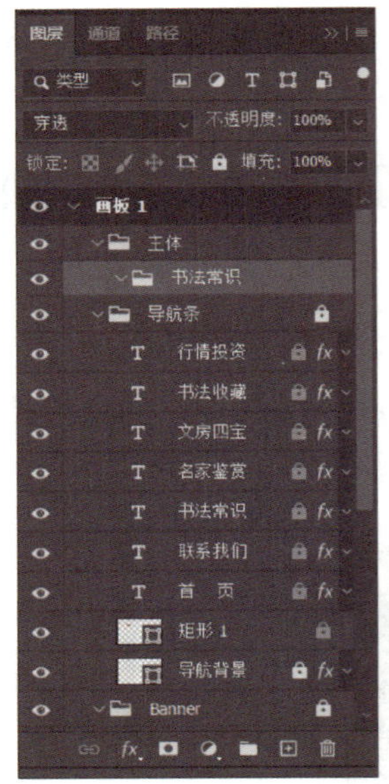

图 6-1-23　创建主体新组

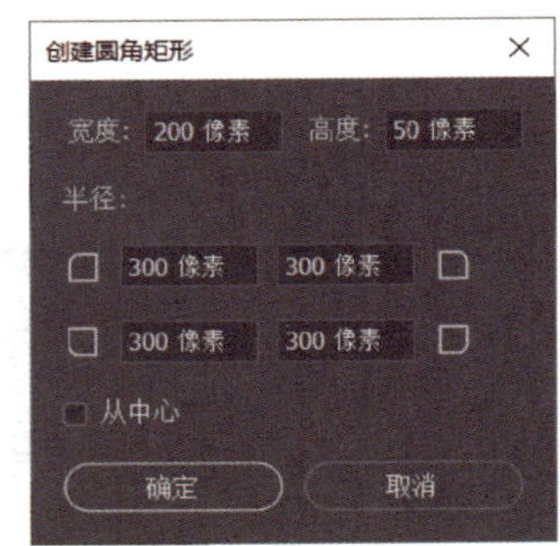

图 6-1-24　创建圆角矩形对话框

（3）新建图层，选择“椭圆工具”，新建半径为“30 像素”的正圆，将其移动到如图 6-1-25 所示的位置。使用同样的方法，新建半径为“30 像素”的正圆，放在圆角矩形右侧。

图 6-1-25　创建正圆效果图

（4）在图层面板同时选中圆角矩形图层和正圆图层，单击鼠标右键，在弹出的快捷菜单中选择“合并形状”，得到如图 6-1-26 所示效果。

图 6-1-26　合并形状效果图

（5）选择“直接选择工具”，单击形状路径，激活锚点。使用“钢笔工具”添加锚点，并拖移最左侧锚点，使用同样的方法对右侧锚点进行修改，得到如图 6-1-27 所示效果。

图 6-1-27　修改锚点示意图

（6）使用“选择工具”，在图层面板选中图层，单击“fx”按钮，设置图层样式“描边”为大小“3 像素”，位置为“外部”，混合模式为“正常”，不透明度为“100%”，描边色为“#824208”，如图 6-1-28 所示。

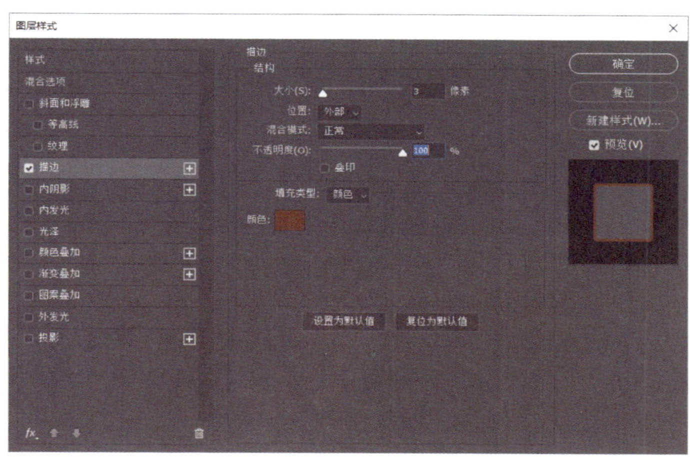

图 6-1-28　设置图层样式描边对话框

（7）设置图层样式“图案叠加”的混合模式为“正片叠底”，不透明度为“10%”，选择第一个“草”图案，贴紧原点，缩放为“30%”，如图 6-1-29 所示。

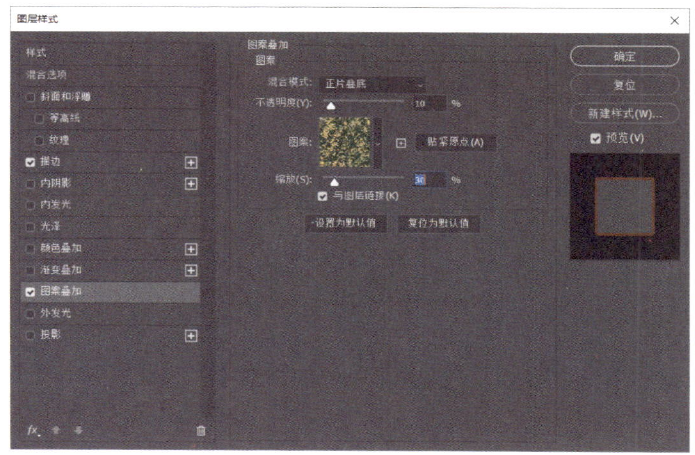

图 6-1-29　设置图层样式图案叠加对话框

（8）设置图层样式中“投影”的混合模式为“正片叠底”，不透明度为“24%”，角度为“115 度”，距离为“10 像素”，扩展为“2%”，大小为“10 像素”，如图 6–1–30 所示，得到如图 6–1–31 所示效果。

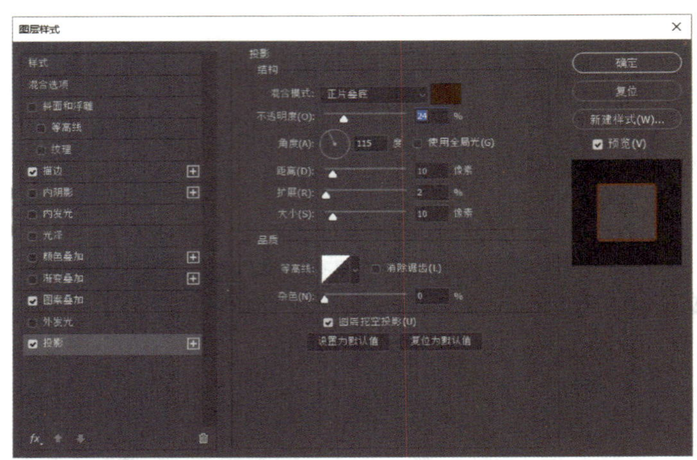

图 6–1–30　设置图层样式图案叠加对话框

（9）新建图层，输入文字“书法常识”，字体为“方正榜书简体”，字号为“30 点”，颜色为“#fffde3”，设置其图层样式中“描边”的大小为“3 像素”，位置为“外部”，颜色为“#824208”，效果如图 6–1–32 所示。

图 6–1–31　图案叠加效果图

图 6–1–32　文字描边效果图

3. 制作栏目背景

新建图层，使用“矩形工具”绘制宽度为 300 像素、高度为 4 像素的“矩形 2”，在矩形属性面板设置修改填充色为“#824208”，无描边，在图层面板设置其不透明度为“20%”。新建图层，再次使用“矩形工具”绘制宽度为 300 像素、高度为 250 像素的“矩形 3”，在矩形属性面板设置修改填充色为“#f9ca7e”，无描边。更改图层顺序，如图 6–1–33 所示，得到如图 6–1–34 所示效果。

4. 完成主体版式

选中“书法常识”图层组，复制图层组，将其他标题分别修改为“文房四宝”“名家鉴赏”“书法收藏”“行情投资”，调整名家鉴赏组的矩形背景宽度为“520 像素”，调整高度使其与两侧图形对齐，效果如图 6–1–35 所示。

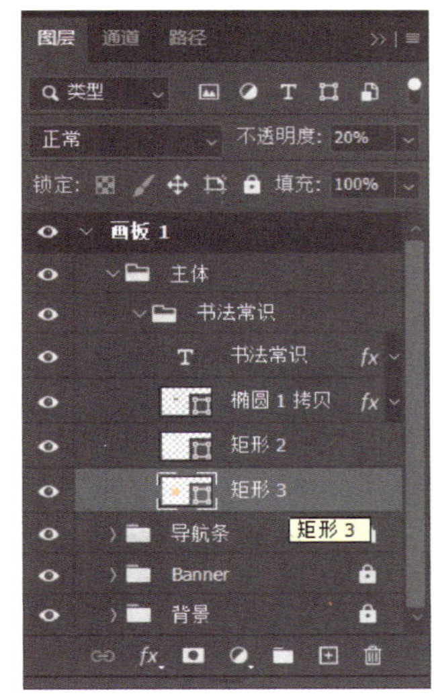

图 6-1-33　图层顺序及属性示意图

图 6-1-34　“书法常识”栏目效果图

图 6-1-35　网页主体版式效果图

5. 制作“书法常识”栏目内容

新建图层，选择“矩形工具”，绘制宽度为 180 像素、高度为 40 像素的矩形，设置其填充色为“#f9ca7e”，描边色为“#824208”。输入文字“发展演变”，设置其字体为“微软雅黑”，字号为“20 点”，颜色为“#824208”。使用同样的方法制作其他按钮，得到如图 6-1-36 所示效果。

6. 制作“文房四宝”栏目内容

在“文房四宝”图层组内新建图层，选择“多边形工具”，设置边数为“6”，绘制六边形，设置其颜色为“#f9f9f9”。将素材中“文房四宝笔 .png”“文房四宝墨 .png”“文房四宝纸 .png”“文房四宝砚 .png”拖入文件中，缩放至合适大小。在

“文房四宝砚”图层单击鼠标右键，创建剪贴蒙版。使用“文字工具”输入文字“笔”“墨”“纸”“砚”。设置“图层样式”中“描边”为白色，添加“阴影”，效果如图 6–1–37 所示。

图 6-1-36 “书法常识”栏目按钮效果图

图 6-1-37 “书法常识”栏目按钮效果图

7. 制作“名家鉴赏”栏目内容

在“名家鉴赏”图层组中，新建图层，选择“矩形工具”，制作边长为 100 像素的正方形。在矩形工具属性栏中设置其描边粗细为“2 像素”，颜色为“#824208”。新建图层，拖入“名家书法 1.jpg”文件，单击鼠标右键，在弹出的快捷菜单中选择“创建剪贴蒙版”。新建图层，输入素材文件“文案内容”中的文字“江南第一才子唐寅行书《诗笺》”，设置其字体为“黑体”，字号为“18 点”，颜色为“#824208”。使用“文字工具”拖动矩形，在区域中输入“文案内容”中的关于唐寅的简介文字，设置其字体为“仿宋”，字号为“12 点”，颜色为“黑色”。

重复上述操作步骤，制作其他三个栏目内容。

将按钮“更多”拖入合适位置，得到如图 6–1–38 所示效果。

8. 制作“书法收藏”栏目内容

在“书法收藏”图层组中，新建图层，拖入“天道酬勤 .jpg”，可适当添加图层样式。输入素材文件“文案内容”中的文字，设置字体为“黑体”，颜色为“#824208”，字号为“12 点”，然后拖入按钮“更多”至合适位置，得到如图 6–1–39 所示效果。

9. 制作“行情投资”栏目内容

在“行情投资”图层组中，新建图层，选择“矩形工具”，绘制边长为“60 像素”的正方形，填充色为“#f9f9f9”，描边为“2 像素”，颜色为“#824208”。输入文字“拍卖解析”，设置字体为“方正榜书行简体”，字号为“24 点”，颜色为“#824208”。重复上述操作，制作其他三个栏目内容完成图 6–1–40 所示效果。

图 6–1–38　“名家鉴赏”栏目按钮效果图

图 6–1–39　“书法收藏”栏目按钮效果图

图 6–1–40　“行情投资”栏目按钮效果图

七、制作页尾部分

在图层面板底部单击“创建新组”按钮，将图层组命名为“页尾”。使用“矩形工具”绘制高度为 100 像素、宽度为 1 920 像素的矩形，设置其填充色为“#242424”，无描边。新建图层，使用“文字工具”输入版权信息，设置字体为“微软雅黑”，字号为“14 点”，颜色为“#f9f9f9”，完成后的主页效果如图 6–1–41 所示。整理图层，保存文件，并另存为“主页效果图 .jpg”，方便客户选稿。

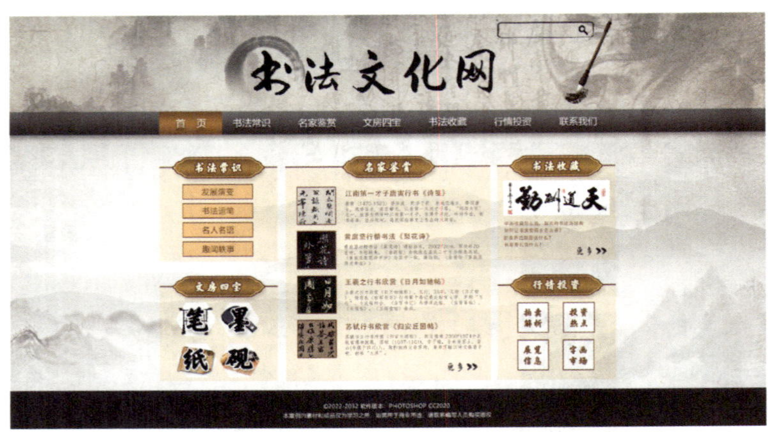

图 6-1-41　主页整体效果图

1. 进行路径图形的填充、描边等属性设置时，需要先单击“矩形工具”，才可以在选项栏中看到对应的属性。

2. 路径渐变色设置可在预置渐变色条的基础上进行修改，以提高工作效率。

3. 剪贴蒙版中用来剪切图像的形状在下方，被剪贴的图像在上方。这个形状可以是路径、图像的局部（如抠图后的人像），也可以是“画笔工具”绘制的区域。

4. 剪贴蒙版最终区域的呈现只与形状和不透明度有关，与形状的填充色相无关。

5. 如需创建多个形状进行形状合并时，先创建新图层后再新建形状路径，独立的图层更方便进行路径的缩放、移动等调整。调整完毕后，同时选中多个路径图层再进行合并。

任务 2　书法文化网站二级页面效果图设计

1. 能根据需求分析制订网站二级页面设计方案。
2. 能使用 Photoshop 完成网站二级页面的版式设计。
3. 能使用“标尺”“对齐”等排版工具进行页面布局。
4. 能使用“矩形工具”“钢笔工具”等绘图工具完成图标等元素的绘制。

本任务要制作“名家鉴赏”二级页面，效果如图 6-2-1 所示。要求页面风格与任务一中首页的风格统一，结构清晰明确，便于浏览者找到想要的信息。

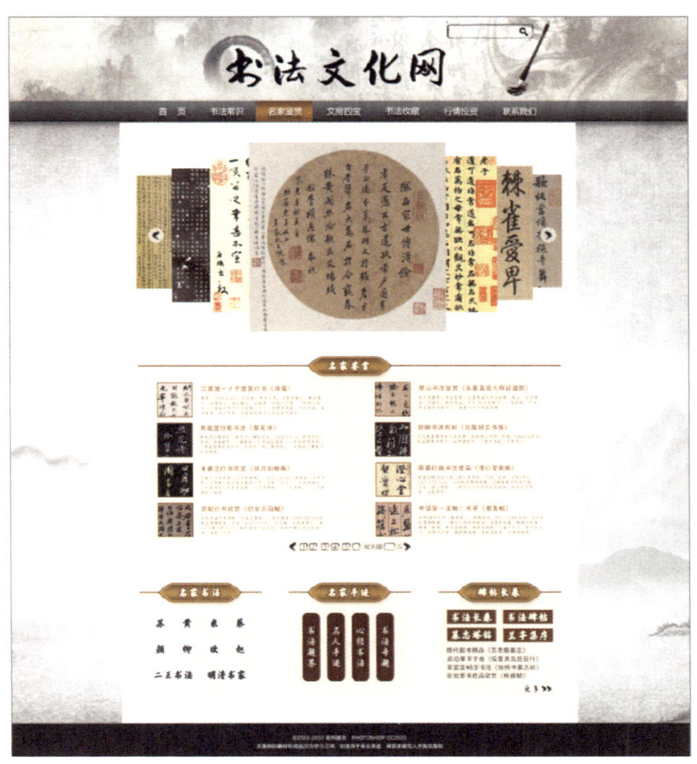

图 6-2-1　名家鉴赏页面效果图

本任务需要网页美工通过、分析整理设计需求，明确设计方向，制订网页设计方案，综合运用“标尺”“对齐”等排版工具进行页面布局，使用“矩形工具”“钢笔工具”等绘图工具完成图标等元素的绘制。

使用一种自选图案平铺画面或者填充路径、选区时，需要绘制属于自己风格的图案。这个图案就像是一块地砖，下面结合实例讲解如何打造这块“地砖”。

一、新建图案文件

首先创建一个名为“地砖”的文件，设置宽度为 50 像素，高度为 50 像素，如图 6–2–2 所示。

图 6–2–2　新建图案文件对话框

二、定义图案

1. 单击“自定形状工具”，在工具属性栏选择形状“花卉 44”，绘制一个宽度为 38 像素、高度为 36 像素的花朵，如图 6–2–3 所示。

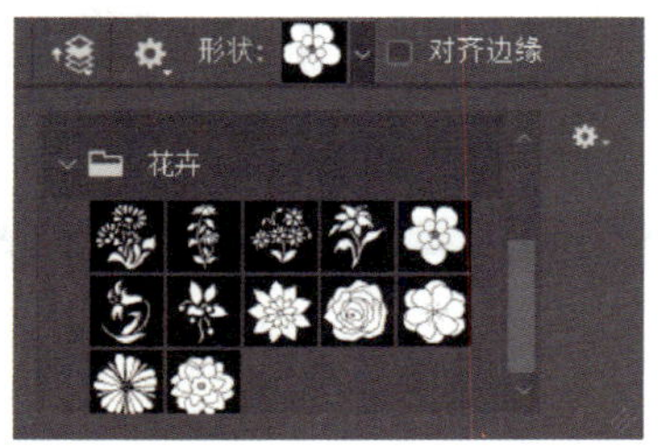

图 6–2–3　新建图案文件对话框

2. 在工具属性栏中为其设置“径向渐变”色分别为“#f99fa1”“#ffffff”“3d4a4d9”，参数设置如图 6-2-4 所示，得到如图 6-2-5 所示效果。

图 6-2-4　形状填充渐变色设置对话框

图 6-2-5　花卉渐变填充效果图

3. 在菜单栏单击“编辑”，在下拉列表中选择“定义图案”，如图 6-2-6 所示，在弹出的对话框中，将图案命名为“花卉图案”，如图 6-2-7 所示。单击“确定”按钮，此时图案已经创建完毕。

图 6-2-6　编辑对话框

图 6-2-7　定义图案名称对话框

三、应用图案

1. 新建宽度为 1 024 像素、高度为 768 像素、分辨率为 72 像素 / 英寸的小尺寸页面，如图 6-2-8 所示。

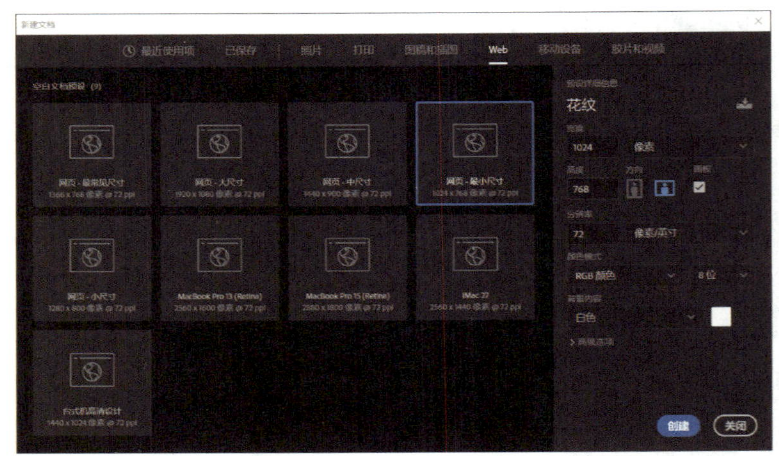

图 6-2-8 “新建文件”对话框

2. 选择“矩形工具”，单击画板，绘制一个宽度为 960 像素、高度为 700 像素的矩形。在工具属性栏设置其填充为“图案”，单击刚创建的“花卉图案”，如图 6-2-9 所示，可以通过缩放来控制填充图案的大小。缩放为“100%”时，填充效果如图 6-2-10 所示；缩放为“200%”时，填充效果如图 6-2-11 所示。

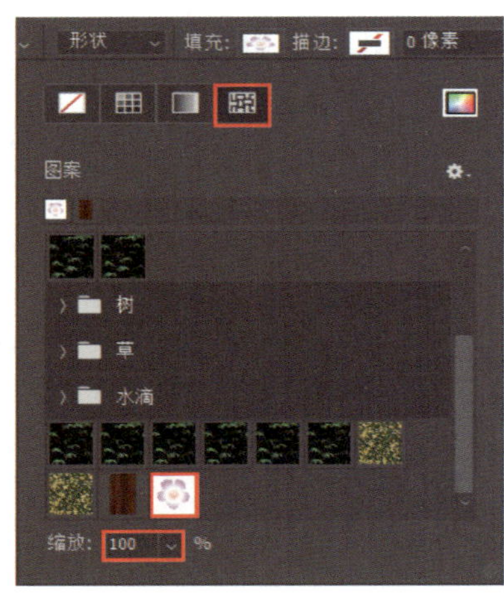

图 6-2-9 图案填充属性设置对话框

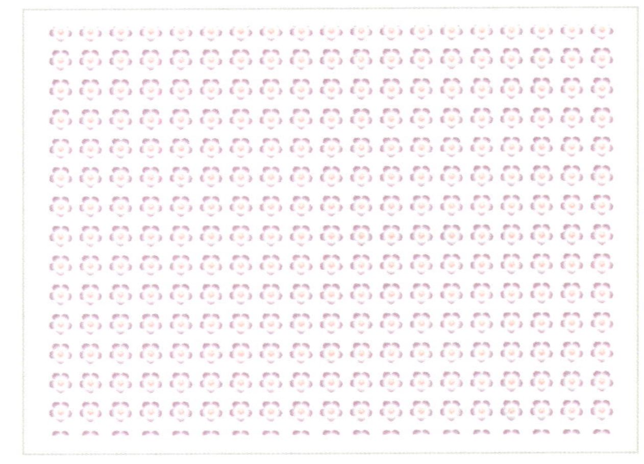

图 6-2-10 图案填充缩放为 100% 时效果图

3. 根据设计需要，还可以在“图层样式”中添加“图案叠加”效果。创建一个宽度为 960 像素、高度为 700 像素的矩形，填充色为“#efe5d6”。在图层面板底部单击

图 6-2-11　图案填充缩放为 200% 时效果图

“fx”按钮，在弹出的“图层样式”对话框中设置其图案为刚创建的“花卉图案”，混合模式为“柔光”，不透明度为“100%”，缩放为“168%”，如图 6-2-12 所示，得到如图 6-2-13 所示的淡雅小清新风格的效果。

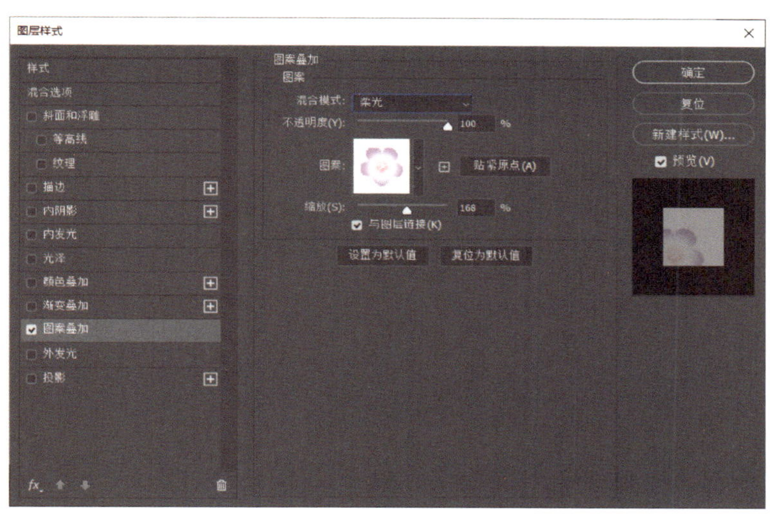

图 6-2-12　图案叠加设置对话框

图 6-2-13　图案叠加效果图

操作演示

一、设计“名家鉴赏”二级页面

1. 设计风格及元素

二级页面要延续首页的“水墨风”设计风格及设计元素。

2. 色彩搭配方案

色彩搭配与首页一致。

3. 版式设计方案

二级页面的版式设计同样要延续首页风格，可保持“页头”和“页尾”不变，主要修改主体部分的内容，为了方便浏览者观看，防止审美疲劳，一般控制在 2 ~ 3 个页面的长度，即宽度为 1 920 像素、高度在 2 160 ~ 3 240 像素，如图 6–2–14 所示。

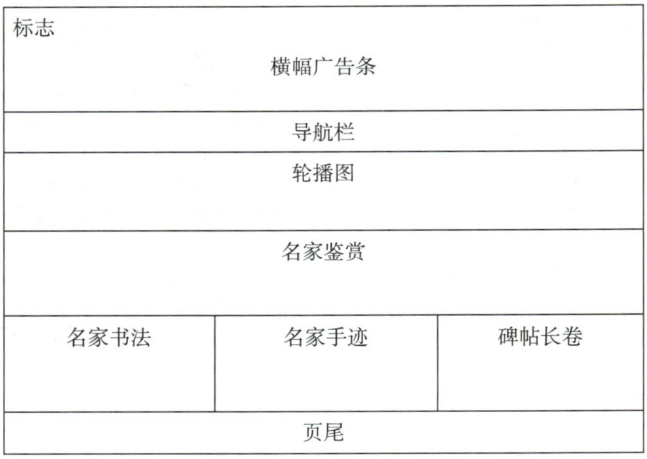

标志 横幅广告条		
导航栏		
轮播图		
名家鉴赏		
名家书法	名家手迹	碑帖长卷
页尾		

图 6-2-14 “名家鉴赏”页面的版式设计方案示意图

二、修改画板大小

复制文件“书法文化网首页 .psd”，将文件重命名为“书法文化网名家鉴赏页面 .psd”。打开文件，长按“选择工具”，在弹出的列表中选择“画板工具”，设置其宽度为“1920 像素”，高度为“2160 像素”，如图 6–2–15 所示。

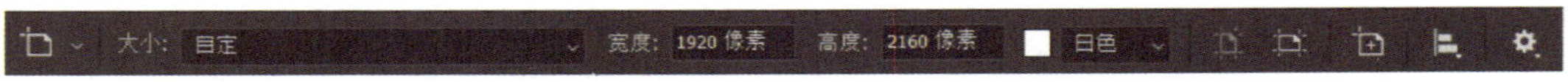

图 6-2-15 “画板工具”属性设置示意图

三、整理图层

1. 隐藏“主体”图层组，将“页尾”组拖至画板底部。

2. 将“背景”图层组解锁，将图层“水墨 1”进行缩放，使之布满主体部分，移动图层“水墨 2”和“水墨 3”到合适位置。将“首页”按钮底部的“矩形 1”图层移动至“名家鉴赏”底部。执行“视图”→“新建参考线”命令，设置为“水平”“1650 像素”，得到图 6–2–16 所示效果。

图 6–2–16　书法文化网站二级页面的版式设计示意图

3. 解锁“主体”图层组，将“名家鉴赏”图层组以外的四组删除。分别选中“名家鉴赏”组内的两个背景矩形，在右侧属性面板中将其宽度设置为“1 200 像素”。为方便之后的操作，锁定这两个图层。复制左侧 4 组已经排好版的图片和文字，放置在右侧，分别拖入“名家书法 5.jpg”“名家书法 6.jpg”“名家书法 7.jpg”“名家书法 8.jpg”进行替换，并输入对应的文字。适当调整文字内容，避免标点符号在行首。新建图层，导入“页码按钮 .png”，居中放置在“名家鉴赏组”底部，效果如图 6–2–17 所示。选中整组图层，移动到图 6–2–18 所示的位置。

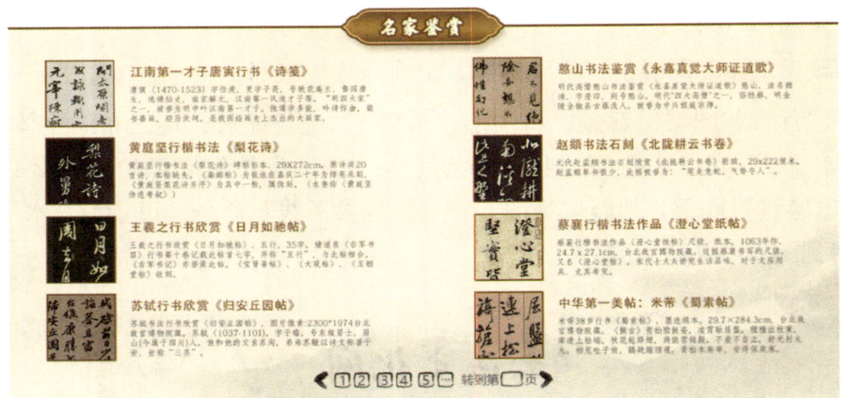

图 6-2-17　名家鉴赏组效果图

图 6-2-18　名家鉴赏组位置示意图

四、制作“轮播图”图层组

1. 锁定“名家鉴赏”图层组，在“主体组”内新建“轮播图”图层组。

2. 新建图层，拖入素材文件“轮播图 1.jpg”，缩放并移动到“名家鉴赏”图层组上方。重复上述操作，导入“轮播图 2.jpg”至“轮播图 7.jpg”并排版。

3. 新建图层，导入素材文件“左按钮 .png”，移动到轮播区域左侧。用同样的方法导入素材文件“右按钮 .png”。同时选中两个按钮，在“移动工具”属性栏选择“顶对齐”“垂直居中对齐”，得到如图 6–2–19 所示效果。

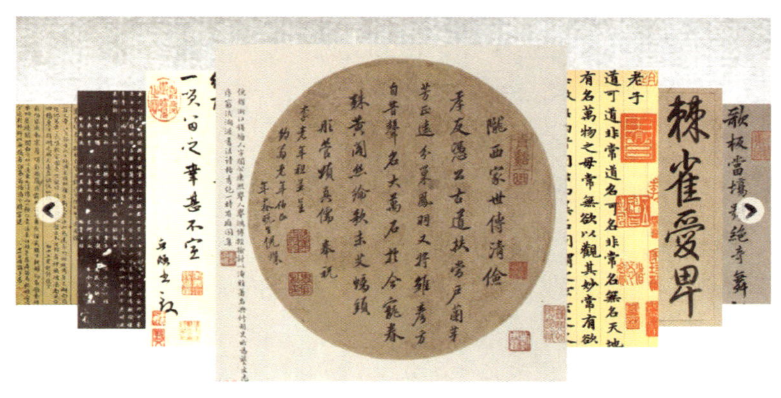

图 6–2–19　“轮播图”图层组效果图

五、制作“名家书法”图层组

1. 锁定“轮播图”图层组，在“主体组”新建“名家书法”图层组，复制“名家鉴赏”图层组的标题、标题背景、背景图层并修改标题名称为“名家书法”，将背景图层改为长度“350 像素”、高度“300 像素”，背景上方的矩形条长度改为“350 像素”，高度不变，效果如图 6–2–20 所示。

2. 选择“椭圆工具”，新建宽度和高度均为 50 像素的正圆，在椭圆工具属性栏中设置其填充色为“#f9f9f9”，无描边。新建图层，使用“文字工具”输入“苏”，设置其字体为“方正榜书行简体”，字号为“30 点”，颜色为“#242424”，完成按钮“苏”的制作。使用同样的方法完成“黄”“米”“蔡”“颜”“柳”“欧”“赵”按钮的制作，效果如图 6–2–21 所示。

图 6–2–20　“名家书法”图层组标题及背景效果图

图 6–2–21　正圆按钮效果图

图 6-2-22 “名家书法”图层组效果图

3. 选择“圆角矩形工具”，绘制宽度为 138 像素、高度为 42 像素、圆角半径为 21 像素的圆角矩形，颜色设置为“#f9f9f9”，无描边。新建图层，输入文字“二王书法”，在右侧文字面板中设置“字距”为“-50”。重复上述步骤，得到“明清书家”按钮。“名家书法”图层组的最终效果如图 6-2-22 所示。

六、制作“名家手迹”图层组

1. 折叠“名家书法”图层组，复制该组，重命名为“名家手迹”，将标题改为“名家手迹”，删除内部按钮图层，移动至此部分区域的中央位置。

2. 使用“圆角矩形工具”，绘制宽度为 50 像素、高度为 200 像素、圆角半径为 15 像素的圆角矩形。

3. 执行“文件”→“打开”命令，打开素材文件“木制贴图 .jpg”。再次选择“圆角矩形工具”，在工具属性栏中，单击填充右侧的图案，在弹出的快捷菜单中单击“设置”命令。在弹出的对话框中选择“新建图案预设”命令，如图 6-2-23 所示。在弹出的“图案命名”对话框中，将其命名为“木制贴图”，单击“确定”按钮。

4. 回到“书法文化网二级页面 .psd”文件，选中刚才绘制的圆角矩形，设置其填充为“图案”，单击其中预设的木制贴图，如图 6-2-24 所示。

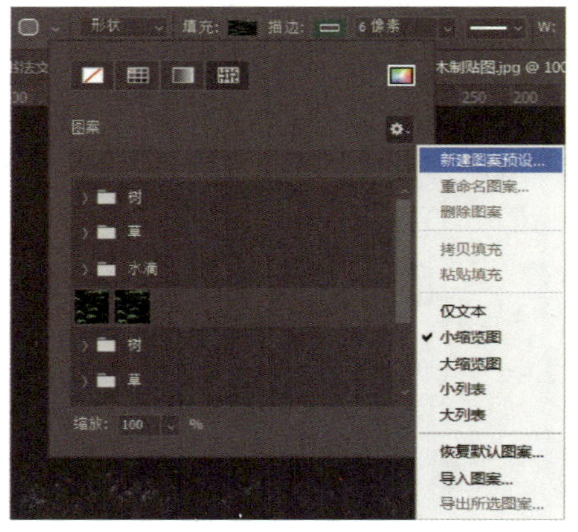

图 6-2-23 新建图案预设示意图

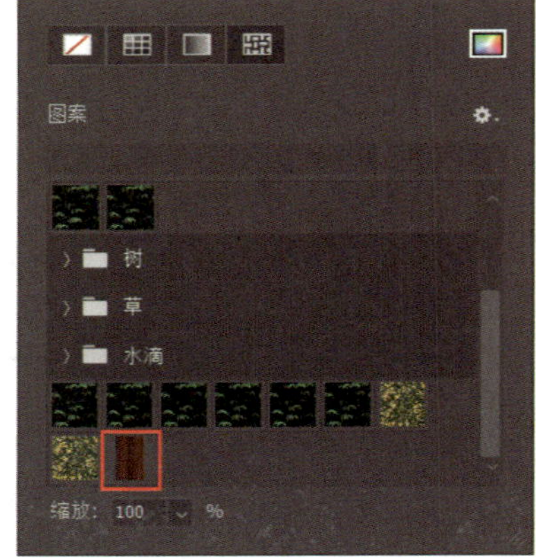

图 6-2-24 图案对话框

5. 新建图层，单击“直排文字工具”，输入文字“书法题签”，设置其字体为“方正榜书行简体”，颜色为“#efe5d6”，字号为“30 点”。在图层面板单击“fx”按钮，为其添加图层样式“内阴影”，设置其内阴影颜色为“#442b00”，其他参数设置如

图 6–2–25 所示。

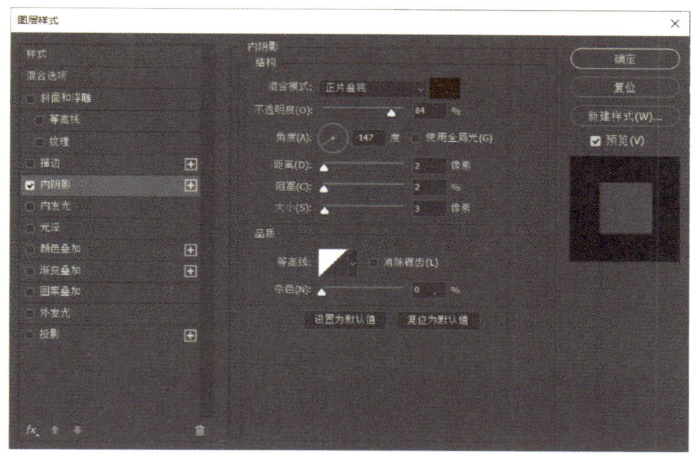

图 6-2-25　文字图层样式参数设置对话框

6. 复制圆角矩形图层和文字图层，将文字修改为“名人手迹”，完成第二个按钮的制作。重复上述操作，完成“心经书法”和“书法专题”按钮的制作。最终效果如图 6–2–26 所示。

图 6-2-26　名家手迹组效果图

七、制作“碑帖长卷”图层组

1. 折叠“名家手迹”图层组，复制该组，重命名为“碑帖长卷”，将标题也改为“碑帖长卷”，删除内部按钮图层，移动至此部分区域的右侧位置。

2. 新建图层，选择“矩形工具”，单击画板，创建一个宽度为 140 像素、高度为 40 像素的矩形，颜色为“#824208”，无描边。

3. 新建图层，选择“文字工具”，输入文字“书法长卷”，设置其字体为“方正榜书行简体”，颜色为“#fffde3”，字号为“30 点”，字距为“0”。在图层面板为其添加图层样式，参数设置如图 6–2–27 所示。重复上述操作，完成“书法碑帖”“墓志塔铭”“兰亭集序”3 个按钮的制作。

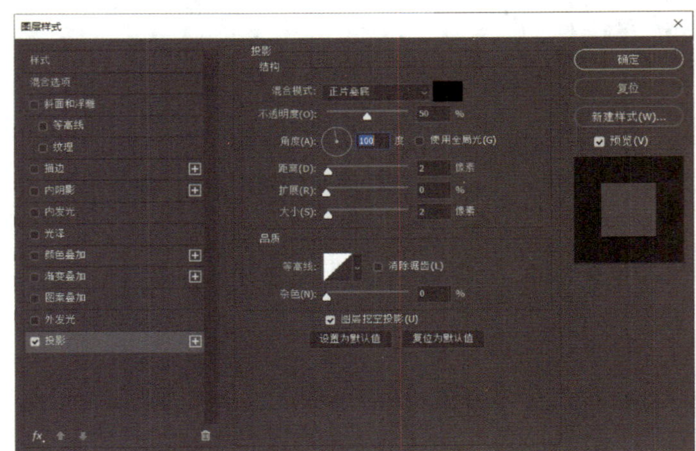

图 6–2–27 “书法长卷”图层样式参数设置对话框

4. 新建图层，选择“文字工具”，输入文字“隋代楷书精品《苏孝慈墓志》”，设置其字体为“黑体”，字号为“18 点”，颜色为“#141414”。重复上述操作，完成其他 3 个文章标题的制作。同时选中 4 个文章标题图层，单击“选择工具”属性栏中的“左对齐”和“垂直分布”。新建图层，导入素材文件“更多按钮 .png”，放置在右下角，最终效果如图 6–2–28 所示。

图 6–2–28 碑帖长卷组效果图

八、绘制主体背景

由于主体内容较多，为防止内容看上去过于零散，在主体部分整体添加一个白色背景。打开“主体组”图层组，新建图层，使用“矩形工具”创建一个宽度为 1 290 像素、高度为 1 750 像素的矩形。在工具属性栏设置其填充色为“白色”，无描边。将该图层置于该组的最底部。图层顺序如图 6-2-29 所示。最后整理图层，保存文件，并另存为“书法文化网名家鉴赏效果图 .jpg”，方便客户选稿。名家鉴赏页面最终效果如图 6-2-30 所示。

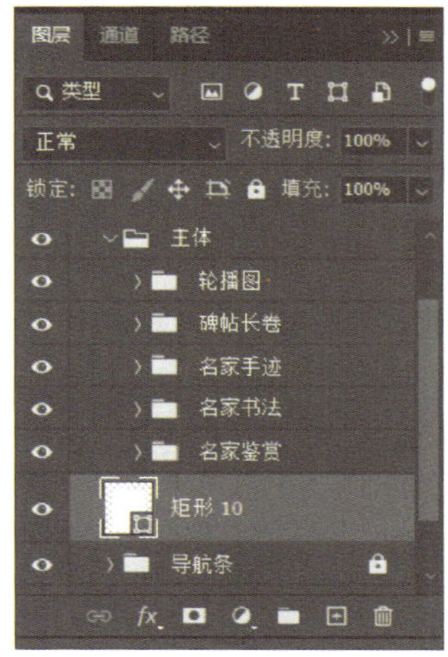

图 6-2-29　图层面板图层顺序示意图

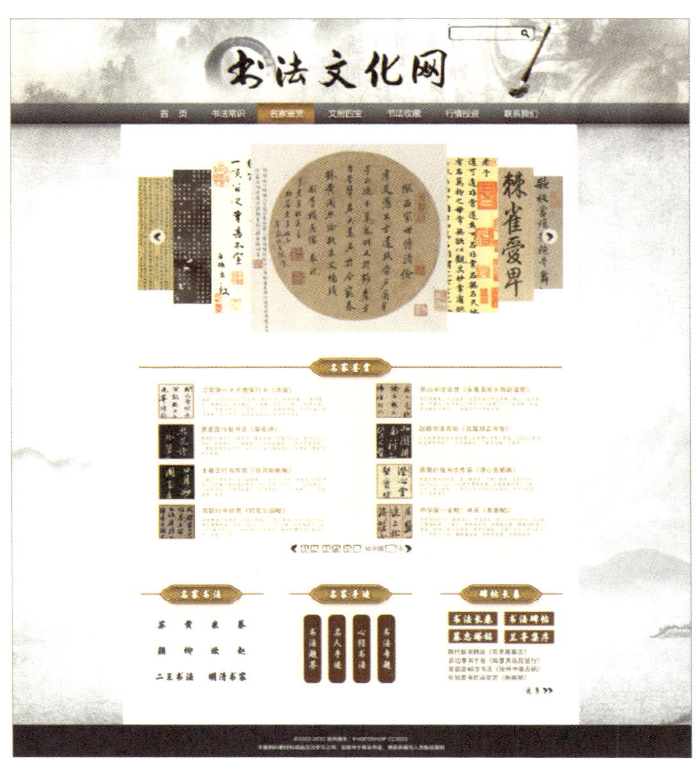

图 6-2-30　“名家鉴赏”页面效果图

1. 对于格式和组成元素类似的图层组，可以复制组再修改，以提高工作效率。使用组来管理图层，清晰、明确，便于后期修改。

2. 在移动图层时，为了防止误选其他图层，可先将无关的图层和组进行锁定。制作完成的区域及时锁定，养成良好的职业习惯。

3. 因 RGB 色域与 Web 色域存在一定差异，网页设计中的色彩选择一般设置 Web 色，即“#******”，这样网页美工实现的最终效果与平面效果图最为接近。

4. 在使用“对齐工具”时，需要同时选中多个图层。按住“Shift”键可选择连续的多个图层，按住“Ctrl”键可选择不连续的多个图层。

项目七
用户界面设计

任务 1　智慧旅游服务平台 PC 端登录界面设计

1. 能归纳不同功能登录界面的设计风格、表现形式和结构特点。
2. 能使用“添加图层样式”设置图层效果。
3. 能使用“圆角矩形工具”设计登录界面上的图形。
4. 能利用“置入嵌入对象”置入素材。
5. 能使用“横排文字工具”创建文字注释。

为充分利用大数据，打造智慧旅游服务，某旅游协会需要开发一个智慧旅游服务平台，现委托设计公司设计智慧旅游服务平台 PC 端登录界面。用户界面设计简称 UI（User Interface）设计，它是指对软件人机交互、操作逻辑、界面美观的整体设计。

本任务中的智慧旅游服务平台 PC 端登录界面设计属于网页设计范畴，网页设计的尺寸选择需要考虑两个因素，一个是用户显示器的分辨率，另一个是使用的浏览器所支持的分辨率。本任务中的登录界面设计采用标准分辨率，即 1 024 像素 ×768 像素，选择具有代表性的登录界面样式进行主题内容的绘制和效果的表现，制作智慧旅游服务平台 PC 端登录界面效果，如图 7–1–1 所示。

图 7-1-1　智慧旅游服务平台 PC 端登录界面

一、置入嵌入对象

1. 在 Photoshop 软件中，执行“文件”→“置入嵌入对象”命令，选中需要的素材，单击“置入”按钮，按“Enter”键即可完成置入操作，此时置入的对象是智能对象，在图层面板中选择该“智能对象”图层，单击鼠标右键，在弹出的快捷菜单中选择“栅格化图层”命令，如图 7-1-2 所示，或执行“图层”→“智能对象”→“栅格化”命令，可将“智能对象”图层转换为普通图层。在对某个智能对象进行栅格化之后，应用于该智能对象的变换、变形和滤镜将不再可编辑。

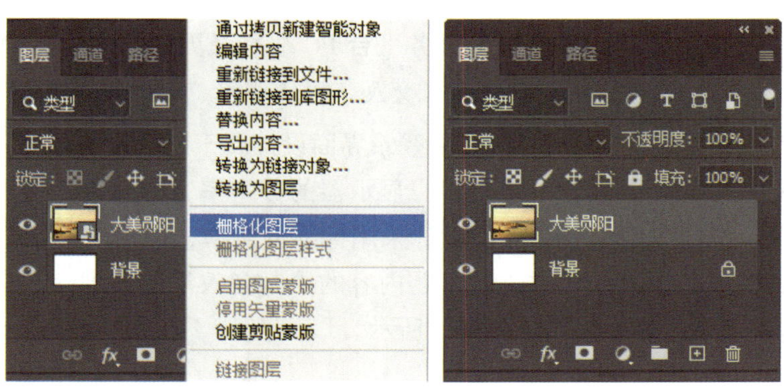

图 7-1-2　将“智能对象”图层转换为普通图层

2. Photoshop 2020 中新增了“转换为图层”功能，更便于编辑修改。在图层面板中选择“智能对象”图层，单击鼠标右键，在弹出的快捷菜单中选择“转换为图层”，如图 7–1–3 所示，或执行“图层”→“智能对象”→“转换为图层”命令，即可将“智能对象”图层转换为一个包含原有元素的图层组。

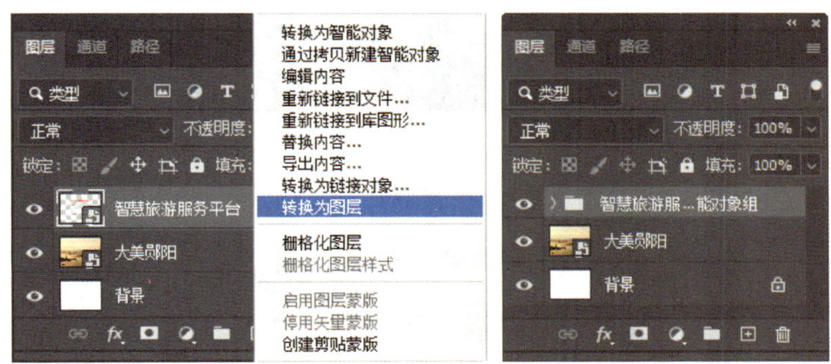

图 7–1–3　将“智能对象”图层转换为图层组

二、UI 设计的基本思路

1. 需要根据消费者的需求、市场的状况、所要设计的 UI 等实际情况进行综合分析，确定整体设计理念和风格。

2. 根据对应的屏幕大小及屏幕分辨率（DPI），确定 UI 布局。

3. 列出所有 UI 元素，并确定其文本颜色、字体大小及是否加粗。

4. 使用 Photoshop 等软件对图片、字体、颜色、样式进行设计美化。

5. 根据用户反馈，进行 UI 设计调整，以达到理想效果。

一、添加参考线

1. 创建新文档并命名为“智慧旅游服务平台”，设宽度为 1 024 毫米、高度为 768 毫米、分辨率为 72 像素 / 英寸，其他选项使用默认值，然后单击“创建”按钮。

2. 单击“文件”菜单，执行“置入嵌入对象”命令，如图 7–1–4 所示，在弹出的“置入嵌入的对象”对话框中选择素材文件夹中的文件“风景 .jpg”，单击“置入”按钮，调整素材大小并摆放到合适位置，按“Enter”键确定，效果如图 7–1–5 所示。

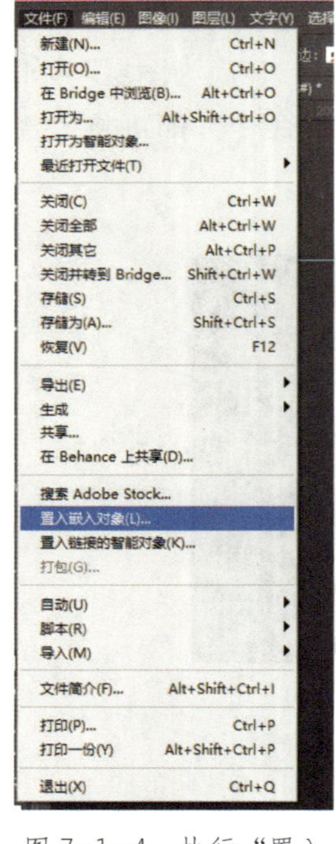

图 7-1-4　执行“置入嵌入对象”命令

图 7-1-5　置入素材文件

二、制作透明登录界面

1. 选择工具箱中的“圆角矩形工具”，在属性栏中选择工具模式为“形状”，设置填充颜色为“白色”，无描边，半径为“10 像素”，绘制一个圆角矩形，如图 7-1-6 所示。在图层面板中将圆角矩形的填充设置为“30%”，如图 7-1-7 所示。

图 7-1-6　绘制圆角矩形

图 7-1-7　调整填充值

2. 双击“圆角矩形 1”图层，打开“图层样式”对话框，添加“斜面和浮雕”样式，参数设置如图 7-1-8 所示。添加“内发光”样式，设置发光颜色为浅黄色（R：255，G：255，B：193），参数如图 7-1-9 所示。添加“投影”样式，参数如图 7-1-10 所示。设置好参数后，单击“确定”按钮，效果如图 7-1-11 所示。

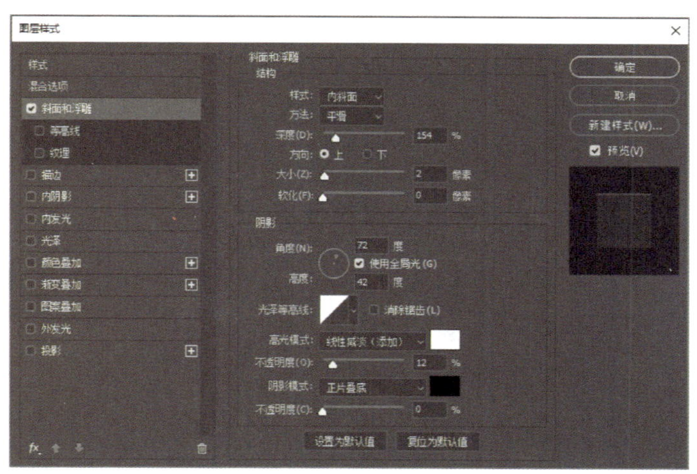

图 7-1-8　添加“斜面和浮雕”图层样式

三、制作登录界面上文字信息

操作演示

1. 选择工具箱中的“横排文字工具”，输入文字“用户登录”，设置字体为“黑体”，大小为“30 点”，颜色为暗黄色（R：118，G：103，B：2），调整好字符间距和位置，如图 7-1-12 所示。

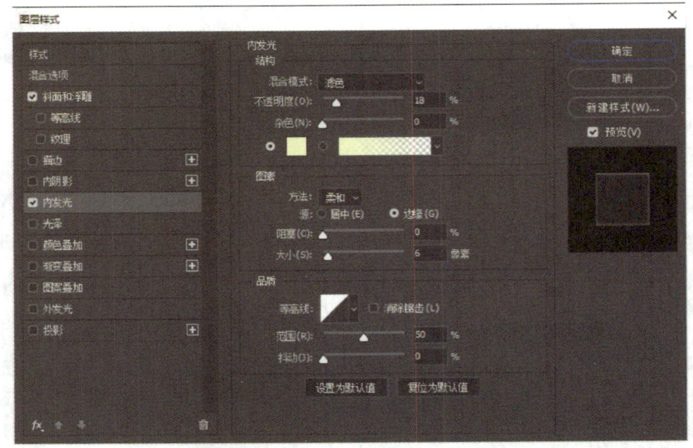

图 7-1-9　添加“内发光”图层样式

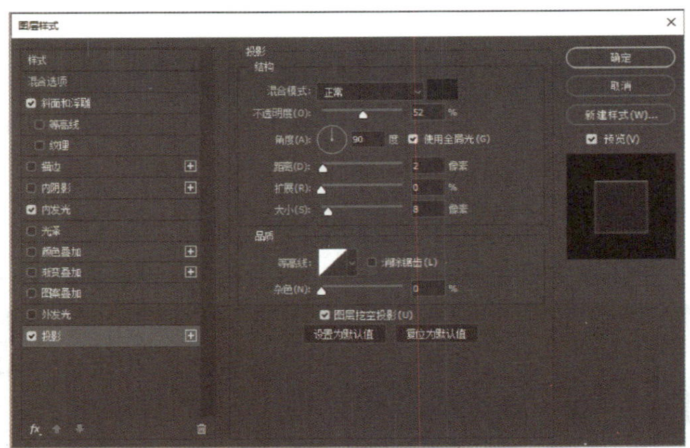

图 7-1-10　添加“投影”图层样式

图 7-1-11　添加图层样式效果图

图 7-1-12　输入文字

2. 选择工具箱中的“圆角矩形工具”，在属性栏中选择工具模式为“形状”，填充颜色为“白色”，无描边，半径为“10 像素”，绘制一个圆角矩形，在图层面板中设置填充度为“60%”，如图 7-1-13 所示。参照上述步骤再绘制一个圆角矩形放置在下方，如图 7-1-14 所示。

图 7-1-13　绘制圆角矩形 2

图 7-1-14　绘制圆角矩形 3

3. 选择工具箱中的“横排文字工具”，输入文字“用户名”，设置字体为“黑体”，大小为“24 点”，颜色为青灰色（R：113，G：133，B：133），调整好字符间距和位置，如图 7-1-15 所示。参照上述步骤在“圆角矩形 3”内添加文字“密码”，如图 7-1-16 所示。

图 7-1-15　添加“用户名”文字提示

图 7-1-16　添加“密码”文字提示

4. 选择工具箱中的“圆角矩形工具”，在属性栏中选择工具模式为“形状”，无填充，设描边颜色为暗黄色（R：118，G：103，B：2），描边宽度为“3 点”，绘制一个圆角矩形，如图 7–1–17 所示。选择工具箱中的“横排文字工具”，输入文字“记住密码”，设置字体为“黑体”，大小为“18 点”，颜色为暗黄色（R：118，G：103，B：2），调整好字符间距和位置，如图 7–1–18 所示。参照上述步骤制作“自动登录”选项，如图 7–1–19 所示。

图 7–1–17　绘制圆角矩形

图 7–1–18　添加文字

图 7–1–19　制作“自动登录”选项

5. 选择工具箱中的“圆角矩形工具”，在属性栏中选择工具模式为“形状”，填充颜色为深绿色（R：125，G：150，B：0），无描边，绘制一个圆角矩形，如图 7–1–20 所示。选择工具箱中的“横排文字工具”，输入文字“登录”，设置字体为“黑体”，大小为“24 点”，颜色为“白色”，调整好字符间距和位置，如图 7–1–21 所示。再使用“横排文字工具”输入文字“忘记密码？|注册新用户”，设置字体为“黑体”，大小为“18 点”，颜色为暗黄色（R：118，G：103，B：2），设置下画线，调整好字符间距和位置，如图 7–1–22 所示。

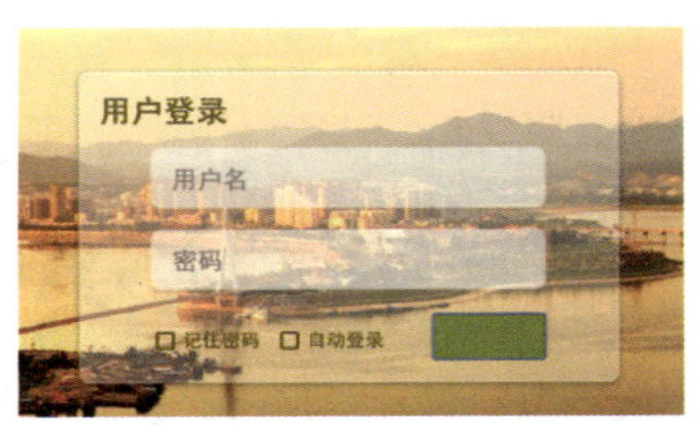

图 7–1–20　绘制圆角矩形

图 7–1–21　添加提示文字

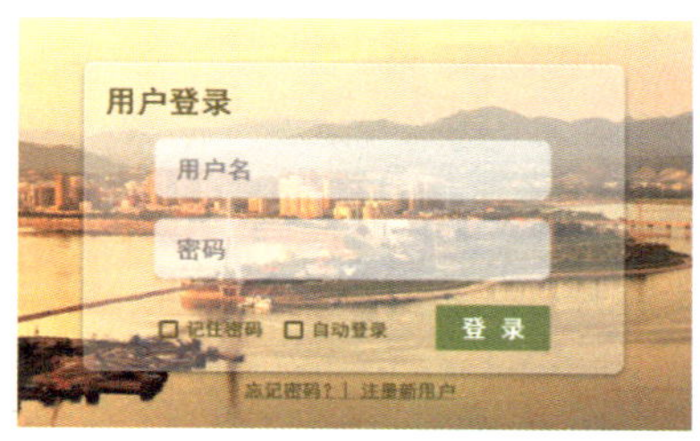

图 7-1-22　添加提示文字选项

四、制作“智慧旅游服务平台”标题文字

1. 选择工具箱中的“横排文字工具”，输入文字“智慧旅游服务平台”，设置字体为“方正粗宋简体”，大小为“72 点”，颜色为“红色”，调整好字符间距和位置，如图 7-1-23 所示。

图 7-1-23　添加标题文字

2. 双击“智慧旅游服务平台”文字图层，打开“图层样式”对话框，添加“描边”样式，参数如图 7-1-24 所示。添加“内发光”样式，设置发光颜色为浅黄绿色（R：253，G：255，B：212），参数如图 7-1-25 所示。添加“投影”样式，参数如图 7-1-26 所示。设置好参数后，单击“确定”按钮，效果如图 7-1-27 所示。

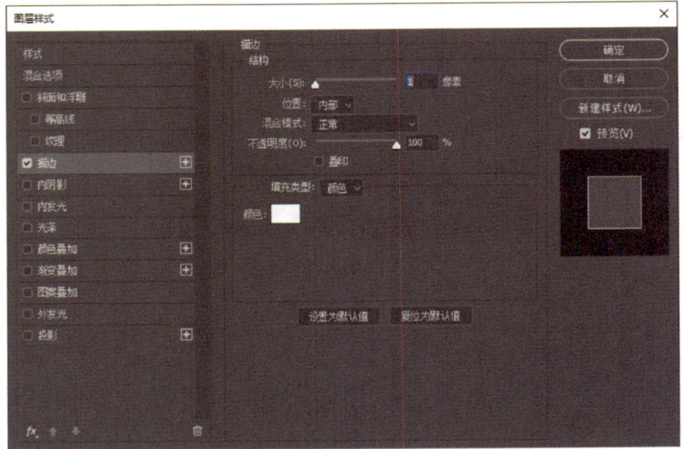

图 7-1-24　添加“描边”图层样式

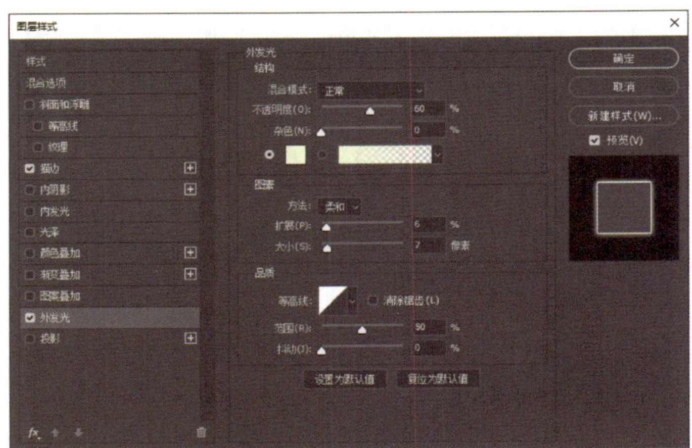

图 7-1-25　添加“外发光”图层样式

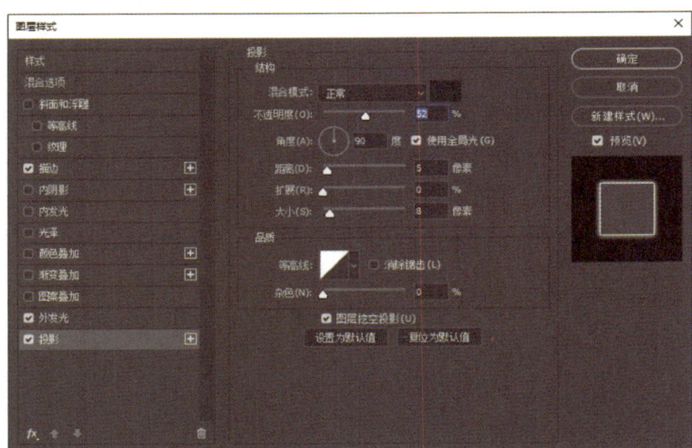

图 7-1-26　添加“投影”图层样式

图 7-1-27 添加图层样式效果

任务 2 农产品超市手机 App 界面设计

1. 能叙述不同功能手机 App 的 UI 设计风格和结构特点。
2. 能叙述不同功能手机 App 的 UI 表现形式和风格异同。
3. 能使用“矩形工具”“圆角矩形工具”和“椭圆形工具”绘制图形。
4. 能利用“置入嵌入对象”置入素材。
5. 能使用“横排文字工具”创建文字注释。

“实体店 + 电商 + 合作社”的经营模式是农村经济发展的重要举措。本任务中的 App 界面设计是比较常见的 UI 设计项目，随着移动电子商务的发展，手机 App 的功能和分类逐渐规范，人们对手机 App 的界面设计要求也与日俱增。“农产品超市 App”

是一款公益性、实用性较强的应用软件，结合软件特点，分析用户的年龄、操作习惯、爱好等，有针对性地进行 UI 设计，时刻以用户为中心，准确传达信息，有效缩短用户与商品之间的距离，使操作更加便捷。“农产品超市 App”界面效果图如图 7-2-1 所示。

图 7-2-1 “农产品超市 App”界面效果

Photoshop 软件的形状工具组中包含了 6 种形状工具，分别是“矩形工具”“圆角矩形工具”“椭圆工具”“多边形工具”“直线工具”以及“自定形状工具”，如图 7-2-2 所示。在 UI 设计中，为了保证在不同平台良好适配，经常使用形状工具来绘制矢量图，而不使用位图，这样在缩放界面内容时也不会使内容变模糊。

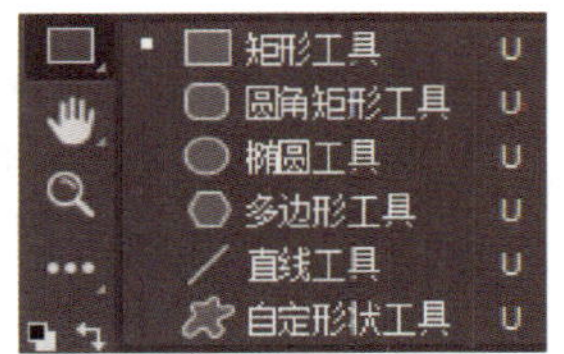

图 7-2-2 形状工具组

一、绘制简单形状

对于尺寸精度要求不高的简单形状，利用形状工具可以直接绘制。例如，选择工具箱中的“矩形工具”，在属性栏中选择工具模式为“形状”，填充为灰白色（R：233，G：233，B：233），无描边，如图 7-2-3 所示，即可绘制一个如图 7-2-4 所示的矩形。

图 7-2-3　设置形状属性

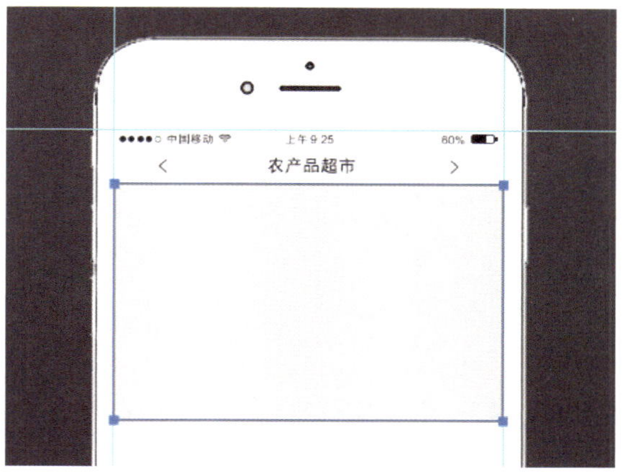

图 7-2-4　绘制矩形

二、绘制精确尺寸的形状

UI 设计都有严格的尺寸要求，在进行图标的设计时需要利用属性面板对参数进行精确的设置。选择“矩形工具”，在画面中单击，弹出参数设置对话框，如图 7-2-5 所示。根据需要设置参数后，单击“确定”按钮，即可得到一个精确尺寸的形状。在形状绘制完成后会弹出“属性面板”，如图 7-2-6 所示，可以在属性面板中对形状的宽度、高度、位置、填充和描边等属性进行调整和设置。

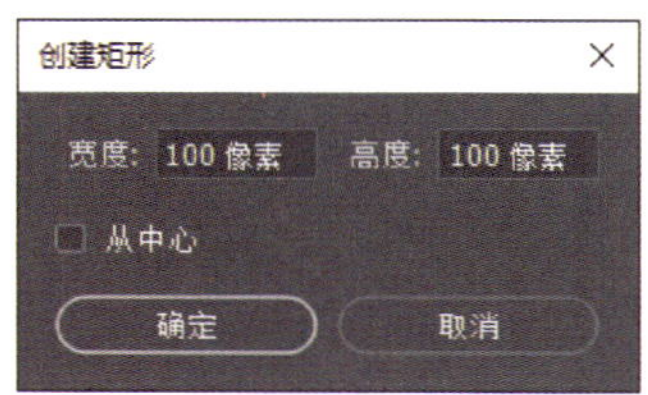

图 7-2-5　形状参数设置对话框

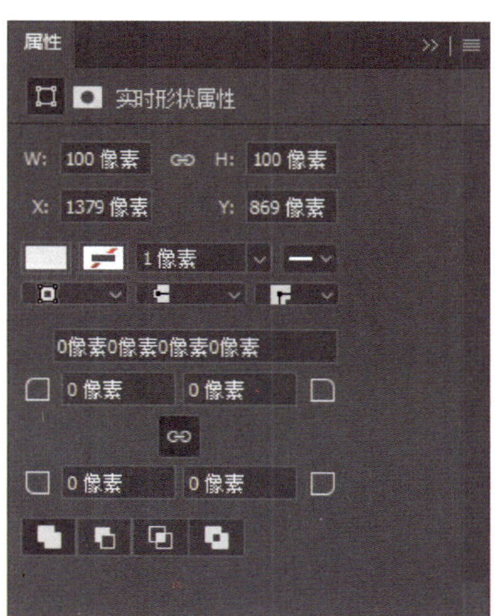

图 7-2-6　形状属性面板

三、利用“Shift”键和“Alt”键绘制形状

使用形状工具绘制图形的过程中，按住“Shift”键同时拖动鼠标，可以绘制正方形、正圆形等形状；按住“Alt”键同时拖动鼠标可以绘制以鼠标落点为中心向四周扩展的形状；按住“Shift+Alt”组合键同时拖动鼠标，可以绘制以鼠标落点为中心的正方形、正圆形等形状。

一、添加参考线

1. 运行 Photoshop 软件，打开素材文件夹中的“UI 样机 .jpg”文件，将文件另存为“农产品超市 App.psd”。

2. 执行“视图”→“标尺”命令，或按“Ctrl+R”组合键显示标尺，分别从水平和垂直标尺上拖出参考线，放置在屏幕界面位置，效果如图 7-2-7 所示。

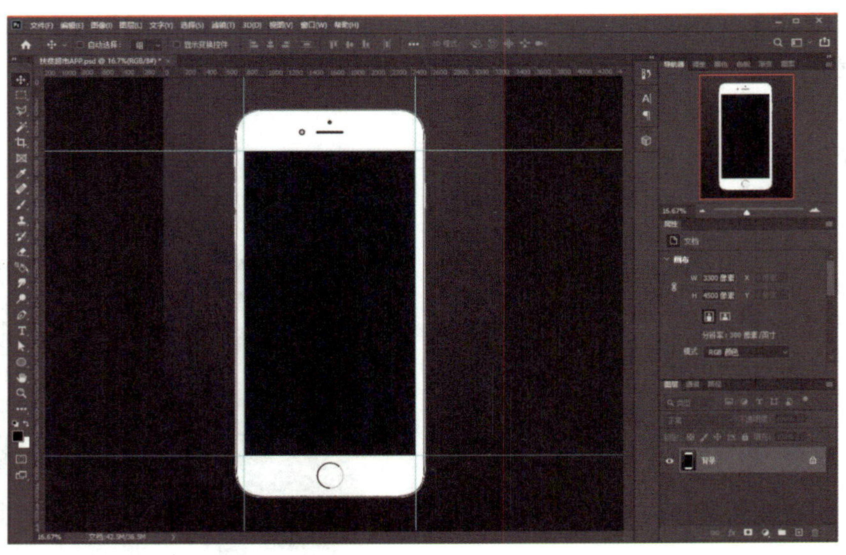

图 7-2-7　创建参考线

二、制作 App 首页链接效果图

操作演示

1. 在图层面板底部单击“创建新图层”按钮，创建一个新图层“图层 1”，在工具箱中选择“矩形选框工具”，按照参考线建立一个矩形选区，并填充白色，如图 7-2-8 所示。按“Ctrl+D”组合键取消选区。

图 7-2-8　建立矩形区域

2. 在工具箱中选择“椭圆工具”，在属性栏中选择工具模式为“形状”，填充为“黑色”，无描边，如图 7-2-9 所示。在界面上方绘制 5 个黑色的正圆形，并将最后一个黑色正圆形属性修改为无填充，描边为“黑色”，描边宽度为“0.8 点”，效果如图 7-2-10 所示。

图 7-2-9　设置形状属性

3. 选择工具箱中的“横排文字工具”，输入文字“中国移动”，设置字体为“黑体”，大小为“10 点”，调整好字符间距和位置，如图 7-2-11 所示。

图 7-2-10　绘制正圆

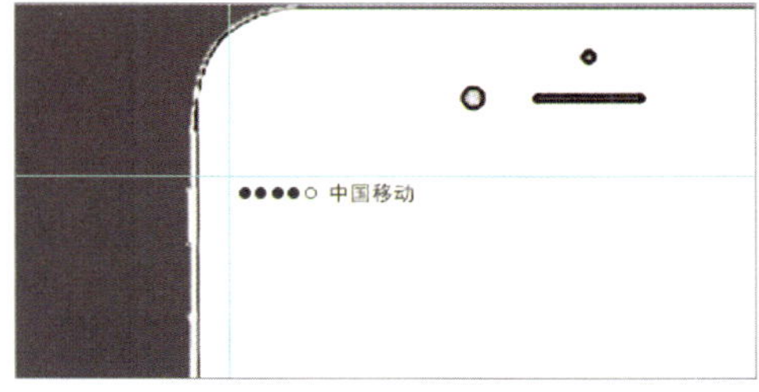

图 7-2-11　输入文字

4. 再次选择“椭圆工具”，在属性栏中选择工具模式为“形状”，无填充，描边为“黑色”，描边宽度为“1 点”，在页面空白处绘制 4 个同心圆，如图 7-2-12 所示。选中所有的同心圆图层，单击鼠标右键，在弹出的快捷菜单中选择“栅格化图层”，再次单击鼠标右键，选择“合并图层”，修改图层名称为“Wi-Fi”，在工具箱中选择“多边形套索工具”，选取同心圆的部分区域，按“Delete”键删除选区，如图 7-2-13 所示。按“Ctrl+Shift+I”组合键反选后，按“Ctrl+T”组合键，调整好图像的大小，按“Enter”键确定调整，将制作好的 Wi-Fi 图标移动到合适的位置，如图 7-2-14 所示。

图 7-2-12　绘制同心圆

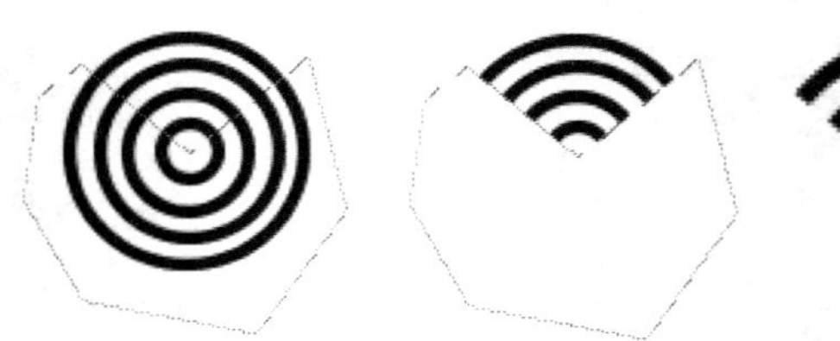
图 7-2-13　制作 Wi-Fi 图标

5. 选择工具箱中的“横排文字工具”，输入文字“上午”，设置字体为“黑体”，大小为“10 点”，调整好字符间距和位置，再使用“横排文字工具”输入“9：25”，设置字体为“Arial”，大小为“12 点”，调整好字符间距和位置，如图 7-2-15 所示。

图 7-2-14　调整 Wi-Fi 图标

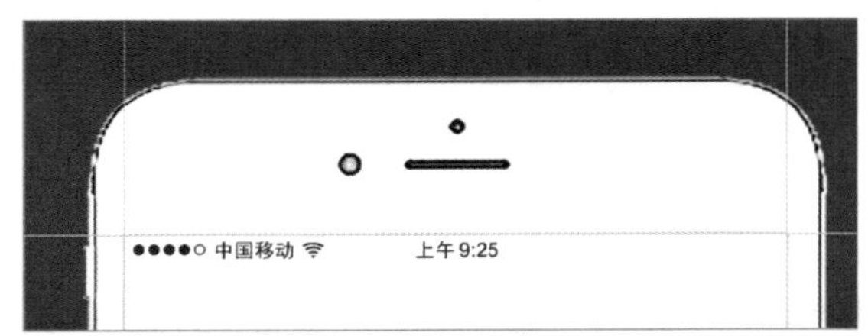

图 7-2-15　添加时间文字

6. 选择工具箱中的“圆角矩形工具”，在属性栏中选择工具模式为“形状”，无填充，描边为“黑色”，描边宽度为“1 点”，在屏幕右上方绘制一个圆角矩形，如图 7-2-16 所示。选择“矩形工具”，在属性栏中选择工具模式为“形状”，填充为“黑色”，无描边，在圆角矩形内绘制一个小矩形，如图 7-2-17 所示，保持“矩形工具”不变，再绘制一个小矩形，如图 7-2-18 所示。选择工具箱中的“横排文字工具”，输入文字“60%”，设置字体为“Arial”，大小为“12 点”，调整好字符间距和位置，如图 7-2-19 所示，组合后得到电量效果。

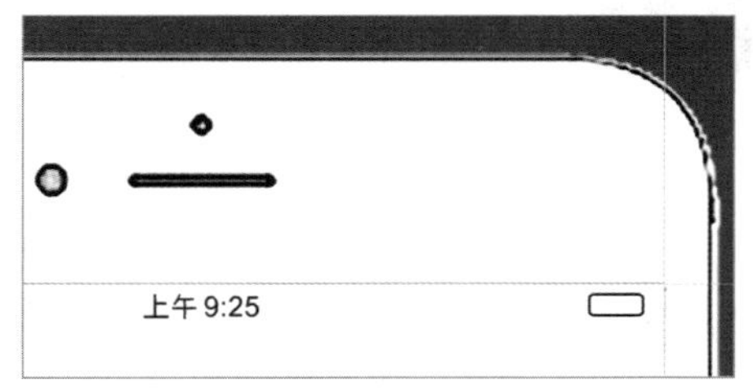

图 7-2-16　绘制圆角矩形

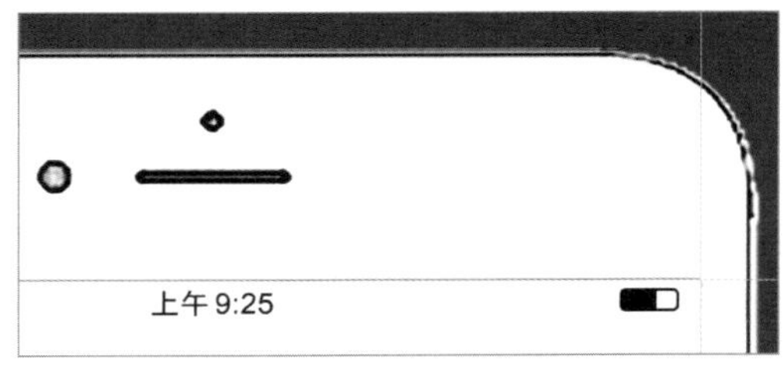

图 7-2-17　绘制矩形

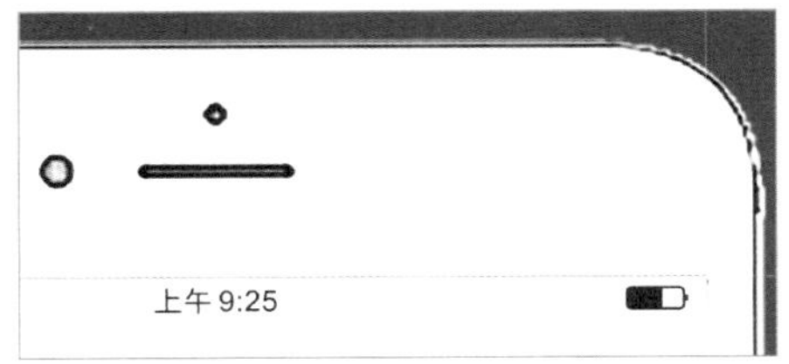

图 7-2-18　绘制矩形

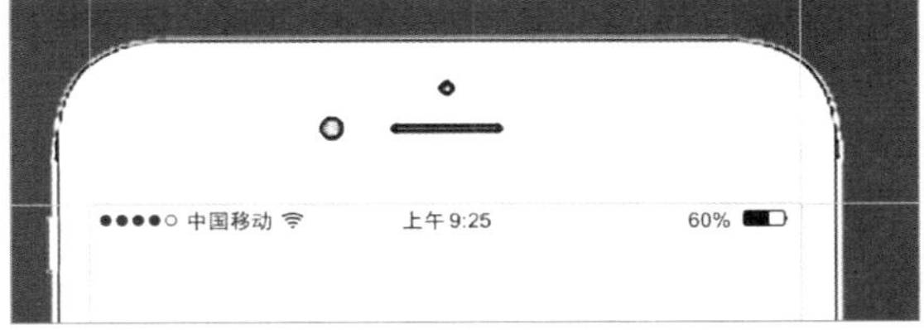

图 7-2-19　制作电池图标

7. 保持“横排文字工具”不变，输入文字“农产品超市”，设置字体为“黑体”，大小为“18 点”，调整好字符间距和位置，如图 7-2-20 所示。再使用“横排文字工具”输入符号“<”和“>”，设置字体为“黑体”，大小为“20 点”，调整好字符间距和位置，选中两个符号的文字图层，单击鼠标右键，在弹出的快捷菜单中选择“转换为形状”命令，效果如图 7-2-21 所示。

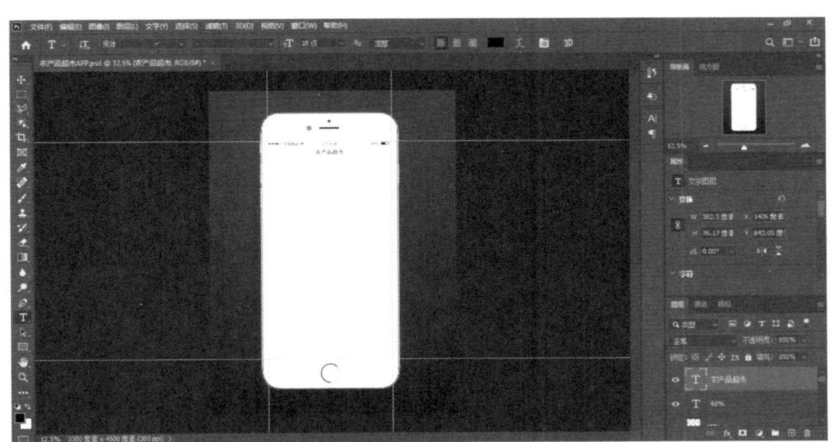

图 7-2-20　输入文字名称

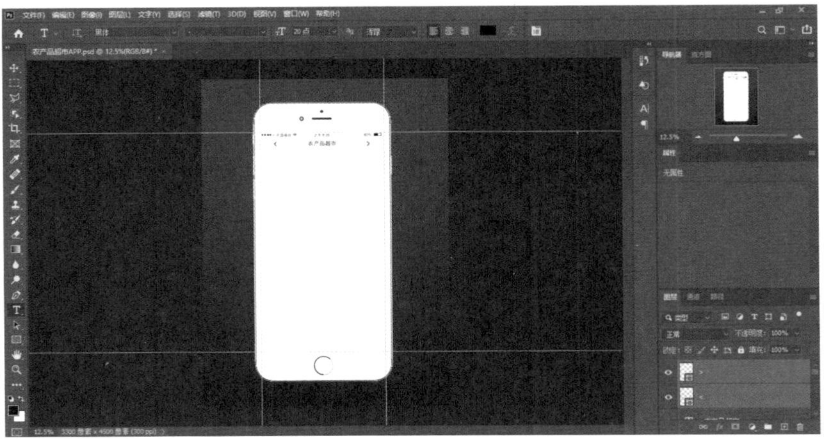

图 7-2-21　转换为形状

8. 选择工具箱中的“矩形工具”，在属性栏中选择工具模式为“形状”，填充为灰白色（R：233，G：233，B：233），无描边，在屏幕上绘制一个矩形，如图 7-2-22 所示。单击“文件”菜单，执行“置入嵌入对象”命令，如图 7-2-23 所示，在弹出的“置入嵌入的对象”对话框中选择素材文件夹中的文件“花菇 .jpg”，单击“置入”按钮，“Ctrl+T”组合键，调整素材大小，摆放到合适位置，按“Enter”键确定变形，如图 7-2-24 所示。按住“Alt”键不放，右键单击“花菇”图层，创建剪贴蒙版，效果如

图 7-2-22　绘制矩形

图 7-2-23　执行“文件”→“置入嵌入对象”命令

图 7-2-24　调整素材

图 7–2–25 所示。选择工具箱中的“椭圆工具”，在属性栏中选择工具模式为“形状”，填充为“白色”，无描边，在素材上绘制 5 个正圆形，并将其中一个圆形的填充设置为红色，制作翻页广告效果，如图 7–2–26 所示。选中 5 个椭圆形状图层，单击鼠标右键，在弹出的快捷菜单中选择“栅格化图层”命令，再次单击鼠标右键，选择“合并图层”命令，修改图层名称为“翻页”，如图 7–2–27 所示。

图 7–2–25　创建剪贴蒙版

图 7–2–26　制作翻页广告效果

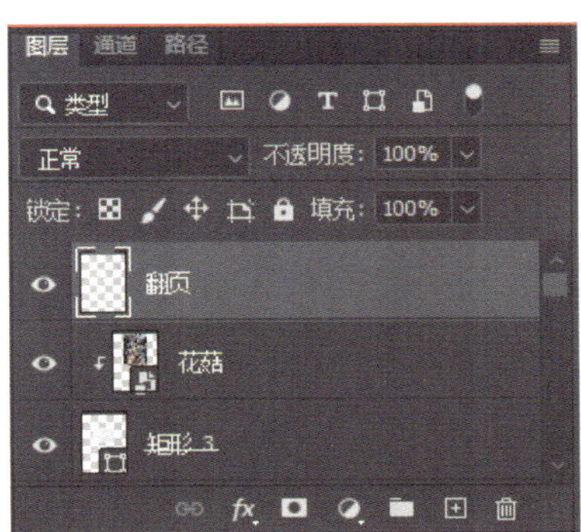

图 7–2–27　合并图层

9. 单击“文件”菜单，执行“置入嵌入对象”命令，在弹出的“置入嵌入的对象”对话框中选择素材文件夹中的文件“ICON01.psd”，单击“置入”按钮，按“Ctrl+T”组合键，调整素材大小，摆放到合适位置，按“Enter”键确定变形，参照上述步骤，依次置入素材文件“ICON02.psd”“ICON03.psd”“ICON04.psd”“ICON05.psd”，如图 7–2–28 所示。选择工具箱中的“横排文字工具”，输入文字“茶叶”，设置字体为“黑体”，大小为“16 点”，调整好字符间距和位置。参照上述步骤依次输入文字“花菇”“水果”“蜂蜜”“更多”，调整好字符间距和位置，如图 7–2–29 所示。

图 7-2-28 置入素材文件

图 7-2-29 输入名称

10. 选择工具箱中的“矩形工具”，在属性栏中选择工具模式为“形状”，填充为灰白色（R：233，G：233，B：233），无描边，在屏幕下方绘制一个矩形，如图 7-2-30 所示。保持“矩形工具”不变，再绘制一个矩形，在属性栏中选择工具模式为“形状”，填充为“白色”，无描边，如图 7-2-31 所示。单击“文件”菜单，执行“置入嵌入对象”命令，在弹出的“置入嵌入的对象”对话框中选择素材文件夹中的文件“大拇指 .png”，单击“置入”按钮，按“Ctrl+T”组合键，调整素材大小，摆放到合适位置，按“Enter”键确定变形，如图 7-2-32 所示。选择工具箱中的“横排文字工具”，

图 7-2-30 绘制矩形

图 7-2-31 绘制矩形

输入文字“限时秒购”，设置字体为“黑体”，大小为“18点”，颜色为“黑色”，调整好字符间距和位置，如图7-2-33所示。再次使用“横排文字工具”，输入文本“倒计时”，设置字体为“黑体”，大小为“14点”，颜色为“黑色”，调整好字符间距和位置，保持“横排文字工具”不变，输入“23：06：18”，设置字体为“Arial”，大小为“12点”，颜色为（R：255，G：0，B：0），调整好字符间距和位置，如图7-2-34所示。

图7-2-32　置入素材文件

图7-2-33　输入文本

图7-2-34　输入倒计时文本

11. 选择工具箱中的“圆角矩形工具”，在属性栏中选择工具模式为“形状”，填充颜色为灰白色（R：233，G：233，B：233），无描边，半径为“10像素”，绘制一个圆角矩形，如图7-2-35所示。单击“文件”菜单，执行“置入嵌入对象”命令，在弹出的“置入嵌入的对象”对话框中选择素材文件夹中的文件“葡萄.jpg”，单击“置入”按钮，按“Ctrl+T”组合键调整素材大小，摆放到合适位置，按“Enter”键确定变形，按“Alt”键不放，单击“葡萄”图层，创建剪贴蒙版，效果如图7-2-36所示。选择“横排文字工具”，输入文本“¥18.8”，设置字体为“Arial”，大小为“14点”，颜色为红色（R：255，G：0，B：0），调整好字符间距和位置，如图7-2-37所示。参照上述步骤，再制作3个限时秒杀商品内容，如图7-2-38所示。

12. 选择工具箱中的“矩形工具”，绘制一个矩形，在属性栏中选择工具模式为“形状”，填充为“白色”，无描边，如图7-2-39所示。单击“文件”菜单，执行“置

图 7-2-35　绘制圆角矩形

图 7-2-36　添加剪贴蒙版

图 7-2-37　输入价格文本

图 7-2-38　添加限时秒杀商品

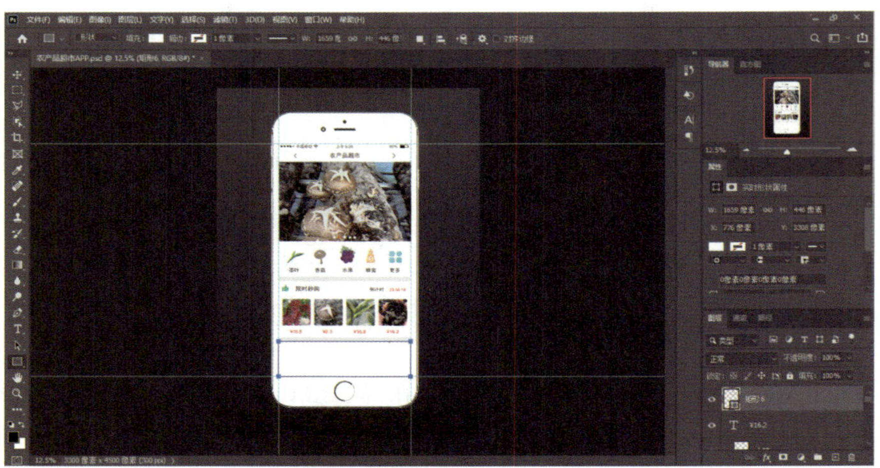

图 7-2-39　绘制矩形

入嵌入对象”命令，在弹出的“置入嵌入的对象”对话框中选择素材文件夹中的文件“苹果 .jpg”，单击“置入”按钮，按“Ctrl+T”组合键，调整素材大小，摆放到合适位置，按“Enter”键确定变形，按住“Alt”键不放，单击“苹果”图层，创建剪贴蒙版，效果如图 7-2-40 所示。参照上述步骤继续置入“奇异果 .jpg”文件，调整素材大小，摆放到合适位置，按“Enter”键确定变形，按住“Alt”键不放，单击“奇异果”图层，创建剪贴蒙版，效果如图 7-2-41 所示。选择“横排文字工具”，输入文本“今日推荐”，设置字体为“方正粗宋简体”，大小为“16 点”，颜色为红色（R：255，G：0，

B：0），调整好字符间距和位置，如图 7–2–42 所示。保持“横排文字工具”不变，输入文本“水果”“猪肉”“玉米”“鲜奶”“鸡蛋”“零食”，设置字体为“黑体”，大小为“14 点”，颜色为“黑色”，调整好字符间距和位置，如图 7–2–43 所示。

图 7–2–40　置入苹果素材文件

图 7–2–41　置入奇异果素材文件

图 7–2–42　输入栏目文本

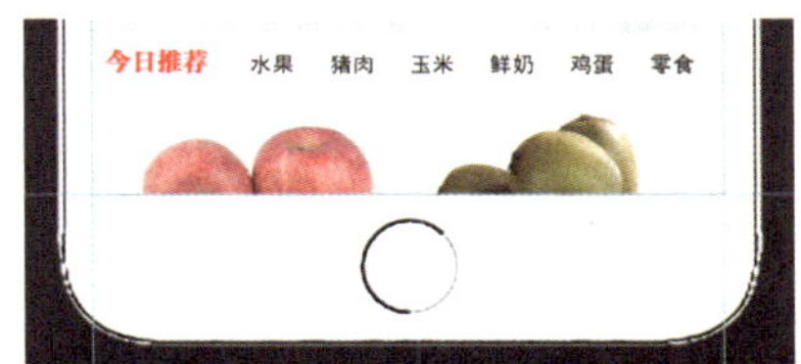

图 7–2–43　输入内容文本

1. 为了适应不同移动设备客户端的屏幕尺寸，经常要对 App 界面进行缩放，为了保持画面的清晰度，在进行 App 界面设计的过程中应使用矢量工具进行制作。

2. 在 Photoshop 的“新建文件”→“移动设备”命令中，提供了 28 种手机尺寸的空白文档预设，如图 7–2–44 所示，可以让设计特定设备外形规格或使用案例的过程变得更加轻松，“空白文档预设”拥有预定义大小、颜色模式、单位、方向、位置和分辨率设置，在使用预设创建文档之前，也可以修改这些设置。

3. 在 UI 界面设计中，有些元素需要进行对齐操作，“对齐”命令可以快速、精准地进行元素的对齐。在图层面板中，按住“Ctrl”键加选需要对齐的图层，选择工具箱中的“移动工具”，如图 7–2–45 所示，在工具选项栏中选择对应的对齐方式按钮，即可进行对齐操作。

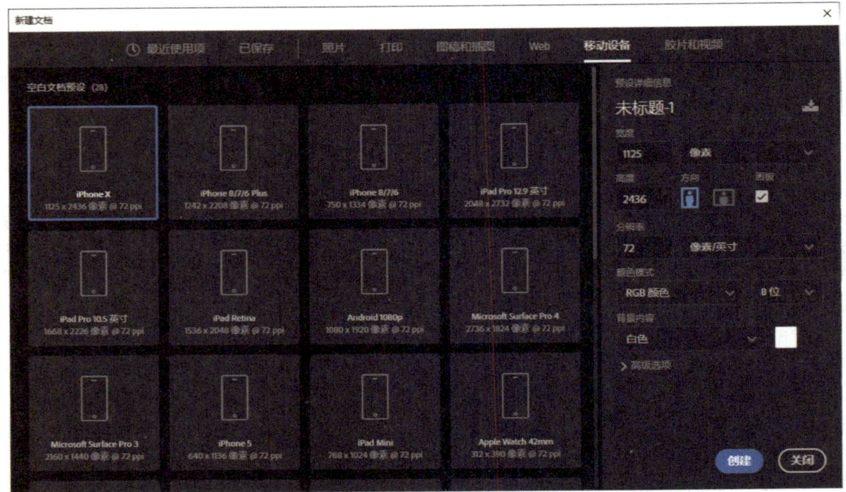

图 7-2-44 “新建文件”→“移动设备”

图 7-2-45 对齐图层